U0331934

这种举世闻名的植物的发展过程，类似于真理的发展过程：起初受到质疑，尽管对于勇于品尝的人来说非常美味；稍微立足之后，人们却产生抵触；盛行之后则被辱骂；经过时间的考验和本身品质缓慢却势不可挡的影响力，最终赢得了胜利，从宫廷到村舍，全国上下一片欢呼喝彩之声。

———《爱丁堡评论》，1828

感谢上帝赐给我们茶，要是没有茶，这世界不知成何样子，不知还能继续存在否？我没有生在茶叶未出世之前，真是喜不自胜！

———西德尼·史密斯

谁谓荼苦？其甘如荠。

———《国风·邶风·谷风》

火药花园：中印寻访茶叶之旅

THE GUNPOWDER GARDENS

Travels through India and China in Search of Tea

〔英〕杰森·古德温 著 丁竹 译

江苏人民出版社

图书在版编目(CIP)数据

火药花园:中印寻访茶叶之旅 / (英)杰森·古
德温著；丁竹译. 一南京：江苏人民出版社，2019.9
书名原文：THE GUNPOWDER GARDENS：Travels
through India and China in Search of Tea
ISBN 978 - 7 - 214 - 21776 - 9

Ⅰ. ①火… Ⅱ. ①杰… ②丁… Ⅲ. ①茶文化一研究
Ⅳ. ①TS971. 21

中国版本图书馆 CIP 数据核字(2017)第 324199 号

江苏省版权局著作权合同登记:图字 10 - 2016 - 390

书　　　名	火药花园:中印寻访茶叶之旅	
著　　　者	[英]杰森·古德温	
译　　　者	丁　竹	
责 任 编 辑	张　凉	
装 帧 设 计	王　洁	
出 版 发 行	江苏人民出版社	
出版社地址	南京市湖南路 1 号 A 楼,邮编:210009	
出版社网址	http://www.jspph.com	
照　　　排	江苏凤凰制版有限公司	
印　　　刷	江苏凤凰通达印刷有限公司	
开　　　本	652 毫米×960 毫米　1/16	
印　　　张	16.75　插页 2	
字　　　数	220 千字	
版　　　次	2019 年 10 月第 1 版　2019 年 10 月第 1 次印刷	
标 准 书 号	ISBN 978 - 7 - 214 - 21776 - 9	
定　　　价	48.00 元	

(江苏人民出版社图书凡印装错误可向承印厂调换)

目录

引　言

在古老的中国神话传说中,巨兽混沌诞于上古寰宇。混沌死而四海定,此后百年,人民生活安乐祥和。华夏民族向太古三皇学习各种技巧和知识,其中包括发现谷物和药草的神农。茶的发现也是神农的功劳。公元前2737年,他制作出最早的犁和茶叶。在那之前,他的子民只能饮用混杂着淡淡金属味的滚水。在第三月的第三日,神农将茶叶采下晒干,为人们呈上这种新奇的饮品。神农的父亲带来火种和耕种技术,他的地位是神农无法可比的。同样,在中国人眼中,神农的茶,也远远比他儿子在天文学上的发现要重要得多。

神农,这位牛首人身的帝皇,在统治华夏大地120年后,因误食剧毒草药仙逝。

不过,在今天的中国,再穷困的人也能为你奉上一杯滚烫的热茶,混杂着淡淡金属味。

三国时期明确记载过茶的流行和饮用。早先茶叶只能从野外采摘,直到公元3世纪,人们开始在四川西南地区种植茶叶。如今,也许每一位农民都留有一片自己的茶园,这是老祖宗的习惯,从南到北,无一例外。医者大为赞许喝茶的习惯,他们认为茶叶具有改善视力的功效。道士亦然,毕竟这是他们用于炼制长生不老丹药的原材料之一。但是直到唐朝,饮茶才成为一门艺术。公元8世纪,茶商委托陆羽撰写一部关于茶的书籍,这是商业在中国历史上的第一声轻呢。陆羽原是孤儿,他从收养他的寺院里逃出来,靠变戏法和耍杂技出名。他熟读孔子、老子和五经,吸纳中华智慧的精华,很快写成《茶经》。此书一出,便成为文人学界争相诵读的经典;皇帝与其结交,信徒蜂拥而至。775年,陆羽退隐山林,29年后谢世。

陆羽在《茶经》中写道:

茶有千万状，卤莽而言，如胡人靴者蹙缩然，犎牛臆者廉襜然，浮云出山者轮菌然，轻飚拂水者涵澹然……

　　饮有粗茶、散茶、末茶、饼茶者，乃斫，乃熬，乃炀，乃舂，贮于瓶缶之中，以汤沃焉，谓之茶。或用葱、姜、枣、橘皮、茱萸、薄荷之等，煮之百沸，或扬令滑，或煮去沫，斯沟渠间弃水耳，而习俗不已。

　　很快，茶叶随商旅的脚步，穿越中原和西藏之间的通道，翻山越岭，来到喜马拉雅山。或是伴随北方的沙漠商队，沿丝绸之路抵达蒙古和土耳其斯坦。中国边境游牧民族对茶叶喜爱之深，甚至使之成为比万里长城更有效的外交手段。游牧民族得到的茶叶通常十分劣质，不过他们泡茶用"沟渠间弃水耳"，倒也无伤大雅。这是一种由粗叶残枝和其他杂质压制而成的砖茶（对于主要食用肉类和奶制品的游牧民族来说，砖茶弥补了他们饮食中绿色植物的缺乏），西藏人喜欢将茶叶与牦牛奶、黄油、盐和香料一起熬成香浓且营养丰富的茶汤，这种饮食习惯一直保留至今。18世纪，有位特纳长官在西藏饮用过这种茶汤，他记录道："这种饮品，与我们所熟知的'茶'，在口味上大相径庭。其中混合了水、面粉、黄油、盐、武夷红茶和一些其他原料，搅匀煮沸，每一种味道都完美融合。不过，我得承认，这一点也不合我的口味……"

　　不久之后，特纳改变了观点："习惯之后，这种饮品不但越来越合我们的口味，而且使我想要由衷赞美这个地方人们烹煮茶叶的方法，正是他们，注意到每一个刚刚结束旅途劳顿的人，最想要的不过就是一壶热茶。"这种饮品在异域有不同的叫法，金人和印度人管它叫"chai"；阿富汗、波斯和阿拉伯地区的人则称之为"cha"，英国大兵们——总是酷爱搜集方言——正是在那里学到了这个词，并把"cha"这个说法带回了老家。

　　唐朝时期流行煎茶，将茶制成饼以便运输。宋朝时期，末茶①成为

---

① 今称抹茶。——译注

主流。末茶是由块状茶磨制而成的茶粉,味道自然比外邦蛮族饮用的更为精致可口。南方皇家茶园采摘的特殊茶叶,作为贡品运往北方供皇帝享用。当时的茶艺极为珍贵,以致王侯将相宁得末茶,不要封地。

宋徽宗统治时期,茶的地位达到巅峰。徽宗赵佶虽是一位失败的统治者,却是茶业的重要推进者。他举办斗茶比赛,分辨不同种类的茶叶,达官贵族竞相参加,成为中国和日本的经典娱乐项目。宋徽宗后宫佳丽三千,但他恋慕名妓李师师的美貌,因将非处子之身安置后宫而遭到无数诟病。很快,他的宫殿竟成为安置妻妾的御用商铺。宋徽宗著有一本茶书经典《大观茶论》,然而他沉迷这些"不正经"的爱好,无暇治国。于是金兵侵入宫廷时,他只能与其子四目相对,愕然无措。之后,宋徽宗被金兵劫持,带出长城以外,直至蛮夷领地,倒是给了他足够的时间观察"胡人靴"。9 年后,他死于北方,终于结束了流放俘虏的生涯。归去之前,也无良茶消受,只留下一首哀诗。700 多年前的 317 年,晋朝刘坤在边境一役时,也在给侄子刘演的信中留下诗一首:"前得安州干姜一斤、桂一斤、黄芩一斤,皆所须也,吾体中溃闷,常仰真茶,汝可置之。"

佛教僧侣将饮茶经由韩国带到日本。据传,将禅宗从印度引进中国的菩提达摩,在 7 年①面壁坐禅快结束时昏昏入睡。为此,他愤怒地割掉眼皮,抛掷在地。不久后,眼皮掉落之处长出两丛低矮植物,叶子具有驱赶困意的效用。(也有类似故事解释罂粟的起源。不过很久之后,茶叶和鸦片的故事才紧密联系起来。)

日本美学家冈仓觉三在《茶之书》中记载了中国茶的不同时期和种类:

> 用来煎煮的茶饼,用来拂击的茶末,和用来淹泡的茶叶,分别

---

① 原文如此。其他书中考证是在九年坐禅快结束前的第七年睡着。——译注

鲜明地代表中国唐代、宋代，以及明代的感情悸动。再次且让我们借用已经相当浮滥的美学术语，将它们挂上古典主义、浪漫主义与自然主义的流派之名。[①]

日本闭关锁国时期，饮茶正值"浪漫主义"时期——沿袭宋朝时拂击出绿色茶沫的风俗。自1281年起，这座岛国封闭国门，对外界事物不闻不问，亦不参与，直到1856年美国佩里将军强行打开日本国门，率领舰队驶入江户湾。也正是由于这数百年来的与世隔绝，日本创造——或者说是保存了——茶道。

冈仓觉三曾描写过茶道大师利休著名的临终茶宴。利休因被陷害设计弑君，而受赐自行了断：

> 如此，利休预定自尽之日终于来临，他邀来自己最重要的弟子们，参加他此生最后一场茶会。弟子们无不伤心地依照预定的时间在门廊前聚集。当他们向庭内望去，庭径两旁的树木似乎也难过得在颤抖着。在沙沙作响的枝叶声中，可以听到无处可依的游魂们在窃窃私语。至于灰色的石灯笼，就像是矗立于冥府大门前的威武卫兵。此时，房中飘出一股高贵稀有的熏香，那是主人在召唤宾客入内了，弟子们于是顺序进入就座。床之间的挂画，乃是出自一位古代僧人，以尘世万物转眼即逝为主题的真迹。火炉上，沸腾的清水鼓动水壶唱起哀歌，有如那用鸣声向将逝的夏日倾吐心中悲伤的蝉。须臾，主人进入茶室，逐一向宾客奉上茶汤，众人也依序默默地饮尽，主人则最后才喝完。接着根据当时的仪节，身居首位的客人于此时提出检视茶具的要求。利休便将它们，以及那幅挂物全部置于桌上，并在所有访客都表达了对这些珍藏的赞美之后，将其一一分予众人，作为纪念。唯独茶碗由他自己留下，因为"受我这不幸之人所玷污之碗，不应再供世人所用"。他一边如

---

① 译文见谷意译《茶之书》，山东画报出版社出版。——译注

此说着,一边将其摔个粉碎。

茶会终于结束,所有的宾客强忍泪水,在向主人诀别后黯然离去。只剩一位最亲近的弟子,受利休之托留下,担任他最后结局的见证。此时利休褪下茶会装束,将其小心翼翼地折好后,放置于坐垫之上,露出里头纯白无垢的素袍。他温和地凝视手上那闪耀的致命剑身,口颂优美的辞世之句:

永恒之剑,

吾之佳宾,

刺佛杀祖,

开汝之路。

脸上兀自带着微笑,利休就这样踏上了未知之路。[①]

1280 年,大宋沦陷。短暂的南北分裂之后,成吉思汗统一中国(马可·波罗曾拜访过他),接着是大明王朝的天下。

明朝试图重新稳固汉族的疆域,光复宋朝遗风,然而宋风早已消失殆尽。一位明朝评论家试图还原宋朝茶书经典中提到的末茶工具未果,人们只好改将茶叶泡水喝,这种习惯留存至今。朝代变迁也体现在明朝盛茶的陶瓷样式中:宋朝茶碗通常为蓝黑釉瓷或深棕釉瓷,以衬托末茶之色;而明朝的清茶则需要盛放在浅底色茶碗中,于是白色或米白色瓷器成为清朝陶瓷业的特色。

明朝末年,王朝衰朽,正是泡茶的人,接待了第一批来自西方的海商。

---

① 译文见谷意译《茶之书》,山东画报出版社出版。——译注

香　港

我有一位祖母和一位外祖母,但我从未见她们同时出现。我也没研究过这是为什么:小孩子总是觉得年纪一般大的人很难投缘。也许很多年前,她们在我父母的结婚典礼上见过一面,然后就此决定成为宿敌,老太太深藏不露的恶意暗中作梗。总之,她们不算是朋友。

4岁那年,我被送去和古德温祖母一起住。她居住的小屋有一片精美的花园,景观一年四季各不相同。那里有青翠欲滴的草坪和沾湿晨露的玫瑰花丛,是我多年来魂牵梦萦的居所。小屋里摆着象牙象雕、檀香木盒、深褐色红木桌(祖母说这棵红木是在月圆之夜被伐倒的,这样才能保持纯粹的深色);一张折叠餐桌,上面镶嵌着象牙雕成的骑象男子;我讨厌这张桌子,因为它脆弱得根本难以直立。屋里还放着水球和赛艇比赛的银奖杯,和一尊祖胸露乳的湿婆铜像,对于身体里如何长出这么多手臂这个有趣的问题,他似乎丝毫也不回避。

祖父的身影遍布小屋的每一个角落——书籍空白页上的潦草笔迹,奖杯上留下的刻痕,粘在打磨精致的书桌下泛黄交货单上淡淡的铅笔字。他也时常出现在祖母提起他时自豪得颤抖的唇边。我对祖父知之甚微。世纪更替之时,我的太祖父耗尽毕生积蓄买了一辆四轮马车,他对新兴的汽车嗤之以鼻,直到一战时期被一辆汽车轻松超过;没过多久,祖父不得不放弃成为古典文学教授的梦想,下海经商,先是在英国,然后辗转到印度孟买。他带上新婚妻子,乘坐大英轮船公司的航船来到印度,一直待到印度独立后一段时间。祖父的健康状况一直不好,他们于20世纪50年代返回家乡。祖母过惯了仆从侍候左右的日子,她也爱印度的味道。

艾琳外祖母的家则完全是另一种风格,永远弥漫着油地毡、泥靴子和潮湿的气味。她来自阿根廷的英国家庭,后来在剑桥遇见了保罗外祖父，一位风度翩翩的凯尔特绅士。他在标准石油公司工作，第一次出差去中国时孤身一人；5年来，他们日日书信交流，为重逢和结婚做准备。他们在巴黎重逢，然而这座城市一贯的浪漫情调反而破坏了这次约会；他们决定解除婚约。准备在《泰晤士报》发布告示那天，他们再次在报社的办公室相遇。在事不关己的庸碌人群中，他们却重新找回原来的感觉，最终还是结婚了。之后，他们乘船来到厦门。

他们像20世纪初默片喜剧里的上层阶级一样，常常乘坐美国豪车参加鸡尾酒会。后来她有了孩子，开始学中文，而他发现工作中的腐败现象，惊愕不已，与管理层大吵一架。一战后，他接受了一份派驻回国的差事；却因之前的事情处处遭人指摘，终于选择辞职，转而办起养猪场。

保罗外祖父去世之后，艾琳外祖母清理房子，成天在丝绸锦缎、羊皮卷纸和玉器雕刻之间翻翻找找，赠予旁人。在她留下来的物件中，有一只老式设计的茶叶罐——加盖的罐子，里面包括两只小玻璃瓶和一把茶匙，与古德温祖母的那只几乎一模一样，只不过艾琳外祖母的是檀香木制而非黑漆。两只茶叶罐都陪伴各自的主人多年，不管在地球的哪个角落，都已成为两位女士每天固定时刻必须完成的仪式的一部分。不同的是，古德温祖母的茶叶罐里总装着印度阿萨姆红茶和大吉岭茶，而艾琳外祖母的茶叶罐里则是中国的祁门红茶和正山小种。

受到老太太们的回忆和帝国文献的启发，我给自己创造出一个新的人格，叫作"鹰眼船长"。他头戴一项旧马帽，喜欢从一棵树荡到另一棵树，定神凝视着地平线的方向。在得到望远镜之前，鹰眼船长一直受到我的青睐。他采用的航线，是包括弗朗西斯·德雷克爵士[①]和铁血船长[②]在内，许多英国商人和海盗开辟的航线，并且——在我混乱的印象中——后来由弗朗西斯·奇切斯特爵士进一步拓展成为环球航线。不

---

① 弗朗西斯·德雷克爵士(1540—1596)，英国著名私掠船长、探险家和航海家。——译注
② 虚构人物。——译注

过，很久以后我才知道，奇切斯特的环球航行其实是英国人的遗书，写满了这个热爱插旗、掠夺和贸易的民族的衰落。奇切斯特航行并不是为了贪图获利；它不属于海外贸易和探索发现的传奇故事。这个传奇在不知什么地方被一分为二。其中有关贸易的部分，在商务旅行和集装箱船的时代，便显得乏味无奇了。

也许还有例外。几百年来，由于依仗一定自然条件和手工技艺，茶叶贸易市场颇为稳定，已形成自己的行业传统。茶叶贸易在世界各地留下足迹，散布在无数地图和史书里。我家两位老夫人的茶叶罐里，也留存了一点点茶的历史：这正是我要去追寻的足迹。

16世纪，威尼斯这座忙碌于贸易和收益的城市，正迈向它奸猾的暮年。数百年来，由于地处通往阿拉伯半岛、印度和远东的陆上贸易要道，威尼斯一直垄断着香料和丝绸等东方商品对欧洲的供应。但是，随着大西洋沿岸新兴国家开辟经由好望角到东方的航线，威尼斯人开始焦虑地将视线转向黄金年代里他们不屑一顾的商品，就像淘金者们在废弃矿渣里粗略地筛金。

巴蒂斯塔·乔万尼·拉穆西奥，时任威尼斯十人议会秘书，他在1559年出版的《航海与旅行》中罗列搜集来的各种确凿资料和奇谈传说。书中，他摘录了波斯旅行家哈吉·穆罕默德对一种寻常中国饮品的描述。"煎熬过后，只消喝下两杯，便可祛除热症、头痛、胃痛、肋痛和关节疼痛，需尽可能趁热饮用。他说，除此之外对许多其他病症有治疗功效，其中包括痛风，其他均已不记。"如果茶叶在欧洲的首次提及来自威尼斯的商业智慧，那么对于重振威尼斯这个目的来说，它来得太迟了。

茶叶在欧洲第二次出现，是在一位名叫加斯帕·达·克罗兹的耶稣会神父所写的信中，他是第一个来到中国的欧洲基督教传教士。时间是1560年。达·克罗兹是葡萄牙人。

开辟前往东印度群岛的好望角航线之后，崛起的葡萄牙人渐渐遮盖威尼斯的荣光。乔万尼·博泰罗[①]在1589年出版的《论伟大城市的成因》中,谈及城市人口的健康状况和特点,他写道:"中国人用草药熬制一种清香的饮品,用以代替饮酒。这种饮品有益健康,使人免于酗酒带来的各种病痛困扰。"威尼斯没有茶叶贸易;但它的其他所有对手们——里斯本、阿姆斯特丹、伦敦——相继成为著名茶都。

1593年夏天,一艘满载战利品的英国轮船——曾隶属于葡萄牙东印度舰队——靠岸,震惊了整个达特茅斯港:这是一艘庞然大物,桅杆高达121英尺,可容纳600名船员(和囚犯),装载32架黄铜枪;据计算,它的排水量达到1600吨。船上货物由管理员——记录在册,包括每笔交易的时间和金额——如此详尽的记录是必要的,因为谁也不想看到这些超乎人想象的无价之宝,因无人认领而流落英国码头:成捆的丝绸,大量香料、药物、象牙、地毯、棉布、樟脑、珠宝和皮革;漆器和绘扇;为炼金术士准备的水银,为染坊准备的染料,还有铜器、陶瓷和糖果。谣言如雷贯耳,一传十、十传百——他们发现了真正的"黄金国"。

250多位英国商人以股东身份,成立了由皇家授予特许状的贸易垄断公司。这就是英国东印度公司,拥有足够的资本供应一支由4艘船组成的舰队,并源源不断地运送出价值2.7万英镑的金块。1601年冬天,领头的船只带着贸易任务,沿好望角环行一周。荷兰人早已在苏门答腊岛占据了一块殖民地,他们帮助英国人获得一船胡椒,这批货物在伦敦以95%的利润售出。资本继续投入远航,在1608年的第四次航行中,一位名叫理查德·威克汉姆的年轻代理商上船。贸易代理商被安排在荷兰或葡萄牙的东方"商馆"工作,当地统治者允许洋人在此定居和做生意。在桑给巴尔岛的登陆宴会上,威克汉姆被当地人掳到白沙滩,捆住手脚,等待买家。一位葡萄牙商人买下了他。之后,这位商人前往位于印度马拉巴尔海岸的果阿,一年后在葡萄牙将他和其他犯人

---

① 乔万尼·博泰罗(1544—1617),文艺复兴时期意大利思想家、牧师、外交家和诗人。——译注

一同释放。威克汉姆想办法回到英国,顺利赶上东印度公司的第八次远航。

这一回,他跟随理查德·考克斯来到一家位于日本的英荷合资商馆。考克斯试图绕开葡萄牙在澳门的垄断,直接和中国做生意。同时,他还想打开日本的贸易大门。这两个计划最后都不太成功。东印度公司的英国代理商分布在澳门、果阿和爪哇的万丹;他们之间互相通信,畅谈各种话题,生意、出轨、奴隶女孩,还有饮食。威克汉姆的信件仍保存在伦敦萨瑟克区印度事务部^①的图书馆里,被放置在一尊奇怪的海马型置物架上。1615 年,威克汉姆在致澳门代理商的信中写道:"伊顿先生,恳请你在澳门帮我带一把可以冲泡最好茶叶(*chaw*)的茶壶,两把漂亮的弓箭,半打可以放进三桅小帆船里的澳门'罪过'盒,不管花多少钱,我都愿意支付。"

茶(*chaw*)。第一个提到茶叶的英国人,竟然经历这般坎坷,真是命运弄人。不过在这之后,英国对茶叶的追求便一发不可收拾。

乔治三世在波士顿搞砸了一桩有关茶叶的大事^②。1792 年,他写信给乾隆皇帝,要求开放通商口岸并建立外交关系。

在广州的英国商人们纷纷为乔治三世如何寄出这封信出谋划策:当然,邮费不需要他们出。这封信由出生于爱尔兰贵族家庭的马加尔尼伯爵^③带到颐和园;同行的还有副使乔治·士丹顿男爵^④,他的儿子汤

---

① 英属印度时期大英帝国的政府部门,对英属印度政府负责,由英国首相的内阁成员——印度事务大臣领导。——译注
② 即波士顿倾茶事件。——译注
③ 马加尔尼伯爵(1737—1806),英国政治人物、外交官。1793 年,英王乔治三世以祝寿为由,派遣马加尔尼为正使,率领使团访问中国,朝贡并觐见乾隆皇帝,实则要求中国允许英国派驻公使。但乾隆帝以"不合体制"为由,所请事项一律不准。——译注
④ 乔治·士丹顿男爵(1737—1801),英国探险家、植物学家,1793 年担任英国访华使团的副使。著有《英使谒见乾隆纪实》。——译注

姆^①担任侍从；此外，访华使团还包括政务次长两人，翻译两人，艺术家两人，植物学家一人，冶金学家一人，实验科学家一人，外科医生一人，内科医生兼自然哲学家一人，钟表匠一人，数学仪器制作师一人，德国乐队一支，军事护卫一队，以及炮兵 20 人和黄铜大炮 6 架。

我也向中国送去信件，日子一天一天过去，邮筒总是嬉皮笑脸的。信件需要翻译，这是肯定的，于是又过去几周。这封信没有直接交到福建省茶叶协会的吴先生手中，而是从最末等级的官员一路向上呈递——也许直接越过吴先生，转交到北京官员掌茶道台手中，等待他批准下一步行动。没有乾隆皇帝在信件空白处留下朱批——颤抖并臣服吧——但整套程序必须得完成。这些自然耗费不少时日。就这样，写信人等了一个月又一个月，这位谦恭的请愿人只好与不列颠的阴雨作伴，郁郁不乐地喝茶。

一日，一封薄如蝉翼的航空邮件不期而至。这是一封福建省茶叶协会寄给我的邀请函，函中许诺安排精通茶道的专家和翻译。这结果可比乔治三世的要好些，毕竟他收到乾隆皇帝这样的回信："朕再向尔指明，尔应顺从朕之意旨，则尔我双方即可以保持和平修好，由此而获致两国之福祉。"

即将前往中国南海的飞机在伦敦着落，航行过程中途经波特斯巴^②。黑暗中，飞机沿跑道缓行，指示灯从机身两侧掠过。与此同时，驾驶舱里的机务人员百无聊赖地玩着拉米纸牌。飞机暂时降落在沙漠里（都柏林？科威特？巴林？）某个大理石机场。偶遇机场一家小店，一位身穿吉拉巴的男人用小玻璃杯盛了薄荷绿茶给我们。这家店被两侧高级时装店包围，时装店里瘦削的女店员们对我们视若无睹。

---

① 乔治·汤马士·士丹顿(1781—1859)，英格兰旅行家及东方文化研究者。香港中环的士丹顿街，以及昔日香港仔的士丹顿湾，均以他的名字命名。——译注
② 一座位于英格兰东南部赫特福德郡的小镇。——译注

清晨,飞机穿掠过一片住宅区和办公大楼,终于降落在香港机场。

香港这座城市,是被茶商和鸦片贩子抢夺、开辟、发展起来的。"香港,永远免费开放的深水港!"1836 年,《广州纪录报》如是说:十年后,臭名昭著的鸦片战争打响,中英签订《南京条约》,对洋人开放五个沿海城市作为通商口岸。英国皇家园艺学会即刻派出一位年轻的爱丁堡植物学家,前往中国清朝研究植物群。尽管如今这些通商口岸一直大门敞开,但条约的合理性仍应受到质疑。也许,除了学会提供的 500 英镑和 1 把左轮手枪,罗伯特·福琼还受雇于政府特务机构。

福琼前后多次来到中国。第一次来访,目的是对植物做一个总体调查,当时他还对茶叶怀有一些轻微的偏见;第二次来访,则完全是为了搜寻"最好的茶树,以及喜马拉雅山上政府茶园、当地茶叶制造从业者以及他们所使用的工具"。毫无疑问,这完全是农业间谍活动;也是一种软殖民主义,试图推进大不列颠帝国影响的边界。

福琼抵达香港的头几天,两位船员不幸去世。他将一切归咎于毒辣的阳光,和缺乏树荫遮蔽的地表环境。"作为一个做贸易的地方,"他说,"我担心香港会是一次失败的尝试。"

他的怀疑不无道理。考虑到巨大开销,不列颠政府十分勉强地接受了香港。香港原应作为中国贸易清算中心而存在,严格遵守商业准则,受到最小的政府干预,商人可以从这里"送出满载茶叶、大黄、樟脑、丝绸和肉桂的帆船,然后运回一船印度棉花和纱线,以及英国布料到广州"。但是当战争打响,广州等通商口岸再次恢复它们在贸易中的地位,使其沦为与停在珠江口的泊船一样的鸦片交易中转站。

香港商人因这种四面楚歌的境地而惶恐不安,很快他们像被围困的耗子一样暴躁易怒,将著名的太平山比作腐烂的斯提耳顿干酪。1844 年,一位英国官员写道,"香港:它的地位、远景和特点,对于英格兰来说毫无价值",与此同时,在伦敦音乐厅里,人们高唱"请代替我去香港",因为这座岛屿在人们眼中无异于一个"冒热气"的死亡陷阱。

当时在香港的中国大陆人口足有欧洲人的 6 倍,且大多是从大陆来的过街老鼠或是逃犯。正派人士鲜少来此,晚上人们枕着手枪睡觉。政府办公室多次遭窃,商人却因此感到欢欣,因为比起建立交流沟通,这帮英国人更愿意沉浸在自己封闭小气的势力中。总督感到商人肮脏的双手玷污了自己的尊严,商人们又觉得十分委屈,于是双方关系恶化,很快仅仅只靠书面交流。这座梦想中的茶都,貌似是一个昂贵的错误。

之后,文咸爵士[①]出任香港总督,当地经济状况逐渐有所好转。19世纪40年代和50年代,中国南方叛乱频仍,香港岛上的中国人口成倍增长。太平洋贸易逐渐繁荣起来,尤其是在萨克拉门托[②]金矿发现之后,美国捕鲸船也开始停靠香港,寻求补给和维修。随着探险家们深入澳大利亚腹地,茶叶的需求也在增加。苍蝇一样多的士兵一批一批抵达香港,许是因为潮湿空气中电荷太多,或是未经涉足的地方被践踏,许多士兵高烧不退。不过,在复苏的市场中忙碌起来的市民们却并未受影响。城市新修了道路和下水道、学校和教堂;剧目《静水常深》在维多利亚剧院公演(这出戏取材于湾仔的一处货仓,那里弥漫着浓郁的"新加坡货物"的气味——烂米和腥鱼),如果不想待在夜总会里,你还可以去林氏酒店落脚,或者选择威灵顿酒店和商务旅馆。1848年,福琼重返香港,他惊讶于香港"自1845年来的巨大改变",英国富商的豪宅和庄园令他叹为观止。

1854年,文咸结束在港任期,商人们对他交口称赞。"然而,"世纪之交的一位历史学家观察到,"这位模范总督,第一位真正受欢迎且成功的殖民地统治者,却很快就被遗忘了"。

遗忘,恰恰是这座城市的传统。

---

① 文咸爵士(1803—1863),英国东印度公司及殖民地官员,1848—1854年出任第三任香港总督。——译注

② 加利福尼亚州的首府。——译注

自此,香港一刻不停地飞速发展,就像动画片里一飞冲天的角色一样。年轻的加州从香港新城订购的第一批货物,是"宽松衣物和(拆成框架的)木屋"。当代建筑在建造时差不多如此;比如福斯特①设计的香港银行,洗手间被吊起放置在规划好的位置上,而肥皂已被粘在洗手间的托盘里。

在香港,慢性子和急性子在一块儿做生意。他们每人占据一排台阶,吆喝商品价格;如果见到路边有垃圾箱,就是提醒你注意附近的香港银行;一位卖万宝路的牛仔,人高马大的,在大厦侧面徘徊——当你走近时,他便羞涩地坍缩成一堆无意义的线条,等你离开,又郁郁寡欢地复原。夜晚,高悬在楼顶的霓虹灯点亮整座城市:索尼、飞利浦、日立。我们爱你! 它们叫喊着。我们需要你! 看看我们吧! 即使躲在宾馆里也不能幸免,因为一到晚上,光怪陆离的色彩便开始在房顶上争奇斗艳。还记得我吗? 本田。沃尔沃俱乐部。货真价实。

香港大约有 10 万大陆居民,相当于切尔滕纳姆②或迪比克③一座城市的人口。我还在香港的时候,报纸上宣布英国人不再是香港最大的外国人群体,取而代之的是美国人。

香港的晚宴可以用来出脑筋急转弯:至少需要几人,使得 5 次宴会各有 8 个人参加,其中任意宴会上一半的人都互相见过,并且不是在连续的两次宴会上?通过这种脑筋急转弯的方式,我认识了几位中国人。生日那天,我去教堂聆听安魂曲,然后惊讶地发现此前竟然见过合唱团中的 3 个人。

一天早上,我在广播里听到一位操着沉闷英国腔的听众,抱怨城市里随处乱贴的小广告。"华打街上有十来个,皇后大道上有两个,伊利

---

① 诺曼·罗伯特·福斯特(1935—),英国建筑师,因 1986 年建成香港汇丰总行大厦而在国际建筑界声名鹊起。——译注
② 英国英格兰格洛斯特郡的自治市镇。——译注
③ 美国艾奥瓦州密西西比河畔的一座县城。——译注

近街一个,不,抱歉,应该是两个,对……"听着听着我便昏睡过去。再次醒来时,他还在说个不停。他沿着记忆中的方向,细数每一条路,愤怒地指出哪里有多少小广告。也许他一边开车一边打电话。他数遍大半个香港,直到广播主持开口打断:"没错,我认为你说得很对,如果还有听众对乱贴小广告和账单,以及其他非法行为有什么想说的话……"

每天晚上,我都和杰瑞米在同一张餐桌上共进晚餐,他是一位业余红酒爱好者,私下靠向远东的客户售卖薄木赚了一小笔钱。大部分时间,他都捧着电话跟旅店经理解释为何他们大厅的墙体开始剥落,或者跟客户解释为什么最好的韩国薄木起皱并不是他的问题。在他举办的一次晚宴上,一位女士被"蜘蛛"这个词吓得大声啜泣起来,随后乘出租车匆匆离开。一个小时以后,她的丈夫也离席而去。

香港是一座小镇——也是一座大城市,值得受到所有大城市应得的褒奖。这里的人们总是行色匆匆——待上一年,你就是一位香港老手,而定居三年的人,讲话语速快到可以随时随地交朋友然后瞬间失去他们。中国人和西方人之间鲜有交流,这两拨人行至对方领地时,好像戴着手套,连指纹都不留下。

到这儿不久之后,我就听说了一位茶博士。没人记得他的真名是什么;每个人似乎都见过他,但却想不起来在哪儿。很多人建议我去会会他,包括一位荷兰记者,一位德国插画师,一位杂志老板,一位艺术商,和一位无所事事的英国女士。

在中文里,"博士"是对任何学识广博、智慧之人的美称。当时,国民党从大陆撤退,很多茶商也跟着一起逃到台湾,但他们仍从中国进货,这位博士就是其中之一。据说,他的茶铺里不卖印度茶、锡兰茶和非洲茶。一位画廊老板形容他是一个狂野的男人,是茶界垮掉的一代;但画廊老板是个华裔美国人,一位英国女士听说后扬了扬眉毛。我把他的描述向她重复了一遍。"并不是这样,"她说,"他是个非常严肃的人,一位真正的鉴赏家。茶不仅仅是他的工作,更是他的生命。他会整夜整夜地坐在店里,和朋友一起比较、品评地窖里存的茶叶。其实,我也不清楚具体有没有地窖,但我总感觉是有的。在我看来,他就是一位不折不扣的绅士,很老派,但真心爱茶。"至此,茶博士在我脑海中的印象,大抵是一位上了年纪的古怪绅士,魅力非凡,能够吸引漂亮女士,还会说些让人捉摸不透的谜语。有时,他们会提供电话号码给我,但通常得到的号码并不一样:不管哪一个,电话都没有打通过。

他虚无缥缈的行踪开始令我念念不忘。商店里,酒吧里,能借用电话的地方我都试过。这感觉就好像挠抓一块叮痕——铃声响起的一刻,心情无比舒畅,紧接着就被膨胀的欲望填满,无比想要查到这个人物的下落。

大班①们仍坐在傍海的办公室里,一边看码头上往来忙碌的人群和船只,一边远眺九龙半岛和大陆延绵的青山。他们高处摩天大楼,说起话来仿佛自由企业里的将领,虎虎生威,不谈琐事,只商大计。我询问他们有关茶叶贸易的事情,通常情况下,他们或沉吟片刻,或转而询问其他人,然后不大确定地答复我说,他们最后一批运送茶叶的货轮,大概在,呃,10 年还是 12 年前离港,返回者寥寥无几,有小公司竞争的原因,或者因为大洋那边管事的人退休了。

大概再没有第二座城市,在经历如此戏剧性的近代历史之后,转头就将它抛之脑后。古老的文明在铁犁下隐现;香港挥动着铁犁,一刻不停,因为这土地会生出金钱。连茶叶也逐渐退出贸易舞台,让位给更有前景的行业,比如银行和快餐连锁店。

奇怪的是,这座由传统主义的英国人和中国人建造起来的城市,面对历史却如此无情。香港最初的创建者是代理商(agent),而如今的香港就是一个巨大的代理人——金融代理、商业代理、旅游代理、特工(secret agent)——只会照做,不会创造,在客户和供应商、东方和西方、

① 粤语旧时对洋行经理的称呼。——译注

火药花园:中印寻访茶叶之旅

大陆和海洋之间扮演左右逢迎的角色。

我仍在寻找茶博士。终于,我在一间地下画廊遇见了他,画廊里挂着带小孩的痛苦之人和拉长女人的画。

穿过一片碎瓦,这位年轻得叫人吃惊的男人站在那里,怀里搂着一位瘦削的年轻姑娘。

"你应该写信去宋朝,"他抱怨道。"那个时代,所有人都懂茶。年轻的姑娘、小伙因茶和音乐相遇。他们赋诗,饮茶,作画。就好比是,唔,在举行茶宴?"他笑了笑。"当时人们举办著名的斗茶比赛,品尝不同茶叶。美好的生活。凡艺术,皆优雅。在山野,在园林,才俊美人,日日宴饮欢歌。

"想象一下,这是多么美妙的图景,他们都是信奉自然之人。完美的生活。在城市中无法复原。这里没有诗歌。倘若你穿三宅一生或是香奈儿,我便了解全部的你,去过何地,见过何人。在中国,完美生活已经走到尽头。

"那是一种感受的生活,只有心思细腻且懂茶的人才能过这样的生活。你知道吗,我在店里最钟爱的顾客是一位环卫工人。每周,他都从我店里买一点最好的茶叶。他好彩票。有时赊账,但总会还清。他有很强的感受力。"

我们约好和画廊里的一群人一道去吃晚餐,然而同行的队伍越来越壮大,等到饭店坐下时,才发现自己坐得离他太远,根本无法交流。晚餐结束后,他的身影消失在台阶上混乱的人群中,而我则被挤上一辆出租车,不得已只好打道回府。

同乘的年轻中国人,吃饭时就坐在茶博士身旁。

"今晚,他很安静。平时他喝得更多,还常常引吭高歌,"他说。

然后,他将茶博士的电话号码告诉了我。

香港茶具文物馆的副馆长名叫露丝·李。"露丝是我的英文名,"

她认真地说。

茶具文物馆位于半顶山东北角,恐怕是全香港最矮的房子。这是一座列柱式洋楼,通身洁白,夺人眼球,四周种满沉闷的热带植物,叶片类似蒲公英。馆外车辆低沉地咆哮,像被树木遮挡的<u>丛林之王</u>,饥肠辘辘,伺机扑食——这等不寻常的景致,便是真有猛兽虎视眈眈,也不足为怪。就在离文物馆不到50码的地方,越过低矮树<u>丛</u>形成的天然屏障,再穿过一条车道,就是香港最新的商行——70层高的中国银行大厦。面对紧张的土地和高楼林立巨大的压迫感,花园里每一朵杜鹃花都阻挠了至少30位上班族的脚步。它们一定是这世上最昂贵的灌木花丛。

每隔几分钟,便有一辆轿车停在车道上,车上走下一对盛装的新郎和新娘,手捧塑料花,后面跟着一位摄影师。摄影师调整好三脚架,擦拭新娘的头纱,指挥这对新人来来回回换位置,让新人笑一笑,但两人好像对此都不太擅长。终于,结婚照拍好了,尽管这个城市背景与结婚毫无关系:没有灯光,没有反光板,没有围观的人群,却因为这等荒诞的缘由,茶具文物馆完好地保存下来——用来拍婚纱照和喝茶。

露丝·李热爱宜兴。宜兴紫砂壶是粗放抛光,能吸收茶香,因而人们都说,也许会有一天往空壶里注入沸水,也能溢出茶香来。正如其他茶壶,品鉴一把宜兴壶是否是上品,需要观察壶身、壶嘴、壶把三者是否平衡,以及壶嘴是否洁净。通常宜兴壶约拳头大小,形状反映出道家和谐的思想,方圆曲直相融。中庸的道家不会排斥这种壶的实用性优势。中国茶冲泡四五次之后也不会破坏原味,但假如两次冲泡之间,茶叶在陶壶中放置太久,叶片会蔫掉。宜兴壶里的茶叶,放隔夜也不会变味,因为茶壶的口盖严丝合缝。1949年后,因为低质量新壶的生产,古代宜兴壶的价值骤跌。不过现在,李小姐兴奋地告诉我,学徒体系恢复,壶艺大师们又能自由地制作茶壶,收藏家们也回来了。真是买壶的好时候。

我小心翼翼地捧着从文物馆商店买来的宜兴茶壶(露丝·李检查过壶上落款的印章,宣称它是一把好壶,来自一位小有名气的女性陶匠;不过后来我发现这把壶有点渗水),闲庭信步逛进花园。一位穿衬衫打领带的男人站在花坛里,正用长棍勾下树上的缅栀花。他将棍子弯曲,这样花朵下落时正好可以接住,然后放在脚边一小堆花里。"很香,"他说,一边递给我一朵。我闻了闻。两人都深吸一口气。他扬起鼻子说:"每朵花里都藏着一只小虫子。"果然,一只小蚂蚁听话地从花里爬出来,在我手指上移动。又一位头戴婚纱、浓妆艳抹的新娘子,先于她的新郎一步,从车道上走来;新郎戴灰手套。缅栀花男人举起手中的花,"香气只能保留一天,"他告诫我,我感谢他送我的礼物,然后走回城里。

一天晚上 10 点半左右,电话响了。

"是杰森·古德温先生吗?"我听出这是茶博士的声音。"你现在能过来一趟吗?"

"现在挺晚了。"

"我知道,所以才邀请你来。这才是喝茶的时间。喝完之后,我们可以出去走走。"

他留的地址是一片低矮的公寓街区。好不容易爬上顶楼,我从栅栏防盗门的间隙里见到了他的妻子。博士穿着汗衫和蓝短裤站在她身后,活像一个瘦削的中学生。"我妻子要去工作了,她是个护士。"

博士脚踩一双人字拖。"你介意吗?"他客气地示意摆放在门口的鞋,我赤脚小心翼翼地走进客厅。一只金鱼在电视机上的鱼缸里游来游去。电视开着;一位中国公主被绑在树上,两个手持大刀的莽汉潜行在灌木丛里,小心翼翼地向她靠近。"这是中国版贝托鲁奇①,"茶博士越过我的肩头看着电视说。然后他关掉电视机,打开电风扇。"我为孩子开的电视,他发烧了。"

---

① 贝纳尔多·贝托鲁奇(1941—2018),意大利导演、编剧、制作人,导演作品包括《末代皇帝》等。——译注

博士身上的某些东西,使我想起一战前《男孩的报纸》①边缘处神秘问题的答案。"你需要的汽油是穆里根2先令6便士一桶的那种。另外一件事不需要你做什么。""你是正确的,海军商会也不会这么做。"他们大概会给茶博士如是建议:"站直一点,长壮一点吧。"他几乎有6英尺高,身材颀长,略有些驼背——这大概是年龄在他身下留下的唯一印记。他长着一张娃娃脸,鼻子弯曲如小提琴,笑起来很像卓别林。他的牙齿发黑,下面一排呈现出难看的褐色。"别太挑剔②:是的,一天至少用牙膏刷两次牙。如果真这样,未免太多。在冷水中浸过后来一杯,工作后来一杯,这就足够了。"

但茶博士并不担心。相反,他对自己的牙齿十分得意,因为这是他进入茶叶鉴赏家界的会员卡。这种单宁酸渍经年累月才能形成,就像英国一片漂亮的草坪一样。下牙颜色更深,因为如同所有酷爱喝茶的人,他总是先将茶水倒进嘴唇的囊袋里,然后再让液体流经牙龈和齿间。

奶妈从我们身边走过,手里拿着从冰箱里取出的冰毛巾。等她走开,博士说:"你知道吗,她让我觉得,很羞愧,工作这么努力。"接着几乎笑着说。"我根本不工作。"

"你不是有一间铺子吗?"我指出。

"是……是。"他停顿了,表情抽象得像个孩子,好像脑袋里有很多齿轮在安静地转动,必须很努力才能听到声音。他在推敲用词时常常露出这样的神情,好像只有通过有意识的努力才能控制这些词句。英语一时征服了他,令他无语又恼怒,然后他会重新开始,从不同角度快速出击,来解释他的解释。

"但是,我刚去了店里,"他终于开口,"我不知道什么才是真正的工作。"他怔怔地望着自己的秘密角落,好像有什么突然的动作吸引了他

---

① 1879—1967年发行的一份英国故事报,针对男孩和年轻男性。——译注
② 原文为Gift Horse of HK, 赠马(Gift horse)来自习语Don't look a gift horse in the mouth,古人买卖马匹时,会掰开马嘴检查牙齿,以便了解年龄及健康状况,喻指别太挑剔、计较别人送的礼物。——译注

的注意。

"和我说说茶吧,"我提议。

"你,"他像天使一样发问,"想知道些什么?"

他刚刚在店里发现了一箱云南绿茶饼。他解释说,这种茶叶被压制成不规则的茶饼,直到最终焙烧前,叶子都保持轻微潮湿。茶饼看上去就像土块。云南省毗邻缅甸,山林间居住着傣族人,他们仍然保留着腌茶①(leppet)这种食物。云南大概是茶树的发源地。云南茶不加腌制,但确实经过"发酵",年份越久,色泽越黑亮。因此,这箱偶然得到、足有 15 年的陈年老茶,足以让博士颜色和霁。这种茶的市场不太好。种植者将采摘的茶叶卖给工厂换取现金;工厂为了回本,不会因为这种茶叶放得越久、价值越高而长久储存,只是转手卖给储存空间不足的经销商。这种茶叶很少有人知道;经销商不愿意长久保存,因为他们不确定日后能得高价。"这应当是非常、非常贵的茶叶。年份这么久的茶——少见。"

"不如我们来小饮一杯,"他补充说。

戈兹兰②曾记录过他和巴尔扎克一道喝茶的场景,当时鉴赏茶叶气氛异常热切:

> 茶叶如拉达克③的烟草、威尼斯的黄金一样精致,品尝之前巴尔扎克就用赞美熏香了茶叶,毋庸置疑的是,茶叶也回应了他的赞美;但你必须服从一定的入场仪式,才能享受饮茶权。他从不请渎神者喝茶,我们也并非每日享用。只有在举行盛宴时,他才会像对待文物古迹一般,从堪察加盒子里取出裹好的茶叶,然后徐徐展开写着象形文字的丝绸包装纸。

> 有时为了娱乐自己和大家,巴尔扎尔会为我们讲述有关这些珍贵的黄金茶的故事。他说,阳光只为中国的帝王催熟这茶叶;高

---

① 一种做菜食用的茶,食用时切碎,加佐料辣椒油、生姜、盐、醋等调料做凉拌菜。——译注
② 里昂·戈兹兰(1803—866),19 世纪法国小说家、剧作家。——译注
③ 印度控制区,位于克什米尔东南部。——译注

级官员才有资格管理茶园,从根部给予茶树最好的养护和照管,这是他们出生便享有的特权。太阳升起前,便有处女将茶叶摘下,吟着歌送到天子脚下。这种令人着迷的茶只在一个省份种植,而这神圣的省份每次只能产出几磅茶叶,专为进贡圣上和他的长子。彼时皇恩浩荡,皇帝慷慨赠茶予俄罗斯沙皇,遣派沙漠大篷车运送过去。巴尔扎克正是从沙皇外交官手中得到此茶,我们得以有幸品尝。

洪堡特先生赠给巴尔扎克的黄金茶,浸染着人血。一路上,大篷车遭到科盖人和诺盖人①袭击,经过一场旷日持久、死伤惨重的战斗之后,终于抵达目的地莫斯科。你也可以说这是一种阿耳戈②茶。我简略讲述的这个冒险故事,到此为止还没有结束;还有更令人震惊的一点:太令人震惊了!假如饮用黄金茶三次——巴尔扎克宣称——人便会聋哑;六次,则双目失明。

不过现在,舍去烦琐的礼仪,茶博士再次出现,手里拿着一对浅口白色茶碗和茶托,还有一只保温壶,从壶里倒出一些看起来像咖啡的液体。我这么对他说。博士看上去不大高兴。

他小啜一口茶碗里的茶,找到了灵感。

"这瓶不是最好的。咖啡就是咖啡粉和水——"他瞟了眼天花板,"——就是咖啡粉浮在水里。咖啡入口,只会留下一股干涩的苦味。"他转向我,一边观察一边斟酌。"咖啡——它——入口很凉,"他逐字慢慢地说。

在茶博士建议下,我们喝了几口。茶味清淡。

"茶叶和水给予彼此生命,"茶博士说。"茶仍是有生命的。这杯茶里蕴含着茶叶和水的活力,"他补充说,语气就像洗衣粉广告里惊讶的妈妈。"然后,味道仍然留存。就像,像,像……就是这种感觉,呃,秀发扬起,丝绸飘飞,呃……"我们一同思考如何描述这种感觉的本质,但理

---

① 均为俄罗斯少数民族。——译注
② 希腊神话中一群英雄乘坐的船。——译注

解上却差得很远。"这感觉来自脚底,"他苍白无力地说。

而我想到的是鳄鱼,还有狗屎。

"你按压它,它还会复原。"

"像草?"我问。

"不,不是草。是一种布料。椅子上垫的。"

"天鹅绒?"

"它像天鹅绒一样升起。好茶——你动动舌头,它就会从后方升腾起来。它的力量从这里起始,"——他轻触下唇——"然后一路攻城略地。它会变。然后像——什么来着?——天鹅绒一样。这些是它的,它的……"我们又卡住了。"不是一种饮料。不像咖啡,太冰冷。像一种说故事的方法,或者说——它在表演。"他现在非常严肃,琢磨起茶的结构。"这是一场演出。"

我们艰难地继续。最终,博士说:"中国人的词汇没那么精确。我们有很多方式,不用语言就能理解对方。老子说过,道可道,非常道。"

"威士忌是烈酒?"有些方面,他的英语好得惊人。

博士进屋查看儿子的情况,孩子轻微的咳嗽声隔着墙也能听见。这是发烧的天气——像发了烧一样的天气,炎热闷湿。单纯的疲劳很容易让人觉得自己在发烧,而夜晚的香港就像灯光构成的棋盘,交错重叠,陆离炫目,界线分明。奶妈把从冰盒里取出的毛巾放在孩子的头上,他才稍稍舒服了些。也有可能是父亲的探视减轻了他的痛苦。博士决定等到三点,假如一直高烧不退,就带孩子去医院。

博士说:"我们能彼此理解。"我警觉地望着他。老子仿佛已被遗忘。

"你知道我觉得谁会主宰下个世纪吗?"他问我,又露出孩子般天真古怪的表情,"犹太人。"

我突然感到一阵劳累和眩晕。我不想被这位茶和文明的爱好者提醒我们欧洲世界长久以来的偏见。我告诉他,我觉得主宰下个世纪的人是中国人。然后——比预期晚半小时——我离开了。

第二天,我电话联系福建省茶叶协会香港分会。"喂!"前台嚷嚷着说。"喂"是广东话里你好的意思,于是我回答她:"*Wei*! May I speak to(喂! 请问我能找一下)——"

"喂!"她叫道。我继续尝试:"CAN I SPEAK TO MR WU(请问吴先生在吗)?"

"喂,"她毫无感情地回答。此路不通,也没法走回头路,我只好放下电话听筒。

第二次尝试,我找来怡和集团一位友好的口译员帮忙。她用手捂住话筒。"他们说没听过你的名字。需要我帮你预约一下吗?"于是,在某个令人困惑的下午茶时间,我带着吴先生寄给我的邀请函,慎重地来到协会总部。

接待我的胡先生坐在一张沙发椅上,他把自己塞进一间棉质水蓝色中山装里,双眼镶嵌在因肥胖而皱起的脸上。他一直在微笑,一种平淡乏味、琢磨不透的笑容。他的口译员不高,戴着一副被烟熏过的大眼镜,身穿紧身棕色尼龙制服,式样介于中山装和复员军服之间。我们围坐在一张矮桌边喝茶,通过口译员,胡先生表示他很高兴见到我。我说我也很高兴见到他,并且对正在喝的茶表示好奇。福建茉莉花茶? 他们宽厚地笑笑,说我说得很对,胡先生还提到这种茶产自他老家。我说,我很乐意去那里瞧瞧。口译员微笑了一下,但是没有翻译这句话。

"吴先生非常乐意帮我安排去福建茶园的行程,"我解释说。二人短暂交流一阵,口译告诉我,胡先生非常遗憾地表示,吴劳生[①]已经离开协会了。

"我不认为这封邀请函是以个人名义发出的。我的理解是,贵协会愿意给予我帮助。"

"胡先生想知道您是否收到我们驻英国大使馆的邀请函。"

---

① 音译。——译注

"我只收到贵协会的邀请函,吴先生签的字。"

"恐怕我们大使馆没有寄出推荐信。"

我拿出信,口译员把信翻译给胡先生听,然后他们讨论了一阵。

"胡先生表示很抱歉,但这封信的寄出没有备案。"

"那胡先生能以个人名义邀请我吗?"

"抱歉,我们需要上级批准。"

"没事,我们现在就去找他们吧?"胡先生和口译员一脸狐疑地看着我,但最终口译员还是离开了,留下胡先生和我面面相觑,对坐喝茶。喝完三杯茶后,口译员回来了。

他带回一份电传,上面写着,"很抱歉,人手不够,无法相助。"

"是这样的,"他解释道,"最近是收获的季节,大家都很忙。非常抱歉。"

胡先生说了几句话,然后冲我露出鳄鱼的微笑。

"他说,您最好茶季结束以后再过来。详情可以咨询中国旅行社。"

他这么说应该是给我个台阶下。这封电传来得太过及时,还是用英语写的,不出意外,应该是口译员本人的杰作。他们确信我在这儿待不了 6 个月,这样我们还能微笑着互相道别。此刻,我的感受无异于 19 世纪 30 年代的广州商人——高层会倾听他们提出的合理请求,前提是低级官员愿意把请求传达上去。避免和上级打交道在官场是人之常情,就像不浪费每一个可以钻的空子也是人之常情一样。胡先生没法说出万全的"是",但他至少愿意说"不"。

我踏上公交车,头上气得直冒烟。之后,我意识到当年罗伯特·福琼也遇到过这种人。"我受够了中国官员,"他写道,"也受够了相信他们说的话。他们总是无限期地把事情往后拖,一直拖到我不得不离开香港。当中国人想要达到某种目的,对他们来说唯一需要考虑的就是,为了成功,应该说实话还是说谎话;这两种话都是为了达到他们的目的,而他们可能更倾向于后者。"

福琼解决拖延的方法很简单。他直接去做,不管别人怎么说。

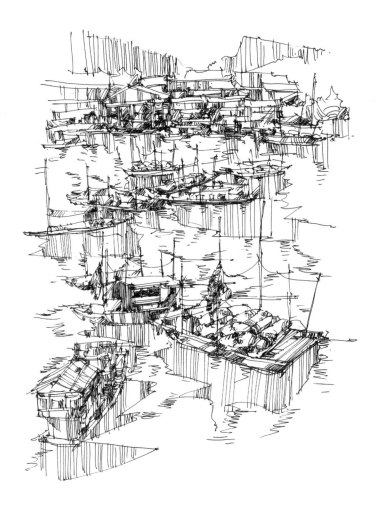

大多数香港人都承认，老家有点阻碍他们做生意。自香港沿河而上 10 英里，便到了广州市，这里似乎在很多方面都更适合贸易。那里空气中弥漫着生意的味道，而且毋庸置疑，广州的传统就是做交易。

中国有一句俗话形容这历史悠久的传统：一切新鲜东西都来自广州①。严格说来，这并不是一句褒奖的话：更像是淳朴农民对城市老油条和他们随时随地奸猾做作的不信任。"新"总是意味着"麻烦"：洋人和金钱，诈骗和独立；"新"意味着地下组织、金钱交易、革命运动，还有尔虞我诈。广州人对大多数中国其他地区的人来说，比荷兰人还像外国人。广州这座城市，与北京相隔几乎一千英里，她的大门正对着全世界。中国是农耕国家，农民深居内陆，但广州却存在于当下的人和事中。7 世纪时，聂斯脱里派②基督徒们在这里落脚；阿拉伯人修建了一座清真寺。当皇帝决定把所有对外贸易限制在唯一的一个港口时，他选择了广州，似乎像和某种讨厌的东西保持距离一样。

墨水流进藏污纳垢的广州系统——限制对外贸易——它的作用与日俱减。不过这种愤慨属于后来的 19 世纪末期，正是所谓"上海思维"所描绘的情况——外国人对中国产品的不耐烦，和对社会进步速度的幻灭。当茶叶贸易在广州盛行时，上海还只是一个小渔村。约束广州贸易的琐碎规定已经足够烦人，有时候，就像重返校园时代，那些恶作剧和哗众取宠的年轻外邦人觉得这里实在闹得慌。

中国像一座高贵庄重的大宅子——出于贵族责任感——每年对外

---

① 原文为"everything new comes from Canton"。——译注
② 唐代正式传入中国，在中国称为景教，也就是东方亚述教会。——译注

开放一段时间,并且谨慎戒备,只提供导游路线。开放日一到,中国像屋主一样,从门里往外窥探停在门口的马车,阴郁地想到即将下车的糟糕访客,他们长着大脚,言语粗鲁,满脸通红,一身酒气,胡须茂盛,到处询问这个东西多少钱、那个东西多少钱。但你还能期待些什么呢?这里是中国,"正中的王国",这里的汉族人没有狐臭,拥有文明能够赋予一个民族的所有优点。而番鬼,也就是野蛮人,只会打呼噜和乱涂乱画,需要大黄和肉桂来治疗便秘,需要茶叶来保持健康,并且会不可避免地用野蛮的传统谒拜天子。所以,对屋主来说,最重要的就是得按时关门,一次不能让太多人进屋。

香港—广州方向的水翼船在码头靠岸,待我下船后,一位革命女青年引导参观者进入一间盖不透明波纹塑料绿顶的水泥棚子,向中国投出第一瞥。棚子里站着一位懒散的警卫,是个穿宽松绿色制服的少年民兵。雨水玷污了墙壁。我的签证被海关工作人员盖了章,她打开我的包,将手一直伸到袜子那层,然后掏出一双旧袜子,这才挥挥手让我过去。那时人民币还没有突然升值,我收到一把长得像假钞一样的外汇兑换券,"趣钱(funny money)",只能在宾馆使用。我站在建筑外的雨中,这时才意识到自己根本不知道下一步要去哪里;没有导游指南,只有一家马威克宾馆的名字和地址。这间宾馆由一位叫唐宁先生的茶商于1836年建造,20年后毁于一帮反洋民众手中。

这时,我注意到雨中两个看上去若有所思的男人,戴墨镜,夹克衫大敞,慢慢向我靠近。"打车不?"他们小声说。言辞中透出目的地的气息:旅行者的救命稻草。我思考了一会儿。"到广州宾馆吗?"我估摸着这里肯定有叫广州宾馆的地方。"20块,"一个人回答。

我摇摇头,两人一脸嫌弃地走开了。一位身穿帆布套装、上了年纪的妇女小心翼翼地走着,俯身弯腰捡起一只空网线袋。男人又折返回来。"16,"他说。

好歹我们开始讨价还价了。一辆老式中国轿车停在海关棚背后的空地上，里面配置灰米色织物靠垫，那是一种随处可见的颜色，从火车窗户到女孩腿上，就像尼古丁和灰尘的颜色。我们最终讲定12元，工作一天的报酬。结果宾馆只有5分钟车程。他们没有窃笑，但我断定他们心里偷着乐。

我真是活该被骗，而且说不定每碰到一辆计价器乱跳的出租车都要上当受骗一次。只有在广州，才能回想起许多年前，中国所有茶叶在这里的港口中转时，这座城市留给旅行者和茶商的印象。从大海进入广州港口，需要经过各种狭长水道、湾流和峡道构成的迷宫，尽是迷惑人的透视角度和距离误差。珠江三角洲正是在这些稻田和堤岸间逶迤宛转，与土地和盐沙交融。珠江并非直接奔流入海，而是在退浪和盐潮中流连徘徊，蜿蜒回环，因而黄埔锚地看似近在咫尺，实则还须半日航程。虎门镇的河流在山岳间狭行，但即使在高山庇荫处，也有不知何处吹来的旁风。一艘小贩船抄近道驶出，却很有可能被一浪打回岸上（像一只端坐在水中的鸭子，只有不太友善的本地人才会乘坐）。一片静止的芦苇丛，很有可能突然乘风前行，落在河中，冒充官船上装载的救生艇：在走私犯和海关的博弈中，熟悉本地情况者胜。

来到三角洲的游客，会发现这里有迷雾也有瘴气，有善人也有法外之徒；天真无邪的孩子在河岸上奔跑，然后突然转向外国人，对着空气手舞足蹈。唐宁先生在河边发现过被遗弃的婴孩，他们的脖子被捆住，在潮起潮落间了无生气地沉浮。这是一片瞬息变化、云谲波诡的土地，空气中都是根深蒂固的罪恶。

18世纪中期，东印度公司成为中国最重要的海外交易商。除了统治印度大部分国土，东印度公司也垄断了英国和好望角以东所有国家的贸易，并且有效操控茶叶价格。公司经营规模庞大而奢华，费用统统由英国国内市场支出。公司以慷慨好客著称，与合作商友好往来。在中国，东印度公司虽然也会讨价还价，但从不寻衅滋事，而是将贸易立足于规范平稳的基础之上。

中国同意和东印度公司做生意,因为他们也通过洋行实行垄断。洋行由十几位行商组成,只有他们才有资格直接和洋人做生意。为了回报这种特权,他们需要支付高达5.5万英镑,并且应当对任何差错负责:通常一笔巨额罚金就能解决问题。这些洋行巨头们永远生活在担心被榨干的焦虑状态中。当然,这种情况很少发生,大多数情况下,他们能够享受豪宅生活,和他们"设计独特的庭院,里面有假山和人工湖,以精雕细刻的石桥连接,小径整齐地由石子铺设,还会用不同颜色的石子摆成各种鱼、鸟或花的形状",只要他们肯屈服于不定期的财政"紧缩"。

行商的地位一代不如一代,不过许多行商家族都是做茶叶生意发家的。浩官、潘启官和潘瑞兰[①]的祖上都是福建省武夷山的茶农;随着家族资本的积累,尤其在对外贸易中建立的人脉,1755年限制对外贸易以后,这些家族开始朝广州迁移。出于对祖辈的尊崇和商业往来,他们仍和茶农保持密切联系。行商为洋行工作,他们在珠江流域拥有很多紧挨外国商馆的长仓库,从那里可以直接把茶叶和丝绸装上驳船。

7月以后,茶叶源源不断地运来;采摘从3月开始,一直持续到秋天。偏远地区的茶商或代理商,一段时间内从某一地区收集一批茶叶,其中包括500箱红茶或200箱绿茶,每箱重约100斤——133磅——大小根据船的装载容量改变。这批茶通过水路和挑担工运往广州,经由中国洋行审查通过后,方才能在市场上售卖。运来的茶叶有时候可以直接出售,但如果不能,广州的打包行会负责翻炒和提炼茶叶;然后混装——将一批或几批中的茶叶混在一起以保证质量均等——和重新包装。

茶叶打包为数千人提供就业岗位,因为茶叶块笨重而又易碎。数百万计的茶叶装在最原始的收纳箱中运送到海外,这种产量方式使得

---

① 这三人皆为清末主要行商。浩官,指怡和行商伍秉鉴和伍绍荣父子。潘启官,指同孚行商潘绍光。潘瑞兰,指中和行商潘文涛。——译注

茶箱可以比肩比克圆珠笔和可口可乐瓶。19世纪30年代贸易废除之前，拥有大部分茶叶贸易份额的英国东印度公司，每年运出3150万磅茶叶。新箱子的规格大约在100磅每箱，这样算，每个季节必须生产出31.5万只茶箱，因为箱子无法退回。真是数量可观。人们想尽办法试图用其他材料替换木质茶箱，却别无他法，而木箱的制作已经蚕食了大量森林资源：当然，一年3150万磅比起今天印度一年5亿3千万磅的产量来说，简直是小巫见大巫。多年来，数以10亿计的茶箱最后成了壁炉里供人烧火取暖的木头，还有数以百万计的茶箱用于搬家建房。难怪英国阁楼的地板总是嘎吱作响。

在广州，人们雇佣木匠制作相对无味的木箱。熟练工们制作铅罐用于盛放最好的茶叶，学徒们则负责制作排列在木箱中的铅制薄片，防止茶叶受潮或变味。学徒将熔化的铅浇筑在厚纸包裹的模板上，再盖上另一块模板。此外还有造纸工，负责制作和装填衬纸——欧洲石匠过去用这种纸来建立模型。单色木箱用来盛放二等茶叶，而用来装上等茶叶的木箱需要绘制图案，这又需要大量画师"用稀奇古怪、形态各异的花纹和纹章来装饰木箱外侧"。每只箱子上贴有一张标签，上面用英文写明运输船名。最后，人们用粗糙的草垫密封木箱，并用藤条绑好加固，然后贴上另一个标签。

所有这些工作都需要在短时间内完成，因为一旦买方品尝过茶叶并支付款项，船只就迫不及待准备出发了。

外国船只能停靠在广州下游13英里处的黄埔。能够继续往上游航行的仅有浅底船，包括在海上航行的帆船。当时，在中国做生意的外国船只都是些庞然大物，其中隶属于东印度公司的船——著名的"东印度人（East Indiamen）"——更是比其他任何船只都要硕大。极少数公司愿意冒险把大量资金投入水手们口中的"运茶马车"上去，也只有极少数船厂才能完成这样庞大工程的建设。这些船一般都是英国制造，按照1800年的价格，生产成本为5—7万英镑，载重量高达1400吨。它们不属于公司财产，而是被包租给船运集团这个贵族商业组织里的成员。

能够支付得起这些船的成员，可能本身就拥有自己的船只，但是通常情况下他们会结成组织，共同分担开销和风险，并指派一位"船的丈夫"作为管理者。船运集团是一个封闭市场，他们和东印度公司管理者们保持或官方或民间的关系。集团成员也和造船厂维持地下交易，因为这些船厂通常欠他们钱财，因此从集团外接单对他们来说是非常不明智的做法。东印度公司舒服的垄断催生出新的垄断者——船运集团，人人皆大欢喜。

大小比速度更重要。不像后来出现的飞剪式帆船（clippers），"东印度人"和当时所有的船只一样，对风无可奈何；她依靠贸易和将她带上往返航程的季风，完成这一年的行程。英吉利海峡总是很凶险，但穿过海峡之后，前往马德拉群岛的路途就十分平稳了，大西洋上大规模的洋流推送船只穿越赤道，极目远眺，巴西的海岸线在远处久久不会消失。在未知因素里悠闲航行一段时间后，下一步就是去西风盛行的东南方交易货物。船驶过好望角，几乎到达澳大利亚海岸，然后穿过咆哮西风带。在那里，往中国方向去的船顺着西南季风往北行驶，穿过马六甲海峡，最终到达中国海岸。往印度去的船，或有双航程的船——先到印度，再去中国——则在抵达好望角之后，根据风向情况，选择孟买或孟加拉作为目的地。

只要垄断不结束，东印度公司就不必担心英国国内任何合法途径的竞争。速度不重要。重要的是每时每刻保持英国茶叶储量能够满足一年的消费需求，这是东印度公司的法定义务。船行驶缓慢，晚上时不时抛锚靠岸，只要能保持6个月内自给自足就可以。中国海域素来海盗猖獗，法国和荷兰的武装民船又经常剑拔弩张，因而每一艘船上都要装载足够应付至少两次交火的枪支弹药。

当时，只有军舰才能在体积上与"运茶马车"匹敌，前者虽然船员数量占优势，但质量却不及后者。东印度公司总是第一批挑选海员，挑中的人可以免于海军强制征兵。东印度公司的船员都是一流且报酬优厚的（这两者本质上是一码事），他们得到准许进行一些"私人交易"，此外还有一大笔奖金（假如商品逃过关税和消费税，直接卖到英吉利海峡的走私贩手中，这笔奖金会更丰厚）。这样，公司和雇员的利益紧密捆绑在一起，谁也不耽误做生意。

"商人"这个说法不太准确。比起卖方，洋人的角色更像买方，对于东印度公司来说，大多数贸易都是单边的。能说服中国人购买的洋货实在太少，这一点，乾隆皇帝早就在给乔治三世的信中敏锐地指出过。英国的支柱产业羊毛制品，在闷热的广州售卖业绩十分不景气。东印度公司做好亏本准备，打算将这些产品倾销出去，只为弥补一点货物损失，顺便讨好议会的羊毛厅。行商为承包贸易费用做好准备，因为他们以高于市场收益率的价格售卖茶叶。唯一能吸引清朝人的西洋产品，只有机械音乐盒——就是洋泾浜英语里的"唱歌（singsong）"，比如"一种鼻烟盒，里头藏着镶满宝石的小鸟，打开盖子，小鸟就会唱起歌来"——和钟表。然而，几条羊毛披肩和几个"唱歌"，比起数百万磅茶叶来说，实在微不足道，于是，差额就需要用"cash"支付（洋泾浜英语单词，来源于葡萄牙语中的 caixa）。一位叫 W. C. 亨特的美国人，回忆起1830 年他乘坐"东方号"抵达广州时的情形。船从波士顿出发，装载了一批铅材料、皮草、水银、电阻丝和废铁，以及装在桶里的 35 万西班牙银圆。（从波士顿出发的"东方号"上，还有一位基督教福音派厨子。他烧菜时总是大声朗读《圣经》，并且不浪费任何向船长和船员滔滔不绝传道的机会，人们却对他避而不见。离开波士顿 25 天后，他突然冲向栏杆，向船外一跃而下，嘴里大喊着："你们都下地狱吧，我要去瓜德罗普[①]！"）

开往中国的货轮停靠在马六甲海峡，装上一船大米、锡罐、胡椒和藤条，这些在广州卖得很好。之后，货轮穿越中国南海。瞭望员看见陆地之前，船上会聚集成群的蜻蜓。终于，在夏天的尾声，她安然抵达广州，一切顺利。

---

① 法国的海外省，位于加勒比海小安的列斯群岛中部。——译注

从"盗贼群岛"①望去,可以看到船帆时,外部领航员便会引导船只通过群岛,往澳门方向航行。从母船上分离出来的小艇,带着信件和乘客驶向澳门,然后带回官员授权的印章,表明批准货船可以在内部领航员指引下沿江而上,开往黄埔。

虎门为珠江咽喉要道,著名的虎门炮台曾在这里抵御进犯广州的英军。后来,海关靠一纸文书准许英军进入珠江,保住了这里的安定。珠江在稻田间九曲回环,看到黄埔时,其实离那里还有很远的距离。目力所及,高耸的桅杆,飘飞的三角旗,国旗垂落在船尾,60多艘大船排成新月形,仿佛下一秒就要进入战斗。

如果船上有乐队,他们会奏响一支颂歌,然后所有人在音乐中环顾左右,寻找熟悉的面孔——也许是一条美国轮船,应海关要求停在上游,或者停在下游的一些地方,星条旗混在西班牙的黄旗、荷兰或法国的三色旗和东印度公司的旗帜之间。东印度公司旗与星条旗非常相像,除了左上角的英国国旗。这些国家彼此之间互为"外国",却共同以对中国人来说完完全全"外国"的身份聚集在此。"贸易女神应当为这么多她的见证者汇聚于此而感到欣慰,"1836年来中国购买茶叶的图古德·唐宁先生写道:"也必须为他们在社会和历史上的重要地位而骄傲,正是因为她的存在,每年才会有那么多国家往中国派出庞大的舰队,只为满载那一种奢侈品而归。"

整个码头人声鼎沸。几艘洗衣船开到大船边上,洗衣女工大声吆喝,吸引顾客:"嘿,老板们最近怎么样? 上次你们来黄埔的时候,我给你们省了好多功夫吧。帮我也省省功夫不? 船长他怎么样? 我帮他做得可好了。上次你们所有衬衫我都缝补好了!"——然后,她会将船员们的衣服缝补连缀,漂洗干净,再完好无损地送回——假如船提前开走来不及送回,她便把衣服存放在舢板的地板下头,等待船员再次归来。

---

① 即万山群岛,位于珠江口之外,是处于香港以南及西南、澳门及九洲洋以东的多个岛屿的统称。——译注

威廉·希基①也听过洗衣女工吆喝,"让我洗洗你们的三件套",他对这种话很敏感,认为"具有隐晦的性暗示,她们很爱这么说话"。

水面还有很多"蛋船",乘客坐在芦苇秆铺成的蛋壳形雨篷下。唐宁先生乘坐的船上有两位"性情温和、面容姣好的年轻姑娘……其中一位,为了打扮自己,看起来十分痛苦。她的头发里夹着一些假花"。唐宁在海上度过了5个月。"我坐得离她很近,为了让她听懂我在说什么,我不小心抓住了她的胳膊。"那位姑娘断定唐宁先生想要其他乘客回避。"不!不!"她叫起来,一边往后缩一边发愁地瞥向岸上。"官爷快看呀;他赖我!他赖我!官爷看呀!""赖"指敲诈。唐宁先生告诉我们,然后他出于好奇,问她那些官员是不是真的如此严厉尽责。"不!不!他们来9次,一次都不看!"她激动地答道。

这些就是用于载客的蛋船;除此之外,还有养鸭子的鸭船,最惹眼的是花船——江上青楼,和承载水上强盗的蛇船。所有船里最精美奢华的,大约还是官船,船身漆靛青色和白色,白桨从红色舱口伸出,细长的柱子撑起顶篷,边缘镶嵌扇形饰边和金色羽毛,三角彩旗和写着红色泼墨大字的官旗随风飘扬;官船上载的是海关官员,在水域间巡逻时,还配有一支60人的军团搜寻"走私船"。这些建造中的船体漆棕色,但在走私贸易中却远远不及其他船漂亮。它们就像掠过水面的昆虫。

船顺潮而上,退潮时寻找一个方便的位置抛锚靠岸。接下来,需要把高处的装置放下,包括帆具、绳索、上桅甚至是顶桅,以防卸货时头重脚轻,被风吹翻;然后就是等待茶叶的漫长过程。这时,领航员会管船长要些赏钱,也许是一瓶朗姆酒,再从其他官员手里捞点好处——一段绳索,一些薄荷油,几块咸牛肉。红酒杯要藏好,不然一定会被索去。

靠岸意味着有新鲜食物供应,下一步就是买办②来访。买办是统治系统对外设置的一道墙,跟他交朋友是最明智的选择,因为接下来3个

---

① 威廉·希基(1759—1830),英国律师,以关于中国的回忆录出名。——译注
② 指在清代五口通商地区被西方公民雇佣并且参与其主要经营活动的中国人。——译注

月的供货全靠他。你可以挑一位买办做生意,但选择不多;这一职业也是一种垄断,按照财富多少排序,行商之后就是买办。阿可欧乐担任过很多东印度公司船只的买办,而波士顿·杰克则负责大部分美国船只,他曾到过波士顿,一说起旅途中的惊险遭遇就滔滔不绝。"大风太多了,"他这么形容合恩角。"海上都是一样的桅顶——看不见天,也看不见海。"这位买办会和船上的官员喝一杯红酒,聊聊船上的八卦,谈谈过去的经历。他总是在船只之间忙碌,因而通常派手下——一位叫舢板山姆的男人——满足船员们的日常需求。舢板山姆每天早上乘舢板而来,晚上坐舢板而去,在船员中人气最高。毕竟,他负责供应晾在主桅上的大块牛肉。

岸边有一艘黄色的船屋,简洁的棕色屋门和窗框悬在船尾。关部①杰克住在船屋里,他是一位海关官员,负责丈量尺寸和收赏钱;每艘船无论载货量多少,都需要根据甲板大小支付一笔约为 1000 英镑的进港税,按照惯例,还要给关部一笔赏钱。关部杰克需要确保没有走私品入关,但正如唐宁先生所记录:"上级对这些官员的管理似乎有一些漏洞,因为关部通常对这些交易是知情的,并且实际上是左右这些交易的最佳人选。"

船抵达港口之后几天,甲板下装货的舱口才能打开。一位"语言学家"从广州来到船上。这是一种政府官员的称号,当时有个笑话,"语言学家"什么语言也不会说,只会说自己的语言。他把自己的船屋固定在大船上,两位书记员再把他们的船固定在"语言学家"的船上。它们是狄更斯风格的惬意小船,船尾很高,设有围栏,外围有一圈通道,环绕在船中间方形船楼的周围。船楼前部设一扇门,两位撑船人坐在门槛上,楼两侧排列着绿色的百叶窗。整艘船雕饰成白色和金色,前门旁有一座小型楼梯,通向楼顶花园。花园部分建筑漆成黑色,摆满鲜花和长青植物盆栽。楼里有卧室、客厅、祭坛和厨房,是晚上船主和家人歇息的

---

① 清朝官名,主管广州海关。——译注

场所。船上有一支小型桅杆，上面悬挂的帆只在风径直吹向船尾时才拉起。

书记员们在轮船甲板上支起折叠桌，摆上算盘和书写工具，以便记下所有从舱口运出来的货物。货物抵达广东，从驳船上卸下时，还要再次核对清算账目，难保驳船夫经不住诱惑从货物里顺点东西出来。尽管中文里驳船被称作"西瓜船"，因为形状椭圆、边缘环形，在洋泾浜英语里却被称作"chop"；这个名字的来源一定是因为它们能载重500箱茶叶，倘若不能，便会丢了饭碗[1]。船体很重，木质结构，配备一张巨大的草垫帆和一支长桨。

书记员坐在凉棚下，把从他面前搬过的货物潦草地一一记录在册，然后在"语言学家"的帮助下，写成一份申请书递交到黄埔海关。海关通过后，船才能继续开往广州。"他们的侍从为他们和船上的陌生人递上茶，茶杯很小，口味清淡，不加奶也不加糖"。船上卸货完毕后，"桌椅、书记员、茶壶和'语言学家'一瞬间全部消失，整艘船重归宁静"。

茶叶到货之前，锚地无人叨扰的宁静会持续整整3个月——如要等候一大批丝绸，则需要6个月。一些东印度公司的船11月初就开走，船上装载上一季尾声提前预订的精选茶叶，名曰冬茶，用以随时补充伦敦的存货。其他船只在元旦前后离港，除了奇怪的过季船，它们以低价收走当季剩茶，总是很迟才出发。但这种船很少，因为走得晚只能逆风行驶。

等待茶叶的同时，黄埔生活同样令人期待。新奇的事物目不暇接，不过真正能做的事情却很少。"在世界其他任何地方，我从未见过如此壮观的场景。东印度公司舰队整齐地停靠在黄埔港口，卸下国内的货物，然后井井有条地排成一排，安静地等待茶叶，"美国人亨特如是说。东印度公司的船长们总是备好酒菜，并且每日例行派船前往广州。另外必须要去一趟法属和丹麦属岛屿，想来十分令人伤感，因为那些岛屿

---

[1] "chop"在英国口语中有丢饭碗之意。——译注

也是欧洲人的墓地。人们常常造访那里,去埋葬同行的船员,他们死于懒散无聊,或过多吸入此地的蒸汽。由小船组成的送葬队伍,伴随着葬礼的鼓点向前划动。每艘大船派出一艘小船跟在船队后面,随队伍一同缓缓抵达目的地。

也有些轻松的事可做:比如划舢板。小姑娘手中灵活自如的桨,到了英国海军手里却变了个样。他们每划一下,小船就原地打转,结果自己晕头转向不说,还落得被同船船员嘲笑的下场。剃头匠的小船也在轮船之间穿梭,他总是从宽檐帽下往上瞟;他帮人修眼皮,还备有一套清洁耳朵用的金属耳掏——估计这就是广州人听力不太好,说话都靠吼的原因,因为掏耳朵可能会损伤鼓膜。小男孩在船间四处捡漏,随时准备跳进水里捞起从船上扔下的玻璃瓶。其实,船民会捡起一切从船上扔下来的东西,一点也不浪费。一天深夜,万籁俱寂,所有人都在睡梦中,紧靠在一起的舢板也悄无声息。唐宁先生抽着雪茄,在甲板上散步,随手从船上扔下一个纸团。纸团落在水面上,没发出一点声音,随后顺着水流飘走。这时,一只手从一艘小船上盖着的垫子下伸出来,快准狠地捞走了纸团。

因此,人们在黄埔驻扎的临时营地十分静谧。外面盛行的风没法带他们回家;而引领他们来到这里的风,还肩负着将雨季带去产茶国家的重任;他们只能在这儿等待合适的风吹起,和最后一艘运着茶叶而来的驳船。

与此同时,水手们终于有机会游览广州,前提是没有因江上热病而濒临死亡,或忙于维护船体外观,或和理发师协商走私一瓶当地烈酒"山酒"出国(唐宁先生认为协商成功意味着热病发作)。水手轮流出发,大多数人都能在出航前得到几次一日游的机会。他们很早就出发,搭乘大划艇向13英里外的上游进发。同行的年轻官员紧张兮兮地盯着水手们,但他们顾不上焦虑,只盼天亮前到达,不然钱就不够花了。往城市去的一路上,所有人以龙骨为腿,争先恐后,横冲直撞,桨每划一次,都会成为新的障碍。篙撑起的渔网遍布水下,它们的作用除了网鱼,还有把番鬼们扫下座位;花船上的女子在阳台上观看外国人出洋相,她们时而交头接耳,时而娇笑连连,这些花船是不许洋人上船的,一是因为法律规定,二是出于谨慎考虑;要是上了花船,即使是身强体壮的独身洋鬼子,也难保不会遭到抢劫和谋杀。不过,威廉·希基在他欢快的回忆录里,记录过一个小水湾,位于去广州路上的半途,名为"乐乐湾"。在那里,舢板上的姑娘们邀请路过的行船停下小憩,与她们"乐乐"一回,直到巡航的官船经过。

航海帆船并排停在岸边,连成一条水上巷陌,船上绘制的眼睛朝虎门方向望去——"有眼睛,就能看;没眼睛,不能看",人们这样解释;舢板在水巷间来回奔忙,买卖水果,大声叫卖,掌桨的人时常更换,很多家庭以舢板为家;木筏由赌徒撑着,停靠在船坞,看守的人们在筏上建起棚屋,连成一片漂浮的棚户区,这样一来,水和岸的界限就更加模糊,船停在岸上,房子建在江上,支撑阳台的柱子从淤泥里伸出来,江岸线被无数桅杆和船帆遮蔽,有时根本无法分辨那是一栋岸上的竹屋,还是一条水里的竹船。这里是无休止的生意场。米船,蛋船,鸭船,盐船,兜售叫卖。满载的驳船顺潮水而下,风也追不上它——势不可挡的西瓜船,驱赶一切拦住前路的人。在人口最为密集的地方,拥挤的船只之间几乎看不见黑黝黝的江水,升起的旗杆也和桅杆混作一团。其中,一些米字旗插在商馆上,看起来很小,依然宣告着所有权。

一共有 13 所商馆[①]。它们沿河岸而建,总长仅 1000 英尺,向西排成一排,延伸到一条散发恶臭的小水湾;在英国馆东边的尽头,丹麦馆和西班牙馆被一条叫"新中国街"的街道隔开,那里专做古董交易;旁边是法国馆,尽管拿破仑战争期间空无一人,但自从法国人认为茶叶可以治疗霍乱后,商馆便重新开张;再旁边是一栋楼,隶属于一位叫作章官的行商;然后是"老中国街";美国馆;奥地利帝国馆,它实际上是英国人为了逃避东印度公司垄断所建的便捷设施,而非真正为奥地利人服务;

---

① 外国商人在广州居停与办公的主要场所,史称"广州十三行"。——译注

瑞典馆;旧英国馆;炒炒馆(混合馆);然后是猪巷和新英国馆,荷兰馆和小溪馆。

猪巷正对面有一个斜坡广场,对水手和中国人开放。广场建在如此便捷之处,是因为水手总爱在猪巷消磨时间。巷子直至商馆深处——400英尺长——那里什么奸邪滑头都有,就是没有女人。

女子——不论来自国外国内——不允许进入商馆。茶季的6个月里,洋人在商馆做生意。一年剩下的时间中,他们要么在回程的海上,要么在澳门。"女子不得入内"的规矩,就是为了保证他们愿意离开。有句玩笑话,说那些中国官员自己都不确定能不能抵抗住欧洲女人的诱惑。私下里,也有很多在商馆工作的男人,酷爱享受交际场所。W. C. 亨特记录过一次未经授权的来访,1830年,一群美国女士到访参观商馆。"她们来访后的第二天,有人看见不少老家伙穿上了搁着樟脑丸的衣箱里尘封了十多年的大衣,还打起阔领带,带上旧手套,前去拜访她们!"本地人倒没有敌意,只是极为好奇。假如夜晚的新中国街上,溜达的人群中忽然传来一声高呼"女洋鬼子",这条街便要被限制通行,不然会有一大群人打着灯笼乌压压地围过来。终于,那些女士离开之后,"一位资深单身汉表示,'我可不希望以后在广州我们再被那些女人打扰',不过,他是一位以暴脾气著称的老头。"

东印度公司商馆,简称"商馆",很有老式大学校园的氛围,实际上由一些小庭院组成。商馆花园坐落在江畔,里面的石子路比草坪还要多。那里的小教堂里建有全广州唯一的公共时钟,所有人依据这个大钟校准手表时间,后面的墙上挂着许多英国女人的图片。商馆正面不算宽敞,由列柱支撑,顶部装饰三角楣饰,上立英格兰皇家徽章和东印度公司格言,"从属于赞助者——英格兰国王和国会①";下方商馆内的走廊设有台球室、图书馆和一间巨大的餐厅,餐厅里悬挂着一幅乔治四

---

① 原文为拉丁语,Pro Regis et Senatus Angliae。——译注

世的全身像，那是阿美士德勋爵①赠予国王的礼物，国王却拒绝接受，天花板上垂下令人目眩的吊灯，奢华的烛台排列在餐桌上，足够30位宾客围坐在桌前，享用银质餐具里的美食，每人身后站着一位侍从随时待命。商馆二楼主要是起居室和晚宴厅，每一间都可以从庭院不同位置爬楼梯到达。顶层则为访客准备了舒适的休息室，还有20多位绅士的长期办公场所。在这里工作的人包括一位主管和他的两位助理，这三人组成了这里权力最大的委员会；一位牧师；两位外科医生；一位口译员（如果他在的话）；大约20位作者或书记员；有时有一位被称作"蛆虫"的鉴丝员；但不论何时，鉴茶师总是坚守岗位，他被尊称为"茶师"。鉴茶师薪水丰厚，不光由于鉴茶技巧，也由于"保持这种技巧所需的简朴的生活方式"。所有投资——商馆、船只、人力——都仰仗他的味觉，所以必须要保持洁净。

商馆不生产任何东西，除了钱。在这里，金钱好像可以凭空创造出来，空气中充斥着钱币从铜币堆里倾倒而出的声音，这声音回响在地板上、走廊里、会计室里和保险箱前。经手商馆的每一枚钱币，都需要经过货币鉴定师之手，他在货币鉴定学校或其他条件更艰苦的地方学习，掌握所有不同币种之间的区别，不论货币来自国内还是国外，都可以通过它们的重量、触感、银的纯度和敲击石块时发出的响声来判断种类。货币鉴定师可以从上千枚钱币中，精准地找出伪造品；也许是因为抛光粗糙，或者中空灌铅，或者伪造得十分拙劣明显。

中国人于公元1世纪发明了纸币，直到13世纪停用。他们不承认金属货币的价值，除了一种中心开孔的小型铜钱，在日常交易中使用。除此之外就是银锭，铸成的银块称为"鞋"，因状似小脚女性穿的鞋而得名。熟练工切割银锭时，总能将重量把握得刚刚好，洋人看了无不瞠目结舌。不论是西班牙、墨西哥还是美国的银圆，这些金属货币的银含量都达到标准，准许在市场上流通。一旦检验通过，每一块银圆都会盖上

---

① 阿美士德勋爵(1773—1857)，英国外交官，曾于1816年代表英国率团访华。——译注

货币鉴定师的标记或印章,作为质量保证。货币鉴定师几乎没有出错过。只有一次失误,那是源于他对传统的过度尊崇。尽管当时货币是根据重量来规定价值,但中国人对卡洛斯四世①时期的西班牙银圆极为青睐。这种银圆俗称"老头",在中国流通时间相当长,交易价格高于银含量约15%。没人能解释这是为什么——美国的旗昌洋行曾用价值6万美元的"老头"兑换价值7.8万美元的"新头",净赚1.8万美元。

到了茶季尾声,货币鉴定师将他办公区的地板卖给投机商,投机商从中搜寻缝隙间遗落的碎银子,再自费掏钱购买新的木质地板。

严格地说,货币鉴定师不为洋人办事:没有中国人为洋人办事,天朝子民怎会愿意服从蛮夷的命令?行商指定买办,买办指定雇员。商馆的买办和黄埔的买办一样,都需要负责货物供给、国内账目和雇员培训;他还负责鉴别货币真伪,每1000美元可得20美分报酬。但他工作繁忙,只好把这项工作委托给货币鉴定师,支付的报酬为每1000美元10分钱。

官部或海关给黄埔每家商馆指派一位"语言学家",作为官方与商人之间交流沟通的中间人。他将收到的信件和请愿书,通过行商呈递到省政府;政府答复后,行商把内容转交给"语言学家",由他们解释给相关国家的长官,"他毕恭毕敬地解释,对长官表现出适当的服从"。"语言学家"将规定的变更或新法令的颁布告知外国商人,也依照"老传统"帮他们安排出行远游,去法蒂花园、海幢寺或者澳门。洋人被明令禁止进入广州城门内,也不得学习中文。茶季时,只得由"语言学家"组织装货,检查货物是否完备,以及驳船是否得到许可在一旁待命,并随时准备开往黄埔。

到了10月份,茶叶开始发货,一船一船运来,所有人忙碌得一刻不得空闲。行商开始为他们的存货打广告。除了上一季尾声提前预订的

---

① 卡洛斯四世(1748—1819),波旁王朝的西班牙国王。——译注

茶叶,其他所有茶叶总是率先呈给英国东印度公司挑选。这就是为什么美国人——也被称作"花旗鬼"——常被戏称为"二流英国人"。在中国人的观念中,文化和语言是政治统一的基础,所有说中文的汉人,都是皇帝的子民(即使到今天,海外华人也被统计进中华人民共和国官方人口普查中,就好比澳大利亚人和马里兰人也被算进伦敦公布的人口数字中)。政治独立——即使关乎茶叶税——从来不是儒家思想提出的概念。人们更容易依赖明显的区别,总要让一部分人先吃螃蟹。

东印度公司根据行商所有股份,将购买份额分摊到每人;比如,浩官有 14 股,他卖给东印度公司的货物就比只占 7 股的潘启官多一倍。当然,份额会发生变化。这就是问题所在:非自由市场不利于行商之间以合作的方式分摊风险和收益。

不过,气氛总体来说是诚信和睦的,中外商人之间关系友好。他们彼此了解,知道耍手段也无利可图,并且至少在对关部不耐烦的态度上达成一致,生意能不能做成,全仰仗他的良心。19 世纪 30 年代,W. C. 亨特记录下浩官在洋行的一段经典对话:

> "浩官,今天有什么消息?"
>
> "都是些坏消息,"他说,"黄河又泛滥了。"
>
> 听起来很糟糕。"当官的今天来见你了?"
>
> "他没来。他派了艘船来,明天才亲自过来。他想要我 20 万美金。"
>
> "你付给他多少?"
>
> "我付给他五六万。"
>
> "他不满意吧?"
>
> "肯定的,给他 10 万都不满意。"

这位难对付的关部和他们关系一点也不亲密。唐宁先生很幸运,历史上关部到商馆已知的唯一一次拜访,他正好在场。几天前,关部约好来商馆参观,人们推测这是因为不久之后关部面圣时,倘若被问起洋人的情况,他能够如实回答。

于是,英国馆的蛮夷们为他准备了一顿"一流英式早餐"。雪白的亚麻台布上摆放着奶冻、果酱、水果和应季食物。外国人在不远处的栏杆外站成一排,等待看和被看。关部在长桌的一端落座,"那是一位60多岁的老者,面容和蔼"。他蓄一小撮胡子,官帽上饰有一羽孔雀翎,以示皇帝宠爱;红宝石顶戴则暗示一品官职。他身穿朝服,上有红蓝刺绣图案。关部坐在一樽小型宝座上,四周环绕着秘书、翻译、友人和仆从,此时楼下的行商们,却坐在接待室的扶手椅上焦虑地等待。

老者仔细打量桌上的美食,他独自面对这一桌珍馐,旁边没人有落座的意思,这时他对侍从们耳语一番,叫他们把食物呈上来。食物一盘一盘递来,举在他眼前,他充满好奇地仔细查看菜品,然后不悦地摇摇头,示意拿开。就这样持续了很长一段时间,直到他把每道菜都看过一遍,也没找到一道适合他那娇贵官胃的菜肴。

这段时间里,围观的洋人们心情就完全不同了。看到这么多美食,他们早已胃口大开,何况已到午饭时间。很多人妙语连珠地讥笑这位老先生不识货;还有一些叫他"老傻瓜",并对无法亲自示范如何品尝这些食物感到遗憾。然而,他们的评论关部一句也听不懂,只是安静地查看这些异域美食,桌上餐点传看一遍后,他以否定的姿态摇摇头,然后要了一杯茶。番鬼们可受不了了;不过此时大多数人已经离开房间,留下这位充满偏见又吹毛求疵的老头兀自品尝本国饮品。

至少,关部喝茶时十分满意,这一定是经过茶师精挑细选的。

出于对行商的信任,外国商人购茶时只查看每只茶箱中取出的一小份样茶。估算货物总重时,随机选取茶箱称重,再和工会办公室里中国茶商手上的茶叶重量做比对。到19世纪初,东印度公司从中国购买5种红茶和3种绿茶;而美国人,可能被1776年①发生的事折腾得有些迟钝,1828年才开始引进红茶。按品质排序,这些红茶分别为小种茶

---

① 美国独立战争。——译注

（Souchong）、拣焙茶（Campoi）、白毫（Pekoe）、工夫茶（Congou）和武夷岩茶（Bohea），这些茶叶因叶片较大而被中国人称为"大茶"，较为粗糙、便宜和常见。最好的绿茶，包括皇茶（Imperial，或称工艺茶），用最小的叶片制成；松萝茶（Singlo），产于松萝山；以及熙春茶（Hyson）。珠茶（Gunpowder）属于品质较好的熙春茶。这些茶叶大类下还分小类，品质各有千秋——比如广州当地种植的广州武夷茶质量普遍不好，而僧茶（Padre Souchong）几乎无价，从不对外出售。

僧茶产自福建省武夷山。武夷茶曾仅仅指代产于武夷山的茶，但经年累月，它包含的种类拓展到了番鬼心目中一切武夷岩茶的仿制红茶，几乎涵盖所有中国劣质红茶。广州武夷茶听上去就像玻利维亚香槟。但是，巴尔扎克向朋友们讲述处子采茶女和中国皇帝的时候，心中所想大概就是僧茶，因为这种茶叶只为进贡皇帝而生产。茶叶包在纸中，内有诗文：

> 武夷山草木环抱，举目不可穷尽，曲径通幽处，立一银月寺。残刹古意浓厚，其源未可知也。一户人家古来居住此刹，每年茶叶成熟时采摘，进献给当今圣上。寺旁种三株茶树，由这家人照看。一株只产茶叶一斤。数千年前，这几株茶树本由天神栽种，未曾产出超过三斤。

在外国人看来，这种茶为僧人所制；于是起名为僧茶。僧茶有时作为赠礼在广州出现，数量极少——1689年，东印度公司的J.欧文顿出差去印度时描述的茶叶，很可能就是僧茶。一位中国大使将僧茶带去印度，这种茶"在中国极为珍贵，一小盒便是给重要外交使节最高规格的礼物。然而，他还为我们总裁带来一些……"在广州，受到朝廷青睐的行商收到僧茶的馈赠，总是不忙品尝，而是要先对外宣传一番。等到过年，中国人素有送礼传统，他才将茶叶分为几份，赠予亲朋好友。像所有艺术品一样，这种茶叶的价值早已超越利润和成本，甚至超越它给人带来的口舌之间的享受，因为对于这种茶叶，人们只可远观，不敢亵玩。

收到赠礼的外国人，自然也要在回礼的选择上纠结一番。"香味水"——薰衣草香水和古龙水——大受欢迎，送茶叶也不错。"当地人很少直接饮用刚生产出来的红茶，而是一般要放置一年左右。所以，对中国人来说，最好的礼物莫过于一箱从海上运到英国再运回中国的茶叶，他们认为这样的茶叶品质更好。"唐宁先生说。另一位作者这样解释："中国富人喝红茶，但不常喝新茶。他们将茶叶存放在陶罐中，等过几年才拿出来品尝。新茶多少带有一些刺鼻的味道，陈茶则更清柔，更美味。"这种说法没错；红酒也是一样的道理。但是好茶，就像好酒一样，真实价值总是高于定价——人们也经不住诱惑，不断使它们升值。

18 世纪 90 年代，巴罗先生①曾随伟大的"邮递员"马加尔尼伯爵来到北京，他在一篇文章中写道：

> 整整一天，我都在观察我的中国侍从，他将早餐泡过的茶叶晾干，已经收集了几磅，我问他拿这些茶叶做什么用；他回答说要将这些和其他茶叶混合起来，然后去市场卖掉。
>
> "你们，"我问，"就是这样欺骗本国老百姓的？"
>
> "不，"他答道，"国人太精了，骗不了他们，只有你们这些外国人愚蠢到会因为这种伎俩上当受骗；事实上，"他继续说，以一种你能想象到的最冷静的语气，"你们从我们这儿买来的东西，对你们来说已经足够好了。"
>
> 我佯装大怒，他只好又补充说他"指二流英国人"，也就是美国人。

或许美国人确实更容易上当受骗。毕竟，东印度公司从中国购买茶叶的历史更久远，公司鉴茶师见过的样茶自然比任何人都要多。比如，19 世纪 20 年代，美国人求购雨前茶（Young Hyson）时造成了不小的混乱，他们需求的雨前茶"比实际能生产的要多许多。当地人为了从

---

① 约翰·巴罗（1764—1848），英国政治家和作家。——译注

数量上满足他们的要求，只好在质量上动手脚，掺杂劣质茶叶进去。然而，他们将这种茶叶提供给英国人时，立马在茶师面前露了马脚"。

尽管东印度公司掌握垄断，有时也会掉入诱惑的陷阱。或许他们审查茶叶时没那么严格，因为从行商手里稳妥地接受一批货物，睁只眼闭只眼，对他们来说并没有什么损失。英国本土形成了一整条茶叶掺假的工业链，甚至还催生出一个专有名词"斯莫奇（smouch）"来形容这些掺杂质的二手茶叶。这种造假手段广泛盛行，冲击了东印度公司的市场份额。在垄断行业废除之后，自由贸易将中国方面的生意推到大众视线里。起初，初出茅庐的自由商人还会收到劣质二手中国茶叶，后来市场竞争愈发激烈，茶饮质量也逐渐提高。但是想要恢复中国茶叶的名声，已经太晚了。

与此同时，东印度公司雇员无微不至地看护已购茶叶。货船出航前，书记员和"语言学家"总是工作到凌晨，起草船货清单和支票账户，还要确保第二天等待货船运走的货物已经全部清算完毕存放在洋行。在黄埔港岸边，中国码头工人（stevedore，洋泾浜英语，来源于葡萄牙语中的 estivar，意为装载）正往船里铺压舱物；他们有时在船底铺一层光滑的鹅卵石，那场景让最娇贵的豌豆公主看了都会心生喜悦，不过大多数情况下，至少在 18 世纪，会用货物压舱，比如水银、黄铜和瓷器，因为只要能紧密排放且能承受底舱海水冲刷，货物当然比石头值钱。

"东印度人"的舱门下，存放的不只是茶叶，还有用来喝茶的茶盏、茶碟和茶壶。直到 18 世纪末，中国瓷器在欧洲的地位无法撼动，欧洲为了应对中国的市场竞争，用便宜的陶瓷取代（而非匹敌）中国瓷器。亨利·霍布浩思计算过，1684—1791 年之间，瓷器进口减少，英国东印度公司通过轮船一共运送来 2.4 万吨精美瓷器——约 2 亿 1 千 5 百万件。每一单来自欧洲的委托，都有中国制造商承包，他们警告说，箱子一定要叠放齐整紧密，必须形成一片坦的表面才能开始装载茶箱。

瓷器便宜得离谱。威廉·希基记录过 1767 年和朋友鲍勃·波茨一同在广州吃早茶的经历。他写下这个故事，是为了证明瓷器的价值，东

印度公司的慷慨,还是他朋友的标新立异,或者三样都是:

> 如果他[波茨]认为,麦克林托克吃饭时间太久,或者喝了太多茶,他二话不说便掀翻桌子。他第一次这么干的时候,我怒不可遏,因为好些精致的瓷器就这么轻易打碎了。我当即表示不悦,他却毫不在意地笑笑。"怎么了,小子!"他说,"别忘了你现在在哪。我最受不了不会清理茶具的仆人了,他们会把一整套瓷器丢出窗外或者扔下楼,然后从管家的储藏室里拿一些新的来,这很容易。"

1739年,为200人量身设计图案和纹章的一套茶具,只需花费7英镑就能得到。

第一艘驳船开进黄埔港口,水手们激动得欢呼雀跃。茶箱迅速消失在舱口,箱子之间的缝隙里放进填塞物——也许是肉桂,一种通便食材。但味道刺鼻的樟脑,就算再畅销,也绝对不能上茶船。最后,运送杂货(纸糊灯笼、雨伞、漆器之类)的"炒炒船"姗姗来迟。装货完毕,书记员们收拾好桌椅茶壶,买办发给船上的官员和船员一些赏钱——几箱橘子和几罐甜肉,但在船上狭小的空间里,没人有足够的空间来摆放这些礼物。"祝你们一路顺风,"他边说边握手,此时绞盘控制杆前船员已就位,船锚正随着水手号子的声音缓缓升起;船身因潮水退去而倾斜,一面面船帆迎风展开。买办漂浮在水上的豪宅向后远去,逐渐消失在视野中,只能看见岸边烧纸钱的光亮。岸上传来爆竹声和锣鼓声,那是中国人在乞求风神和水神保佑蛮夷一路平安。

市场上茶叶已经清空,船开走了,生意也做完了,这时候的商馆便开始和洋行协商下一季的合同。交易进行顺利的话,洋行的"筷子晚宴"上便能听到祝酒声不绝于耳,商馆也大摆宴席回请行商。番鬼像男孩一样爱找乐子,他们逗留在商馆,当局却想把他们赶到别处过冬。皇帝每年例行下令广州总督结算生意,驱逐番鬼,等到下个茶季再让他们回来。总督、副总督和粤海关部下达法令,洋行通过"语言学家"把皇帝旨意传达给商馆,但总能及时找借口留下洋人。一段时间后,皇帝派人前去视察,将番鬼的借口转述到北京,一起传达过去的还有总督、副总督和关部的借口。之后,法令措辞愈加严厉:"别说没有预先警告你们……颤抖着服从——接受警告——这一特殊命令。"蛮夷有理由质疑清廷和龙的君权是否言过其实,但此时行商们早已胆战心惊,他们建议"你们还是去澳门吧"。外国人只好预定驳船,这些船只已被改造成舒适的套间和起居室。他们乘船出发,前往那声色犬马之地。

黑车司机为我选择的宾馆叫做爱众公寓,所在大楼有很多入口。我在拱廊的雨棚下来回踱步,寻找正确的入口,雨水轻拍布满凹坑的石板路,然后肆意飞溅在我的腿上。我走进一扇门,整间大厅里没人顾得上同我说话,我便知道自己找对了地方。宾馆大厅里弥漫着浓浓的中苏友好氛围,从参差不齐的红柱子,到墙上斑驳的实木结构,长毛绒和吊灯上廉价的仿欧风饰品,扶手椅上的靠背套,和每一只烟灰缸下的装饰垫。斯大林也许会喜欢这种风格,但放在亚热带地区难免不伦不类。

宾馆正对珠江,海幢的工业区一览无遗。不巧的是,我的房间在走廊另一边。房间只有一间浴室大小,整体呈楔形,仅有的照明设施是一只昏暗的灯泡;窗外景致仅有一面砖墙,伸出手就能摸到墙面。床看起来很硬,给我一个湿腻的拥抱。我在茶几上找到一只小信封,里头装着茉莉花茶。这时服务员送来一只热水瓶,我给自己泡了一杯热茶。绿茶不必非要用开水泡。马克杯里的液体喝上去有一股土味。

宾馆顶层是一间全景式旋转餐厅,我选了一个能够俯瞰珠江的位置。此时,两艘渡船正从相反方向渡江,在江面上画了一个八字,顺着水流驶向对面的渡口。岸边的趸船码头上,黑压压的人群越聚越多,船一靠岸,所有人几乎一瞬间全部消失。奇怪的是,就在100多米外,一座桥横跨江上。在码头之间往复循环的渡船,偶尔被一队宽壁平底船截断。它们有点像过去的驳船,载着一船货物往下游去,也许是去黄埔,但船上载的货物显然不是茶叶,而更像是煤炭。

我伸长脖子,想往更远处看,却被房顶上错乱的天线和不知挂在外面风干了多少年的衣服遮挡住视线。

伴随着带有异国情调的背景音乐,餐厅开始缓缓旋转,顶楼可能是俄国人送来的高贵赠礼,一边旋转一边叮咚作响,好像一只巨大的现代版"唱歌"。社会主义民主保证每个人都能看到珠江。我怀疑这里唯一能看到的美景就是珠江,因为映入眼帘的城市其他部分并不赏心悦目,满目尽是破败的窗框、防火梯和昏暗的街巷。法国传教士明稽章修建的圣心大教堂,两座尖塔高耸入天际。50 码远外,几个穿围裙、戴圆厨师帽的厨子,正用胳膊肘撑着窗台抽烟,而他们身后的灶台上还冒着火光。远处山上云遮雾罩;全省最适合泡茶的水,就从那座山上来,通常装在陶罐里运给鉴赏家。一阵凄厉的小提琴声搅乱了扬声器里的广播。"请解放我……"接着,珠江重新转入我的视野,两艘方头平底船并排驶向下游,船尾绑着几艘小划艇。天线再次挤进我眼前,这时我离开了餐厅。

外面雨已停,但坑坑洼洼的人行道仍在折磨我的脚底。江边,水果贩蹲在树下,旁边的茶贩支起折叠小桌,桌上几只玻璃杯里的茶水尚且温热。每只杯子上都盖了一片玻璃,防止茶里落入煤灰或者苍蝇。珠江时不时地被各种建筑挡住,砖棚、抽水马桶、售票厅和江边官员的办公室:水深测量员、交通控制员和货物代理商。倘若在英国,这些人只能窝在狭小的办公间里工作,头顶一根灯管,顶多泡上一杯热茶取暖。在这里,他们却舒舒服服地瘫在铁栏杆后面,拿公文当扇子,扇个不停。

我所在的城市是孙中山的老家,显露出新中国现代化的热忱。自20 世纪 20 年代以来,这座城市开始更新和变革,干净整洁的砖瓦房取代了老广东曲折的小巷和简陋的住房,全新的公共卫生条件取代了肮脏污秽的居住环境,更加宽阔的街道和自助电信交换机取代了接线岗位上的姑娘们。人们正头疼如何清理江上的船市,一场大火让问题迎刃而解。古老的城墙上原本能容纳四匹马并排狂奔,却因为城市建设需要建筑材料而被拆除。如上种种,都是孙中山先生给这个辛亥革命发源地带来的馈赠。

广州人很独立——独立于北京朝廷,独立于洋人,独立于雇主,独立于彼此,也独立于大多数规则。没什么人喜欢广州人。皇帝曾说:"奸邪之地莫如广州。"20 世纪 20 年代,蒋介石在此屠杀上千名起义的共产党人。1949年10月,共产党接管广州,广州人勉强放弃了离经叛道。因为各种原因,外国人总是不信任广州人。据记载,公元879年黄巢起义,以阿拉伯人为主的12万外国商人在广州遭到屠杀;1000年后,维多利亚时代的英国人在此遭到当地暴民的抢劫;最近几年,背包客们称这里是"骗人的地方",他们中大多数人来到中国,都尽量选择不在广州停留。只有孙先生爱广州人,因为他自己就是一位叛逆的广州人,他的叛逆体现在他对清政府的鄙夷和加冠的高顶绒帽——他也是一名广州商人,是第一批有才能的国际资金募集人之一,成功召集海外中国富豪捐赠款项。

孙中山的新广东,建立在无数旧事物的废墟之上。爱众公寓后面那条街叫作十三行路。东印度公司垄断废除之后,唐宁先生将马威克宾馆建在一部分东印度公司商馆原址上,如果能查到旧址位置,应该离得不远。但是现在,没有街名就没有路标,河岸早已被开发,东印度公司的花园也不知被哪栋大楼踩在脚下。

假如能从爱众公寓大楼的地基下挖出当年商馆的账簿,就会发现茶叶出口量逐年大幅提升,从18世纪初每年100万磅,增加到19世纪30年代超过4000万磅。为了抵消贸易逆差,必须卖点什么到中国去。18世纪很长一段时间内,银锭作为一种限量商品运往中国。然后是鸦片,茶叶的第二自我。

一些人说菩提达摩的眼皮落地变成罂粟,另一些人说变成茶树。这两种植物都以药物的身份进入大众视线——茶叶是兴奋剂,鸦片是止痛药。一种令人精神振奋,一种让人昏昏欲睡。鸦片吸食后变成烟雾消散在空气中,茶叶饮后则被倾倒入下水道。茶叶吸引崇拜者,而鸦片使他们成为奴隶。德·昆西将二者描绘成美女与野兽的关系。

那么,为我画一个房间……在火旁画一张茶桌;然后(很显然,在这个雷电交加的夜晚,不会有任何生物登门拜访),在托盘上画两只茶杯和茶碟;然后,以象征手法或其他方式,画一只永恒的茶壶……接下来要画的便是我——一副吸食大烟者的肖像,他的"装着毒品的金色小烟枪"放在一旁的桌上。

鸦片烟原本是用来抽的,将烟草浸在鸦片剂中,但到了 18 世纪,由于采用新的制备方法,吗啡纯度从 0.2% 提升到 10%。先将生鸦片和水一起放进铜锅里熬煮,等到形成一种糊状物,再将它压进薄片。将薄片在水中浸泡一晚后得到的液体煮沸,同时不断搅拌,约莫半天后就会变得像糖浆一般黏稠,然后储存在罐中。抽大烟的人,先取一小块放在金属丝的一端,在小火上烤一会儿,等到它膨胀融化,就放进烟枪吸食。他把烟嘴对准自己的唇齿,另一端的小碗烤在火上,这就开始抽起鸦片烟了。

18 世纪末,鸦片在印度孟加拉邦和孟买附近的邦内加工。"公班土(Patna)"①盖有东印度公司的印章,44 磅烟土球为一箱,按箱拍卖给英国和帕西②商人。"白土(Malwa)"来自孟买,是一种粗略包装的块状烟土。鸦片销售额和税收使东印度公司在印度的总收入与日俱增;在中国,毒品交易则几乎发展到和茶叶贸易同等规模。讽刺的是,合法茶叶贸易只在广州进行,并且必须以能够想象出的最正规、把控最严格的方式进行。然而,非法鸦片贸易却蔓延至整个中国南方沿海地区。飞剪船把鸦片从印度运到珠江口的内伶仃岛,在背风处将鸦片卖给趸船上的拉斯加人③、马来人和中国人。走私船——又叫"扒龙"——在趸船和沿海无数湾道之间来回穿梭,将成箱的鸦片运给收货商换取现金。有时飞剪船直接将货物运到上游的港口,比如厦门和宁波。"交易似乎内化了毒品的特质,"W. C. 亨特回忆道。"他们摆出安闲自得的心态,从交易额中抽取 3% 的佣金,返回后还能再得 1%,并且从没有坏账!"当地官员早已被收买,假如新官上任三把火,表现出"十足的愚蠢",只要多

---

① 即四种从印度走私到中国的烟土之一。四种烟土包括公班土、白土、金花土和小公班。
　——译注
② 立足于印度次大陆的民族。——译注
③ 受雇于欧洲船只的税收或民兵,一般来自南亚、东南亚、阿拉伯地区和好望角以东诸地。
　——译注

给些好处,他总会变回聪明人。"正是因为存在如此完美的贿赂体系(外国人跟这一点关系也没有),才使得鸦片交易进行得如此顺畅规律。"

有时,政府必须做点实事装装样子,于是抓来几个无关紧要的毒品贩子处决。他们在商馆里张贴几张模棱两可的声明,要求"在外锚地出没的船只",要么进港申报货物,要么离开此地。走私鸦片的飞剪船离开内伶仃岛前往印度,一路上,几艘军舰远远地在地平线的射程外追赶它们一阵。鞭炮炸了几千响,从岸上听起来像是打了一场恶战;于是一条战胜番夷海盗的新闻很快便传去北京。

东印度公司本身和中国鸦片走私没有任何关系,只在加尔各答拍卖鸦片。个体商人将赚到的银圆存放在广州东印度公司,然后换取一笔伦敦来的收入。东印度公司用这些银圆购买丝绸和茶叶。这样一来,个体商人赚得盆满钵满,英国得到茶叶,印度的收入有所提高,中国人也买到了他们想要的东西。

沿河堤继续行走,一条运河汇入珠江,运河平静而冷漠,颜色仿佛工人茶杯里的茶水。我走上横跨运河的小桥,这时一位胖女人朝我走来。她撑着雨伞,头戴草帽,帽绳系在下巴上:她本人几乎是广州变幻莫测天气的代言人。

"换?"她问,手指在空中比画着,伞尖几乎戳瞎我的眼睛。"Eff Ee See,人民币?"

她指外汇兑换券(FEC),我用美元买了一些,法律上等同于中国流通货币人民币——人民的钱币。

"多少钱?"我大起胆子尽力用最标准的中文问。

她伸出一根手指,然后伸出三根,眼睛一刻不离开我。汇率是10∶13。

"100换140,"我小声计算。她穿过桥,走到一片树荫下,留我一人站在桥上,口袋里掏出两张50,她看上去一点也不关心。我走到她面前，她才赶忙低头挤出双下巴，递给我一沓 10 元纸币。我快速清点，随后递过外汇兑换券。

货币兑换是一件很神秘的事情，双方掂量一下价值，如果都觉得自己有利可图，这才能达成一致。交易总是建立在基本的分歧之上，这就不难解释为什么广州人长久以来监督中国和外面的世界做生意，只给人留下难以相处的印象。在这里，连语言都可以用来交易。幸好清王朝禁止洋人学习中文，导致一种新的语言诞生于这片土地——洋泾浜（Pidgin，来源于"business"一词）英语。

混杂语并非中国所特有。在地中海沿岸，从葡萄牙到现在的巴勒斯坦地区，曾流行过一种叫作"sabar"的混杂拉丁语。西印度混杂语慢慢发展为克里奥尔语①，不再从别的语言中借用词汇和句法，而是形成自己专有的语言系统。长途海船上的船员来自世界各国，于是慢慢出现了船上的混杂语，一些水手间的行话也包括在内。洋泾浜英语包含大量航海术语，是流传最广泛的混杂语。毕竟"混杂语"这个术语就来自洋泾浜英语。

洋泾浜英语是一种交易工具，虽然词汇最多只有几百个，但能够准确无误地进行特定主题的交流。它将中文句法、发音与葡萄牙语、英语和粤语相结合，它的用途延伸到南方沿海不同地区的人之间，他们互相无法理解彼此的方言，只能靠洋泾浜英语交流——辛亥革命时期，军队长官之间规定使用洋泾浜英语进行交流。克劳在 1930 年的《指南》里解释：

> "He belongee too muchee boilum tea"意为"他煮茶的时间太久了"。"Can do"指代"yes"。中国仆从很少说"yes"，如果他说了，大部分时候指的其实是"no"。"Maskee"是一个万能词，可以指好、正确、没关系、然而、但是、无论如何和尽管如此。"Chop chop"相当于快点——在中国很难"快点"。"Finish"指完成，或者精疲力竭。

---

① 一种稳定的自然语言，由皮钦语进一步形成。其特征为混合多种不同语言词汇，有时也掺杂一些其他语言文法。——译注

如果你的仆童对你说"Ice have finish"，意思是冰块用完了。"How fashion"是一个常见的问句，表示"为什么"或者"怎么了"。如果你的仆童告诉你"Ice have finish"，你应该反问"How fashion"，他总是回答说"My no savvey"，意思是他不知道为什么冰块用完了，并否认跟他有任何关系。

克劳写下这些的时候，洋泾浜英语正在消亡。1949年，新中国建立，洋泾浜英语就此退出历史舞台。之后，沿海地区再也看不到那么多语言不通的外国人，必须靠洋泾浜英语交流。只言片语保留了下来，其中一部分成为现代茶叶领域的行话。

在广州，两种文明之间的翻译交流素来剑拔弩张。1839年，湖广总督林则徐指挥开展查禁非法鸦片贸易运动，他将英国人围堵在商馆内，不交出鸦片存货便不放人。负责广州贸易的英国官员埃利奥特上尉认为这种僵局无法打破，只好承诺商人，英国政府会补偿他们的损失。于是鸦片全部被烧毁，林则徐表示他不怕开战。

然而，英国政府对此恼羞成怒。一方面，中国人拒绝将英国官员视为主权平等国家的代表来接待；另一方面，由于中国皇帝"普天之下，莫非王土；率土之滨，莫非王臣"的观念，埃利奥特上尉成了犯上作乱之人。这样一来，两国和平对话成为不可能。不过，只有英国人想要对话；中国人只想要对方服从，尤其是在鸦片问题上。

林则徐在广州的禁烟行动是典型的堂吉诃德式做法，一腔热血，不予交涉。他激怒了英国商人，也点燃了英军宣战的导火索。1840年第一次鸦片战争爆发，在训练有素、配备现代武器的英国远征军面前，缺乏经验、装备落后的中国军队接连败退，惨不忍睹。清政府苦苦支撑两年，不愿向历史的必然低头，直到1842年英军舰队驶进长江，才不得不请求和平。和平的代价是《南京条约》，开放五口通商，并准许英国派驻领事，保证外国在中国土地上的权利。

战争没有打断或摧毁茶叶和鸦片贸易。商人愉快地接受了对损失鸦片的全款赔偿；鸦片价格自然上涨，下一个收获季又大赚一笔。在伦敦,任何想象中对茶叶供应的威胁,都会导致可观的价格波动。林则徐对英国商馆下达最后通牒之后,伦敦工夫茶价格猛增六便士,每刊登一条相关新闻,也会引起一次提价。工夫茶价格一度高达一磅三先令六便士。茶叶的高价不甚合理,因为即使是战争期间,茶叶也源源不断地从中国运出;这就是《南京条约》带来的骚动。马丁说:"可能在密西西比体系之后,再也没有别的条约像它一样能够造成大范围、长时间的投机活动。高风险的投机取代了按部就班的贸易,那些一夜暴富的人,旦夕之间便沦为乞丐;自杀和破产比比皆是,无数人家破人亡。"

这个维多利亚时代的噩梦,对于中国人来说起不到任何安慰作用。鸦片战争过去15年之后,中英法三国之间再次爆发战争,广州人即便再不喜欢北京,也不能容忍番鬼的野蛮行径,想一劳永逸,一把火烧了商馆。他们试图用这种方法回到过去的纯真年代,那时没有外国人,没有翻译,一切都很简单。

当然,大门一旦打开,就再没有关上的可能。短短几小时内,一帮人占领了洋人的地盘,看着它在眼前烧成一片火海,然后化为灰烬,感觉出了口恶气。但很快野蛮人又回来了。

这次,他们向中国人学习。一度被隔离的外国人,如今筑起了自己的高墙。他们选中珠江湾的一块小沙洲,用花岗岩堤岸将岛围筑起来,再将东边和北边环岛的小湾流拓建成运河,最终形成一座周长1.5英里的小岛,他们叫它沙面岛。他们在运河上建起两座桥,晚上10点钟关闭桥门,他们禁止中国人上岛,除了外国公司的买办前来买地或者居住。法国人拥有岛上1/5土地,这是他们花钱买来的,剩下的土地隶属于由200位地方税纳税人选举出的英国市政理事会。这些纳税人按照"意大利建筑风格"修建使馆,相当美观,很多建筑至今还保留着。

跟棱角分明的香港建筑和阴沉乏味的广东拱廊比起来,这里的宅第也算不上赏心悦目。工程师经典风格的两层小楼,配上阴郁的凉廊和波形瓦屋顶,透过伦敦雾看到些许意大利的影子;不过,也许更多的只能看到维多利亚女王的身影出现在相片里,由鲸骨相框支撑,懒散地躺在一位孀妇家后院的杂草丛中。1877 年，一位格林夫人来到这里与丈夫同住，她的丈夫是沙面岛的牧师。后来，她愉快地给新家的嬷嬷写信，新居所有一条傍河的长廊，门厅大小适中，带法式落地窗的会客厅。餐厅另一边是下陷的厅室，那里本来应当是她的厨房——本来，没错，因为她从没真正去过厨房，也没见过厨子，连她自己都觉得不可思议。她的侍从是清一色男性——丈夫哈罗德认为雇佣当地女性在家不是件明智的事，尽管这让她有种住在宾馆里的错觉——她只需要告诉他们今天想吃什么，是中国料理，还是"英国特色美食"。

沿运河走上去，眼前便多了些亮色；这里有更多的灰泥粉饰，纤细的壁柱，通过商品目录从马赛订购的大量轻巧装饰线脚，还有绿色的外置百叶窗。18 世纪 60 年代，建造这些房子的时候，法国正值拿破仑三世统治时期，他个子不高，是一个愉悦的男人；那时已经不再年轻，关节常常嘎吱作响。（他同样钟爱喝茶，这是他在英国利明顿温泉镇当警察时养成的习惯。）

尽管珠江边常年停放 4 艘英国炮艇，沙面岛的命脉却掌控在巴黎女人手中。卖给法国女士帽制造商的丝绸是这里的主要出口商品，当地二流茶叶则源源不断运往澳大利亚、中国南海、香港和马六甲海峡；甚至荷属东印度，那里也种植茶叶，但不合华人社群的口味。总体来说，随着沿海通商口岸的开放，茶叶贸易已经转移到别处。

绿色百叶窗后，职员们都在午睡。他们将裤腿卷到膝盖，敞开衬衫纽扣，头枕在臂弯里。看门人则在传达室里打瞌睡，时而迷迷糊糊地驱散苍蝇，时而冲街上喧扰着经过的渣土车愤怒地眨眼睛，车上的工地渣土严重超载，车身也危险地向路面倾斜。路上行人稀少，不多时我才意识到，这些打破午睡铁律的都是像我一样的外国人。

老城里见不到什么外国人，在前租界却遇见了一些。我们互相交换微笑，彼此之间抱有礼貌而矜持的好奇心，就像在打量新搬来的邻居，同样遛着狗，住在同一条街，未来说不定会发展成点头之交。不过街上几乎没人,这倒让我十分放松,结果一脚踩进一摊未凝固的水泥里,本来还以为只是一个沙坑。我使劲用榕树枝在袜子上蹭,当我跌跌撞撞拨开一团榕树叶走出来,却被眼前的景象惊呆了:一座金碧辉煌的25层楼高的白天鹅宾馆拔地而起,一楼悬挂着羊角面包店的粉红色霓虹灯牌。我毫不犹豫地飞奔过去。

在一片工地和拆迁工地中间,中国人为这座新宾馆腾出地方,这是中国第一家五星级宾馆;它傍水而立,比起名为天鹅的高贵游禽,这座建筑倒更像一只巨大的冰箱,把外国人像生菜一样塞进去。

没有中国人待在这里:没有钱,没有许可,也没有什么正当理由。有些当地人会放下卷起的裤脚管过来溜达,站在长廊里一边骂骂咧咧,一边小心观察。

我还没来得及在爱众公寓过夜,就办理了退房。沙面岛上不光有洋楼、洋菜、洋人,还有很多为洋人盖的宾馆。整个广州城有两家国际宾馆;小小的沙面岛,五家。白天鹅是其中最大的一家,也最昂贵;正对面是最小也最便宜的一家,在那里我和4个人同住一间房:一位来自布鲁克林的彪形大汉,一位巴伐利亚数学教授,一位冷冰冰的美丽的瑞士银行职员,和一位极其神秘的旅行者,她把自己围在网、袋子、帆布包、盒子、书堆和衣服筑成的堡垒里,使人无法说清她究竟是在家还是在旅途中。

他们早上很迟起床,晚上早早入睡。他们来到广东的唯一理由就是要离开这里,不管是往国内还是国外:他们永远在火车站和售票处之间来回奔波,讨论遭遇过何种飞机和长途汽车带来的麻烦,以及如何克服这些麻烦。青旅便是这样的地方,刚到达的人和即将启程的人各有所需,于是商人便在我们中间出现了。在这里,书本论斤卖,一本大部头的烂书和两本轻薄的经典作品一般价钱;一本小说可以换来一份九成新的《新闻周刊》和去曼谷的特价航班信息;一盘便宜的中国跳棋可以得到这个游戏的规则介绍和一份《新闻周刊》;我也后知后觉地用一把港币零钱换来一本旅行指南。一位上唇蓄胡子的年轻人时不时地在旅馆门前出现,不厌其烦地询问我们有没有见到一位想要交换一本挪威语书的男人。最终,布鲁克林汉子回想起前一天那人便退房走了。北欧胡子垂头丧气,失望而归。

这位布鲁克林人名叫杰罗尔德。他戴副眼镜,体毛旺盛。他通过乘坐快递航班①的方式来到这里。他曾以同样方式去过两三次欧洲,还有日本和南美洲,如今他来到中国,准备待上两个礼拜,身上钱并不充裕。他坐在床上,手在脚趾间摩挲,一边把玩胶带,对每一个路过的人热情而天真地发问。"那可真不错,嗯?这地方在哪儿?多便宜啊,是吧?你住哪儿?便宜不?"这是一种聊天巫术:他不耐烦地倾听着别人故事的血肉,却只想取其白骨。他渴望这些故事成为他自己的故事,吸干说故事人的精血,然后取而代之。"所以,怎么说,想碰见少数民族的人很容易?他们会穿奇装异服,是吗?到车站之后怎么做?"

他在广州待了三天,打听各种事情。他打听到火车票的分级制度:本地人一个价,海外华侨一个价,外国人又是另一个价格,并且只能用外汇兑换券支付。他想要最便宜的车票,但体毛太旺盛没法伪装成海外华侨。然后他遇到了一位叫查理的广州人,答应帮他弄到本地人的票。

杰罗尔德准备第二天一早去取午时的火车票。

造物主本该让他头天晚上躺下就呼呼大睡,奈何他过于敏感。杰罗尔德一夜没合眼。蚊子一直在咬他。他嗷嗷叫着放下蚊帐,笨手笨脚地掖在床垫下。蚊帐里有点透不过气来,他绝望地聆听自己沉重的呼吸声。于是他又把蚊帐从床垫下拿出来,一会儿挂在这头,一会儿那头。一会儿伸出头,一会儿缩回去。一会儿盖着被子,一会儿把被子踢下床,嘴里一直嘟嘟囔囔、骂骂咧咧,直到我睡着。

第二天一早,我一睁眼便看到隔壁床上一张浮肿的白脸,看上去面无表情,实则满足地眯着迷朦色眼。我迟疑了一会儿,猛地跳起来找了块毛巾盖住他光溜溜的屁股;它还在毛巾下舒服地扭动。蚊帐半勒住

---

① 一种便宜的航空旅行方式。——译注

杰罗尔德的脖子。住在堡垒里的女士已经出门,其他人还在睡梦中。我轻轻推了下杰罗尔德。他叫我走开。

"快去查理那儿取票吧,"我用舞台提词员的音量对他耳语。

"滚开,"他哑着嗓子回答。

我粗暴地捅了他一下,可他却悄无声息地沉进梦里去了。我在路边摊点了杯茶和一碗面,食毕,回旅店取东西。杰罗尔德还在睡。我彻底放弃他了,这时,旅行者从背包墙里探出头来,顺手抹掉一双耷拉在额前的厚袜子。

"他得去找一个叫查理的人取火车票,"我解释说。

女士颤巍巍地试图开口说点什么。"你可以帮他从换钱的那里拿票,"她终于开口说,"去桥那儿问问。"

我一点都不喜欢杰罗尔德,但假如他没有坐上铁皮火车去蹲点少数民族,便要在这房间里再打上两个礼拜的呼噜,这情形实在难以想象。我想不出更好的办法;只好动身寻找查理。

我在桥上等了20分钟,几乎对广东感到绝望之际,一位撑伞的女人缓缓走向我。

"查理?"我问。

"换钱①?"

"查理?"

她说好,我跟在她身后,保持一段距离。我们抄近路穿越沙面岛,沿中央公园的外围走,那里曾是打网球和玩槌球游戏的地方,撑遮阳伞的夫人们倚在树荫下的栏杆上,见到打出一记好球,就伸出戴手套的手来优雅地鼓掌。这座公园现已废弃,但有人照管,定期修剪草坪和树篱。跨过北面的大桥之后,我们往东走进一处国产货自由市场,街上熙熙攘攘挤满了人。

我们又走到西郊,在珠江分岔口穿过一条小巷,钻过一片灌木丛。

---

① 原文为 changee,音近查理(Charlie)。——译注

眼前出现一片调车场，机车飞驰而过，低矮的仓库一直延伸到河边。一顶由竹子、毛毯和聚乙烯床单搭起来的帐篷背靠后墙而立，帐篷外停放着一辆崭新的日本摩托车，可能是逃跑用的，我想。

然后我改变了主意。不管这位查理做什么营生，都已足够引人注目。我像戴手铐的犯人一样并拢手腕，正听见帐篷里查理一阵豪迈的大笑，露出脖子和银色的臼齿。"没问题，"他笑着说，"没问题。"他说一口标准的"美国之音"英语，尽管语言水平不高：他是从帐篷外那个缠在电线里的无线电收音机里学来的美式英语，我十分好奇他从哪儿偷来的电，还有这收音机会不会一碰就送命。

他穿着时髦：爱尔雀[1]，绿色军裤和耐克运动鞋，一头及肩发。当我到达时，他似乎正无所事事。一张小折叠椅上空空如也。帐篷里有种童趣的风味，像兽穴，也像树屋。

"你好，朋友，"他冲我打招呼。"我叫查理。有什么困难吗？我可以帮忙。"

帐篷外的机车猛然发出一声长啸，好像被谁捏了屁股。

"不是什么困难，"我解释说。"你给一个叫杰罗尔德的美国人买了张火车票。今天的火车。"

"你想要票？今天不行，明天可以。"

"我不要票。杰罗尔德的票在你那儿吗？"

他无动于衷。

"杰罗尔德现在还没醒，在我住的旅馆里。我来帮他取票。不然等他起来就太迟了。"

查理和我对视了一会儿：我怀疑他在怀疑我。

"杰罗尔德是我的朋友，"我说。他回答，"真抱歉，我的朋友，他也是我的好朋友。我想他一会儿会过来。所以，你要什么？要火车票吗？"

---

[1] 英国服装品牌。——译注

"不，谢谢，"我说。

"明天，你想去哪里？桂林？你想要便宜的票，没问题。"

"我自己有票。"

"没关系，那你要换钱吗？"

出于好奇，我问他多少钱可以换面值一百的外汇兑换券。

"一百不行！不！不！"他突然生气地手舞足蹈起来，从口袋里掏出一团人民币。"五百、七百可以！一两千可以。"那可不是一笔小钱。

"算了，"我说。"能把杰罗尔德的票给我吗？"

"想见见姑娘吗？我这儿有漂亮姑娘。我妹妹。"

真是老套的骗局，我不觉得现在还有谁会让亲妹妹出来接客。我逃离了查理和他的服务区。

进小巷的时候，我遇到了杰罗尔德本人。

"嘿，你在这儿做什么？"他冲我喊。

我张口回答他，却瞬间后悔了。今天，信任这个东西好像很稀缺。"我去找查理问票的事情，"我小心翼翼地答道。

查理就像那些在茶叶贸易的边缘地带赚得盆满钵满的奸商，如绿头苍蝇一样盘踞在广口瓶的瓶口边。我想象中的"语言学家"，就是指派下来的改良版查理。如今空荡荡的江面上，过去曾挤满货真价实的查理们。查理，他究竟是过去骗子们遗留到今天的余孽，还是一个开端，一种在宽松监管、旅游业兴起和可兑换货币共同作用下产生的初级产品？像水手一样，他的嘴就是保险箱，通过口齿便可将一切利益转化为合法财富。他头上有人罩着，我估摸他也会分一小杯羹给他手下那些换钱的女人，比如僧茶。于是，一张庇护和腐败的网在港口撒开，一切旧习又恢复到过去商馆的年代：地下交易，和像杰罗尔德以及我一样，无数来去相对自由、渴望平等的人，再一次出现在这片土地上。

在中国实际上实行封闭政策的 20 世纪 60 年代和 70 年代初，广东仍然保留一定空间，和外界进行着必需的甚至令人反感的贸易。可能是因为老原因：天高皇帝远；可能是由于无法逾越的传统的分量，或是广东干部们对经济事务局的窃窃私语。像100年前的茶叶贸易一样,如今的贸易也受到规则约束。每年,外国买家收到邀请前来参加贸易会展。他们一下飞机和轮船,就被护送到仅供外国人住宿的宾馆,并分配好口译员。他们无法与当地人进行友好交流,不能随意走动——也就是说,没有导游陪伴,不得随意进城。他们出于国家利益考虑,按照固定价格做生意,并且只能用硬通货交易。生意谈妥之后,必须即刻离开。

我走进水泥拱廊下一间熠熠闪光的红色餐馆,想来点"茶馆小吃"尝尝。每一间餐馆大厅都人头攒动,欢声笑语不断,我的出现自然引起阵阵戏谑调笑。我一点也不介意别人对我评头论足,但服务员却不这么想,他们将我带进一个包间。偌大的包间里只有我一个人,就像被圆桌骑士背叛的亚瑟王,独自坐在十六人的圆桌旁。他们的本意应该是好的:没人想看到我点猪肉水饺的样子,我不会说广东话,只好演哑剧。我不知怎么点水饺,上来的饺子是粉色的,一点味道也没有。不过茶叶倒是滚烫清新,中和了饺子的油腻和夹生。

波特罗可能会说,一个城市的伟大来源于疾病,或者至少是对疾病的恐惧。第一支东印度公司舰队经历了海上航行的各种苦难(海盗、维生素C缺乏病、暴风雨、巨型乌贼),在失去12位船员之后,舰队回到一座瘟疫肆虐过的城市,当时已经清除和驱逐了1/3的居民。那是一场普通规模的瘟疫。死神会随时在你家门口找上你,也会跟着你去往天涯海角,这种想法很好地解释了为什么人们总爱探索未知,也解释了人们为何热衷于探索各种与疾病博斗的方法:为了延长生命,西方乐于借鉴东方智慧。

欧洲庸医有他们自己的万灵药——"万用药"和烟囱灰、愈伤肥皂、咒语、竹芋淀粉,还有甜草药制成的香球。药剂师那里可以找到几乎一切可以下咽的东西,茶叶亦然。茶叶刚引进咖啡馆的时候,药剂师那里便开始同步出售。

东印度公司运回英格兰的第一船货物是胡椒;7年后,一位叫托马斯·加勒韦的咖啡馆老板首次在店里提供茶饮,自此以后,英国开始引进茶叶:最初,茶叶是献给查理二世的礼物,人们发现"几盒茶叶"非常适合作为礼物赠送他人。几年后,公司主管向万丹和澳门的代理商下单订购茶叶,但都是很小的订单。这些茶叶由中国商人从中国转运,1673年,首批直接从中国出口到英国的茶叶来自厦门("品质极优、专为英国提供",主管如此表述)。

1658年,加勒韦发表茶叶颂歌,连同一份24种可以靠茶叶治愈的残疾症状名录:

> 这种树叶具有无数优点,在那些以古老、知识和智慧而闻名的国度里,人们常常以两倍银子的价格贩卖它,它在人们心中的地位,引发了游历各国的智者对其特性的问询。在经过各种试验和经验之后,他们将其优点和烹制方法引荐到各国,特别是如下特性:其性滚热,冬夏皆宜。此饮有益身体健康,能够延年益寿,直到晚年。

这是英国第一篇详细介绍茶叶的文章。如今,伦敦情芝街的墙壁上,仍能看到纪念加勒韦的牌匾。

在伦敦的时候,我曾写信给中国大使馆,然后收到一捆手册。其中一份手册的封面上,有位穿格子裤和褶边衬衫的女孩正在凝视一只冒蒸气的茶杯。翻开手册,一位盛姓教授像加勒韦一样对茶叶极尽吹捧之能,只不过描述语言更为科学:

> 茶叶中富含各类维生素,包括维生素A、维生素B1、维生素B2、维生素C、维生素P、维生素K,其中维生素C和P的含量尤为丰富。每天喝几杯茶,就能补充身体所需的维生素C和维生素P。茶叶有助于预防血管内壁脂肪堆积,可降低胆固醇,增加血管弹性。茶叶对于预防动脉粥样硬化和脑部内出血具有重要作用,也对慢性肾炎、急性肝炎、肥胖症和白血病有一定预防效果,同时可以减轻风湿性关节炎。

很显然,过去当这个世界还没有那么多肥皂、真空包装和冷藏冷冻

技术的时候,茶叶的优势显而易见。神农曾说:

> 茶胜酒,不致中毒,人饮后不言吃语,更不至醒后悔悟。胜水,
> 不携疾病,亦不会发臭,宛若毒物。

泡茶时必须用开水,入口前,水经过三样容器:首先是水壶,最后是茶杯,在茶壶里时间最长,此时茶叶滤掉水中杂质,保持茶水澄澈。

茶杯中的茶水颜色逐渐变深,当已经看不见沉在水底的茶叶时,我离开了饭店。我在街上漫无目的地闲逛,先走进一家卖闹钟和电器的商店,商品使用深棕色塑料材质,这种材料以前随处都是;文具店里摆放着法式方格练习簿、海鸥牌墨水、上海钢笔,旁边是墨盒、黑貂毫笔,和写书法用的大张宣纸。百货商店和办公楼中间夹着一条卖鲤鱼和金鱼的小巷,地上铺瓷砖,两旁悬挂喜庆的纸灯笼。小时候,我痴迷金鱼,一切开始于我在某个集会上赢来的一小块鱼食。钓上来的鱼在碗里存活了一阵,然后突然死去。我的热情不减反增。我想要一只鱼缸和一本关于金鱼的书作为圣诞礼物,这本书后来成为我的圣经。"白点病:在浴缸里滴几滴碘酒……"根本不管用。最后它们总会死于白点病,或者便秘。但正是金鱼——乏味无趣的伴侣,对于拒绝养宠物的家庭来说是最好的选择——点亮了我对中国最初的梦,有了它们,中国不再是祖母快照里的背景布:那是一个人人爱金鱼的国家——并因此发明了金鱼养殖。我大老远跑去波特兰坊的中国大使馆,一位身穿笔挺蓝色西装、魅力十足的男人,递给我一套汉语教科书、一份关于金鱼的手册和一沓过期的《人民画报》。这位慷慨的捐赠人不会说英语;那时正值"文化大革命"时期,流通的书报杂志都是为了传播和谐社会,和不由自主迸发而出的人民之爱。

与此同时,我家的鱼缸里时不时麻烦重重,甚至划分出阶级差别。一只素来表现良好、不引人注目的金鱼,有一天突然啃咬起扇尾金鱼的扇尾。因此,我们只好将它隔离在一块玻璃后。最终,阶级差异被推翻,金鱼们重新团结在一起,手拉手肚皮朝上,一同奔赴死亡:白点病。

被各种各样的病症折腾了一段时间后，我逐渐失去兴趣。如今，我在这条巷子里来回走动，观赏各种健康的品种，眼中饱含敬意：在这里，父亲给孩子展示肚子滚圆的扇尾金鱼，头戴帽子的五花草金鱼，像动画片里因受惊而鼓圆眼睛的水泡金鱼，通身天鹅绒黑、闪着真金一般光泽的燕尾金鱼；过滤器突突的水泡声和人们惊叹的絮语交织在一起。街上还有服装店，店里挂着蛋蓝色衬衫、绣花女装衬衫、百褶尼龙短裙和带塑料拉链的棕色喇叭裤。每家店里都有一位老气的出纳员，坐在笼子一样的柜台后面，结账的时候拿出三份账单，盖章，一份连同找零一起退还给顾客。与此同时，店员负责把你购买的商品用棕色纸和细绳包装起来。

我买了把折叠伞，走在一条林荫大道上，途经一座教堂。大门上贴着一张小告示，意思是今天礼拜天，礼拜活动即将开始。

教堂里的长椅和楼上三侧楼座，被几百位老奶奶占领。她们乐呵呵的，梳一头规整的发型，嘴里镶着金牙。教众里偶有几位年轻人，包括坐在我前面的一位小姑娘。她的言行举止堪称楷模，假如教会学校开展评比活动，一定每次都能得奖。她穿得格外干净整洁，梳着光泽的发髻，耳朵娇小，脖子里工整地系着一圈蕾丝蝴蝶结，身穿无袖衫和百褶裙，脚上一双短袜和帆布鞋。坐在我旁边的是一位上了年纪的美丽女士，颧骨柔和，像蝴蝶翅膀一样形成优美的弧线，她咳嗽时，前座的姑娘半侧身体，回头用眼神向她抛来无声的责备；之后，在庄严肃穆的气氛里，她发现自己邻侧位置上的人消失了，留下一本赞美诗。我饶有兴致地观察她，只见她微微前倾身子，从一处隐蔽处抽出一张纸巾，展平对折，把纸巾像蛋筒一样塞进握成拳的手里，然后小心移向唇边。她从嘴里吐出什么在纸上，然后折起这一小小的包裹，放在一旁。

钢琴奏起一首赞美诗，这时舞台两侧的门打开，一男一女两位中国牧师走进教堂，他们身穿同样带隐形扣的黑色长袍，白衬衫领口露在外面。他们站在一对诵经台前；据目测，他们应该都有 60 多岁，男牧师几乎完全秃顶，女牧师的头发打成结，二人平和地注视着我们，仿佛是儒家思想崇尚的那种严格而有距离感的双亲。一群孩童唱着歌从走道踏上舞台,站在牧师身后;当他们面向我们站立,我才发现原来那是一群身穿唱诗班白色罩衣的小个子女人。赞美诗的歌声萦绕在教堂里,女性的歌喉唱出不断攀升的颤音,头顶的风扇呼呼旋转,送来阵阵微风,像有福的圣灵一般拨动窗帘,抚过这对广受敬重的牧师的衣衫。

男牧师拿起麦克风向我们致意,他的同伴则侧坐在座位上,目光越过他的头顶落在遥远的地方。微风刚刚撩起他稀疏的头发,就忽然止住;他的脸上泛起红光,一位唱诗班成员在挡住她脚的电线堆里翻找,检查连接电力。最终,伴随着风扇发出的一声轻响,牧师退下诵经台。

女牧师站起身,戴上眼镜,开始传道。听别人说,她讲述关于责任和服从,关于我们服务社区的需要,关于结交智慧的朋友,以及尊敬我们的领导人:基督教同儒家思想一样虔诚。我百感交集,面露喜色。

二位牧师离开讲台后,奶奶们便开始谈笑,聚在一起织纳绣。这时,合唱团唱道:

端茶给伯母!

快去,快去!

大门外,牧师们正和教众握手告别。"再见! 谢谢你的到来!"他们用英语说。

一个年轻男子从人群中走向我。"你好,"他说。"你会说英语吗? 愿意跟我聊聊吗? 可以来我家,"他提议说;我叫他带路。

他稍稍绕了点路去报刊亭买香烟(他抽一种昂贵的中国牌子;他说它们花掉了他所有的钱),然后我们穿过一条通往他所住街区的后巷,头顶悬挂晾晒的衣物,四周厨房里传来阵阵恶臭,小孩在巷子里追逐打闹,两边堆满篮子、箱子和桶。一切都散发着逼仄和节俭的气息。几个过路人向我们打招呼:你要带这个老外去哪?

去喝茶,他答道。

他为国家石油工作,负责追踪中国近海油田的石油美元和大量日元流动。也许当这些油田还属于外国资产的时候,曾是我祖父工资的来源。他住在一座公寓楼的顶层,楼外悬着七八层高的水泥楼梯;好不容易爬到顶楼,我已经头晕目眩,那些饱受日晒雨淋的水泥台阶布满裂缝,踩上去只让人感到摇摇欲坠。这座公寓楼是他公司两年前盖的,却已经显出在广州屹立了很久的风貌,灰蒙蒙、脏兮兮的,一副衰朽破败的样子。他和三位像他一样的年轻工人居住在一间屋里;他的房间陈设极为朴素——水泥地,滑轮矮床,一张桌子,和一个电环——却不显压抑沉闷,因为房间两面采光,还有阳台。对于中国的公寓生活来说,不可或缺的东西是院子、饭厅、阁楼和空房间,还有洗衣机、餐柜和婴儿护栏。

每日经手大笔钱款,他却总是为自己微薄的工资发愁。正是这样的焦虑驱使他去教堂,假如牧师们知道这一层缘由,大概不会高兴。

"你信上帝吗?"他问我。"我们中国人不信。但我的英语老师说了,要想更好地学习英语,就得了解西方文化。对我来说,时不时去教堂让我感到非常有意思。可以学英语。我英语不好。"

"你说得好极了。"

"不好。但要想找份好工作,就要学好英语。"

以前,热情过度的传教士令人们皈依基督教,希望他们互相畏惧对方和来自英国本土的捐助者,我的这位朋友就是一个世俗版本;"大米基督徒①",有人这么叫他们。传教士们蜂拥来到中国,带着《圣经》、治外法权和捐助者捐献的用于购买衣服、食物以及建立学校和教堂的钱款。他们坚信自己踏上一片孕育了天生新教教徒、天主教徒和安息日会教徒的土地,就好比当年祭司王约翰②的王国。

我的朋友在教堂得到的安慰是英语,而非来世。一口流利的英语

---

① 意为由于物质利益接受洗礼的基督徒。——译注
② 传说于东方充斥穆斯林和异教徒的地域中,存在着由一名捍卫基督教的皇帝即祭司王约翰所统治的神秘国度。——译注

意味着可以与外国人交往；和外企建立联系，则能使他获得猎头的机会：他梦想被外企挖走，就像他在广州经济特区工作的一位朋友一样，一个月可以赚200港币；他甚至可能有机会出国留学。这对中国来说是一大损失——他一定不会再回来了。

他猜测我写书能赚很多钱。我向他解释我们这行的情况，他说这在中国是不可能的：我能感到这种不稳定使他紧张。在中国，每一个画家或作家都拿死工资。但一定有例外：假如一个作家还没有写出作品，你怎么知道要不要给他发工资呢？他不清楚这具体是怎样的一种职业；也许作家都像雅典娜一样，灵感源源不断地喷涌而出，前一秒还在学校读书，后一秒已经写成一部著作，等着领稿费了。这是份好工作，他说。西方这个体系一定很艰苦。

眼下他没钱结婚；房屋配额满了，轮不到他分房子。他寄希望于即将出台的法令，公平竞争岗位：不再是铁饭碗，工作能力越强的员工，得到的工资越高。没错，他的工作能力很强。他十分享受练习英语会话，尽管说得不好。不，不，是非常不好。

他坚持送我到公交车站，帮助我乘车。手上抓紧吊环，在这午后的日光里，我对那些在我腋下蹭来蹭去的鼻子尤为敏感；没人愿意立刻在空位上坐下，而是挑剔地等上半刻，直到塑料座椅降下温来，或者晾干。很多同样拉吊环的人盯着我的脚看；要么是因为直接看我太尴尬，要么是因为我的脚看起来格外有吸引力，我说不准。公园站到了，我艰难地挪到汽车后门，几乎从车上跌了下来。

公园里的博物馆令人着迷，一个流浪汉推着装满残羹剩饭和装满不知从何处挖来的各种物什的婴儿车从我面前走过。三楼展品包括一张1958年于广州出土的铁锚的照片；一些当地陶瓷；两把鲁特琴；当地反清运动纪实；一本英汉词典；一些钟表；一个织布机模型；一篇19世纪的医学论文；一张写实主义画作，主题是商馆大火，画中一群年轻而严肃的底层老百姓，眉毛像歌剧演员一样浓密，牙齿洁白发光，正用火把点燃一座教堂;另一幅画同样出自一位不知名画家之手,画中一群肌肉高度紧张的中国人正把鸦片扔进火焰里,戴高帽的资本主义、帝国主义者在一旁面色苍白地围观;还有一张略显生硬的女人像,她卧在长沙发上,身穿僵硬的绣花大氅,透过鸦片的薄烟看向摄影师,面无表情。来到顶楼,他们为我沏上一杯绿茶,我坐在露台上眺望公园和远处的广州城。博物馆建在塔里,曾是城墙的一部分:这里是塔楼的制高点,1863年曾被英法联军占领。城楼下,克虏伯①大炮肆无忌惮地向这座城市开火。

杰罗尔德离开旅馆之后,房间显得宽敞许多。我很遗憾没能目睹那位国际背包女士的离开;我很好奇她是如何拆除像山一样神秘的角落,简直是一个微缩版西藏山脉。我从小岛的北岸走到最西边,江边管道没入水中,岸边停靠着一艘扁平的小型驳船,船上的条纹凉棚点缀着童话中仙女一般忽闪忽闪的小灯。甲板上放置桌椅板凳,旁边就是厨房,地上摆着火盆,一桶桶肉和蔬菜搁在船头背阴处。"沙面岛就是一个小英国,"这家江上餐馆的老板边说边给我端上一盘炒面。我坐下吃面,看夕阳将浑浊的江水染成正山小种一样的烟灰色;蚊虫四处乱飞,黄昏将紫色抛洒在水天之间。车辆声渐而沉闷,四散开去。潮水退去,却涨起一阵散步人的轻声谈话,他们在江边驻足停下,倚着栏杆,身影在昏暗的街灯下隐入黑暗,像暗夜里蛰伏的蝙蝠。

船上舷梯十分陡峭;陆上的夜晚将广州城聚拢,温柔地催促人群往船边去。夫妇们让孩子在他们中间荡秋千,行人骑自行车向码头飞驰。转过街角,罗马教堂的穹顶在明亮街灯的辉映下显出肃穆的轮廓;教堂后是一片坑木堆成的森林,弧光灯下,赤膊的汉子们进进出出,正在匆忙中建起新的高楼大厦。

---

① 19—20世纪德国工业界的一个显赫的家族。二战以前,克虏伯兵工厂是全世界最重要的军火生产商之一,二战后以机械生产为主。——译注

通商口岸之一——厦门

清晨,朝阳迅速升起,驱散了水面的雾气。城市也随之醒来,借着第一辆公共汽车的发动清了清嗓子。在黑夜里几小时的沉寂后,不知哪条街上传来公共汽车发动的声音。起初只有一辆,渐渐无数车声杂糅在一起,形成单调的旋律,行人却几乎充耳不闻。我伴着各种各样的声音行走,丁零作响的自行车铃声,老式自行车当啷响个不停,蹬凉鞋的人在地上踩出踢踏声,还有和煦朝阳里人们小声的交谈声。外滩上,晨练的人正在打太极,在虚空里留下柔软的身姿。卖茶人在树下用大壶泡茶,周围环绕一圈保温水瓶,身前直立的桌上,空玻璃杯反射着阳光——他的第一位顾客,身穿背心,棉袄敞开,站在一边进行一些清理活动。他先清理一只鼻孔,然后换另一只,接着把污秽弹到地上,最后以一声沉重的咳嗽收尾,下巴几乎戳出皮肤掉下来。一位年轻女士骑车经过,似乎意识到工厂和居民排放的有害气体,于是带着一副白色外科口罩。天空愈发蔚蓝动人,衬得街巷的颜色寻常起来。

天气也变热了。太阳倾斜在梢头,我迈着沉重的步伐走向航船的终点站,大门将无数离别阻隔在外。等候厅的荧光灯下,乘客们面色白得发绿。每个人手提购物的战利品,大到电视机,小到方便面。广州富余的进口商品正在销往内地。

我即将前往港口城市厦门,并不是落后的内陆地区。清政府总想维持省份之间的平衡,但是鸦片战争之后,外国人将更多的资金、机器和新思想投入沿海地区;开放的对外通商口岸越来越富庶和强大,然而内陆地区却日渐衰颓,饱受人口流动、政府贫弱、饥荒灾害和流血战争的折磨。由于《南京条约》的签订,在毒品贩子的推动下,茶叶贸易沿海岸线从广州一路向北,拓展到厦门、福州和上海。厦门的商业贸易繁荣发展,港口受到外商青睐,很多外国公司在这里设立总部。外国人也喜欢居住在厦门。我的外祖父、外祖母二战后移居至此;外祖母在当地教英国孩子读书,外祖父则为标准石油公司工作。1949年,他们搬去了香港。

后来,毛泽东时代的中国像海葵一样收回触手,于是大批资金流向内陆工厂和权力机构:内蒙古的炼钢厂,四川的采石场,西安的化学制品厂,还有湖北的纺织厂。之后的执政领袖重新将视线聚焦在港口城市。它们将成为经济发展的引擎,带领国家快马加鞭迎头追赶世界;于是,在经济特区里,市场经济——商品、劳动力和资本的自由流通——得以复苏。

码头大门传来一阵尖厉声响。人群不知受到何种力量驱使,猛然向前涌去,一位固执的老头被挤到一旁,气得直用短促有力的咒骂和瘦削的手臂回击。他身旁的人假装没有注意到他,于是他被困在人群中,面色青一阵灰一阵。人群不断向前移动,所有人伸直脖子四处张望,活像一群鹅,大门仍然紧闭着。

几分钟之后,所有人像气泡涌出瓶口一样通过大门。码头边停靠着一艘小船,舷梯架在外面。船与船中间有一条宽敞的通道,我们就在通道上横冲直撞,从一艘船奔到另一艘船,速度飞快。每条通道上有一个热水台,黄铜热水龙头下摆着半打脏兮兮的茶杯。所有船长得一模一样,又小又矮。我预想中船会更为结实一些。来到第五艘船前时,所有人突然停止向前奔跑,爬上升降口扶梯,或拥下楼梯。我在人群中周旋(更像是搏斗,为了不被人流卷走),终于爬上封闭的上层甲板,仿佛经历过一场恶战。

在这之前,我只见过一个像极了便携式停尸房的地方。那个地方叫罗泰尔,位于撒哈拉沙漠,里面住着30位面红耳赤的德国人,他们纷纷从一侧的小窗里伸出头来,冲我的相机微笑——每个人睡在一间棺材大小的车厢里。船上的床铺是敞开式的,这也只是唯一的不同。当我恢复理智,冷静下来,便发现我与600只各种各样的脚同住一间舱室,穿袜子的，穿拖鞋的，穿凉鞋的，光脚的，从第一张床铺到顶头的最后一张床铺，每一张上都睡着人。我找到自己的床铺，在垫子上舒展开来，然后扭动身体比画了一下，如果要离开这里，从窗户爬出去倒还快些，否则根本没法离开这人满为患的舱室。

更糟糕的是，连我都能看出这艘船不适合航海。一个大浪就能轻而易举地掀翻它，更何况现在正值中国南海的台风季。甲板只高出水位线几英尺；起到主要支撑作用的舷栏已经变形，舱壁——中国人发明的——看起来完全不防水。我正在阅读《吉姆爷》①，"巴特那号（Patna）"和它摇晃的舱壁听起来就像是"俾斯麦"。我们的朝圣之路同样拥挤，从船舱上往下看，我幻想这是一艘运送苦力的轮船。我沮丧地注意到，每个人手里都拿着大包小包的水果、蛋糕、各式听装罐头；还有茶叶罐和大量香烟。我一样也没有，腹中却感到一阵饥饿。

船尾的一扇门通向甲板，门后有很多捆绳子、一些航海用圆木条，和一桶不知是呕吐物还是稀饭或是湿布条的东西。厨房里，厨子正在用刀杀鱼，帮厨则在给燃气点火。同列的一条船正在解船缆，与此同时，绳子扔上我们的船，不偏不倚落在一篮西葫芦和洋葱上。外围船只在水面懒洋洋地绕了一圈，等候我们启航。广播里传出慌张的声音："开船啦！开船啦！"然后又广播了一遍，这次冷静了一些，"开——船——啦——"

今早一切都很缓慢。我怎么会以为，自唐宁先生乘坐小贩船从黄埔前往广州以来，航行发生了翻天覆地的变化呢？这只不过是大一号的江上渡船。这么想着，我在床铺上舒展开来，决定欣然面对任何"巴特那号"上可能出现的难关。与此同时，船突突地经过西岸一座白色佛塔，标志着已经到达半程。过去，水手正是根据这一路标估算还有多久到达商馆。岸边堆放着粗大的树干，从内陆森林一路顺流而下运到此地。女人在驳船上挥舞长柄铁锹；她们似乎想用沙土填平江河。也许

---

① 波兰裔英国小说家约瑟夫·康拉德(1857—1924)于1900年出版的小说。——译注

她们精神不大正常，我们经过的时候还冲我们使劲挥手。江面开阔了一些，水上出现一支由各色老态龙钟、奇形怪状的船只组成的舰队：灰绿色的货轮，装着半球形炮塔的石墨炮艇，上部结构前后开裂的集装箱船，几只鹤混在船中间。江畔是沙地，平缓延绵；远处塔山的轮廓逐渐淡漠，模糊成烟雾中摇曳的墨点，江水从棕色荡漾成绿色，我们的船驶进一道小湾，水面挤满小划艇，岸边排列着断桅渔船，一只冒气的拖船，一些小舢板，还有翻花绳用的细绳。

我们的船要进湾，必须把拖船移走。一船人围在栏杆边，观看拖船船员慢腾腾地拴上绳子，把箱子从码头搬上船，动作不紧不慢。我们的船长把船开近了些，又是鸣笛又是叫嚷，拖船主人只是瞥了我们一眼，随即转身离开。当他们终于开动，却被一条划艇的缆绳缠住，只好灰溜溜地开走。我们瞧着，感到大快人心。

我们在此下船，唐宁先生眼中的黄埔是个"破烂不堪的地方"，这么说丝毫也不夸张。等候室里采光很好，我们挤在长椅上，从茶炊接热水泡茶，然后惬意地拿湿毛巾擦拭黏糊糊的脸和脖子；水在风扇下快速蒸发，带走热量，我们在幸福中平静下来。

厦门（Amoy）是一处极好的天然港口，腹地却恶劣贫瘠。英文"Amoy"是本地人和老中国通口中的叫法：这种满是辛辣味、老水手用的南方发音，总让我联想到酱油和苦力戴的帽子，没有固定航线的商船和棕榈树。官员和后来的人叫它"Xiamen"，有一种政治北方的摩擦感。实际上，大中国远在福建以北的高地后面，连绵不绝的山脉总是难以逾越。连中国的语言也在翻山越岭之后磨损了：Xiamen，Amoy。厦门面朝大海。附近曾有一座港口，叫作泉州（Zaitun），在东部地区非常有名，是色丁①（Satin）说法的来源地。后来因泥沙淤积，逐渐被内陆吞并。厦门在邻居的厄运中兴盛起来。欧洲人在这里做了一个世纪生意，直到

---

① 一种纺织品。——译注

广州禁商;英国、荷兰和西属马尼拉都曾在岛上建立商馆。绿眼厦门商船行遍中国海域,四处行商。就是在那时,名为"茶"的中国草药,首次从中国直接运往英国,而且是主管心目中"品质极优、专为英国提供"的茶叶。在厦门方言中,茶读作"te"。所有欧洲航海国家如今都采用茶叶在厦门方言中的叫法,除了当时驻扎在澳门的葡萄牙。葡萄牙人最先从广州购买茶叶,他们叫它"cha"。

离开广州市一天一夜之后,我们抵达台湾海峡。厦门岛位于船右舷方向,林木葱郁的鼓浪屿则在港口一侧,岛上一尊建在峭壁上的巨大雕塑目送我们进港。它貌似维多利亚女王。

我一直在船上和一位年轻的上海人分享果酱三明治,他的父亲经营中国海洋救援服务机构。"那条船是我父亲的,"他骄傲地指着一条70英尺长的摩托艇告诉我。这条摩托艇已经完全被黄色锈斑侵蚀,恰恰证明了"海上救援"的重要性。艇上穿背心的男人立时从舰桥向下啐了一口痰,仿佛听见我在腹诽。

下船过程十分随意,我们从舷梯上一拥而下,走出大门就到了码头。外面,踩动人力三轮车的男孩晃晃悠悠行动起来,试图让木制车厢靠门更近些;当我这个外国人出现时,他们的动作更为卖力。100年前,洋人将黄包车从日本引进中国,把男人拴牢在双轮车座的拉柄后。后来禁止使用这种交通工具,但坐在改头换面的橘黄色车厢里,看车夫露出一截小腿肚子在前面蹬车,一时用力一时歇息,似乎并没有多少改变。一位蹬三轮车的男孩俯下身。"换钱吗?"他喘着粗气问。"140元?"

汇率十分诱人,但比起找个地方住的迫切需求,换人民币就显得次要了。"长流号"船上的卫生间就是一个臭不可闻的盘丝洞,淡黄色的镶嵌图案和麻风病人一般的镀铬层交错联结,饭堂只供应掺沙子的白米饭,此外可以选择炒蛋配罐头番茄,或者老牛肉条配生洋葱和肝酱。同船乘客均有备而来——所以我才能吃上果酱三明治,但即使有位好心船务人员送给我一袋龙井绿茶,我还是感到又饿又脏,浑身难受。

码头附近的鹭江宾馆位于主干道和外滩拐角处。这里比爱众公寓明亮，装修更为精致，价格自然昂贵许多。我和蹬三轮车的男孩约好，午饭后出发寻找一个更便宜的宾馆，然后坐进位于十层的饭店，坐在靠窗位置看风景。"长流号"上仍在清洁打扫，它到岸时已经晚点，此时另一艘客轮缓缓入港，正不耐烦地鸣笛催促。这艘"鼓浪屿号"是中国从北欧买来的渡船，主要行驶从香港到厦门的航线。我在另一次旅行中得知它的情况：里头所有设施服务都是大使水准。她美观又干净；卫生间里有漂白剂和玫瑰花的气味，乘客登船时，船务人员站在一旁欢迎乘客登船。在"鼓浪屿号"的衬托下，"长流号"显得破陋不堪，前者傲慢地缓缓驶近，鸣笛示意，好像在炫耀它那崭新的白色船体、船头高级的推进器和船上消费洋元的乘客。"长流号"被羞辱得体无完肤，终于起锚出航，保持着穷亲戚的尊严，头也不回地往东方的老家驶去，只留下锈迹斑斑的船尾。

新到港口的乘客涌进城市的大街小巷，我知道该出发了。男孩在台阶上等我，但他不是一个人；每当看门人推开大门，一群躲在树荫下的奸商随即扑上来，我一出现，他们嘴里就念叨起"换钱换钱"的经文。我的向导抛弃了三轮车。街对面是轮渡码头，每隔一刻钟便有一艘船满载游客驶向鼓浪屿。

渡轮一去一回，成双成对，好的路线都是这样运行，航程为乘客带来一种观看歌舞表演一样愉快的气氛。两岸的码头上各有一个大铁笼，准备上船的乘客在里面等待。渡轮进港停稳，到达者顺次下船。通向渡轮的大门打开之前，通道大门已经关闭，这时奏响一两小节《铃儿响叮当》的旋律，成为热带气候里的不和谐音。音乐一响起，总有人咚咚咚快速跑下舷梯：这是免费娱乐环节。去鼓浪屿的行程免费，回来才收船票钱：因此，去程是无阶级的，返程则分为坐在上层长椅和站在下层人群中两种阶级。上层自然和风清凉，还能在小卖部买一听汽水喝。可不管从哪一层——其实待在下层倒还方便些——靠近鼓浪屿时，都会惊叹于修建成巨大白色钢琴的码头。

从"长流号"的甲板望去，鼓浪屿林木丰茂，几乎看不到房子和人迹。但随着渡轮靠近岛屿，便能看到码头附近散乱分布着许多老房子。这座小岛曾经是公共租界，像沙面岛一样，由市政理事会管理，他们负责铺设下水道，颁布地方法规；这里也成为中产阶级中国人的度假胜地。舢板在码头间来回移动；一艘渔船见到我们，咣啷一声掉转船头，水花溅在它方正的船尾上，活像一只受惊的乌龟。（船上漆着一串数字，但不是绿眼。过去，绿眼船是为了和广州红眼敌船做区分。）向导带领我走上小路，在隐藏小商铺和饭馆的矮楼间蛇形穿梭，然后沿运动场边缘走了一阵，终于抵达旅舍。

接待员拖完门房的地板正准备午睡。交涉一阵后，她才答应先让我入住；但午睡的念头早已深深扎根在她的脑海里，她毫不抗拒，以至于帮我办理入住手续的时候便已进入梦游状态。她打了一个大哈欠，拿起一盒复写纸，像扔砖头一样砸在柜台上。一小叠复写纸躺在抽屉里酣睡；没来得及叫醒就被她挪回盒子里。这里 60 元可以住一间房，30元半间。不，剩下半间是空的。但假如又来一位外国人，她就会安排他和我同住。

这家旅舍原是一位厦门茶商建的公馆，地处悬崖峭壁和植物园之上，前方是共济会会所的草坪。茶商自己的花园俯瞰这片绿地，被围在一排矮栅栏和榕树屏障后面。花园中心立着八卦图案和一座废弃的喷泉，外围是一圈方形树篱和栏杆。公馆一共有三栋楼：一栋中式、一栋西式分立两边，中间的主楼则完美结合了二者特色。曾几何时，老茶商坐在长廊上，就着夜晚的凉风啜茶，他的目光穿透榕树，投向运动场上正在挥汗如雨打网球或踢五人足球的外国人，他们的八字胡梳得光溜溜，因剧烈运动而面红耳赤。那时，榕树还未生得这般高大。如今它们亭亭如盖，已能挡住孩童踢三十人足球的身影。

二号楼是西式别墅，一位下垂眼女孩负责看管。她领我走过漆黑的走道，来到别墅大厅。大厅陈设盖在防尘罩下，堆满了小扶手椅；我必须掀开防尘罩的一角才能确定这些是扶手椅，因为屋外灿烂的阳光几乎无法穿透废弃大门上的圆花窗。拖把和水桶静置在楼梯边,仿佛一直等待在那里;连蜘蛛也抛弃了这里,蛛网落满灰尘。我的房间位于一楼,外廊被改造成浴室,唯一的窗户被巨大的空调外机和树根遮得严严实实。我按下电灯开关,头顶某处一只橙黄色的虫子微弱地闪了一下。

我拿着房号去楼上,问女孩能不能换一间房。她让我去找接待员,此时她正因烦躁而精力充沛,暴躁地把复写纸捅进发票本里。

"60块,"她厉声说。

"不是30?"

她抱怨一声,还是给我换了房间。二一零房更明亮一些。挑高的天花板下摆放两只微型扶手椅,套着凶神恶煞的靠背套,好像正向床边的漆制锁柜逼近。百叶门上打了许多钥匙孔,只有一个能用。我怀着建筑师般的热情,对这些锁孔仔细研究一番。最早的一个来自20世纪初,已用石灰封死,只留下上方的小锁眼,估计是同一个年代的。再往上的新锁孔,可能是二战期间日军占领岛屿时安装的。钥匙没有随鼓浪屿一同投降,于是一只粗糙的细木锁眼出现在那位短暂的战时房客上方。而这只锁孔的钥匙,很快随着战争结束消失不见。说不定现在在台湾。下一位居住者发现上面没有空位了,便把钥匙孔打在下方:锁眼已经消失,只剩下木头里凿出的一个方形,边上的螺丝孔一半附着乳胶,我猜测可能是被扒掉的。有人安装过一只可怜的金属挂钩,这样门可以关上;挂钩打的眼还在。终于轮到我手上钥匙对应的耶鲁式防盗锁。开门的时候必须猛拉一下;因为门已经僵硬变形。

我洗了把冷水澡。热带地区的一把冷水澡能把人带去元上都。"凛冬将尽":乌鸦洋泾浜口音的啼叫,生动演出了一场过去这片土地的绝望。

构成旅舍的三栋楼里,正中主楼最具阳刚气,楼身用柚木镶嵌。楼里有一个标准尺寸台球桌,上面覆盖一层洁净的棉布,台面呢子完好如新。我怀疑很久以前台球就不见了,甚至可能从来没有人用这张球桌打过台球。它能熬过"文化大革命"时期,实属不易。红卫兵一定来过这里——他们无处不在——搜寻旧社会的遗迹。也许是因为它大到无法轻易摧毁。

台球室边是宽敞的大理石走廊,廊上有一些藤条桌椅。这景象使我想起《吉姆爷》,马洛的雪茄在黑夜里燃烧发亮,然后在空中划出一条弧线,落进潮湿的树叶丛中。然而现实却很残酷。穿白外套的女人恼怒地从白色扶手椅里站起来。

"不允许,不许可,禁止,不给进,"她叫嚷着,用各种方式说"不行"。

"我住这儿,"我解释说。

"不不不,"她摇晃着手臂。

"我想到处看看,"我坚定地表示。

她冲走廊上的同伴喊了句话。

"不开。不能进。"她说,但音量弱下去一些。

走廊尽头是一间会客厅,推拉门紧闭,窗户上彩色玻璃拼成一只孔雀的图案。我从门缝往里窥视,这才是我真正想住的房间。

房间里光线也很暗,因为靠走廊的百叶窗被锁上了,窗户正对的玻璃门储物柜装饰华丽,里面陈列着各种奇珍异宝,比如旧报纸、夜壶和几只带盖马克杯,一旁是巨大的雕龙壁炉,天花板上的格天井有九英寸深,一切都彰显出这位厦门商人试图表现的东方男爵风。房间里有四张床,也就是说我只需要支付 15 元。推拉门可能被自行车链条锁住了;但另一扇门没法上锁,透过那扇门,可以看见里面白色大理石雕成的纤细楼梯,也无法阻止通行。

鸦片战争时期,英国军队驻扎在鼓浪屿,当时这里几乎是一座无人岛,后来岛上疟疾肆虐,直到 1842 年,根据《南京条约》中的条款,英军才撤出鼓浪屿。然而 30 年后,英国夺回治理权,交由市政理事会清理整顿。这座岛——比沙面岛大,全长大约四英里——主要用来居住:商店和仓库扎堆建在对岸厦门滨水区,靠近轮渡码头,那里曾是英国租界。

外国商人和领事来到鼓浪屿修建豪华别墅,波形瓦屋顶,拱形凉廊顶布满藤条，以遮蔽烈日骄阳。"如果这里的居民能像装修房子一样好好布置一下他们的餐桌，"1870年一位医务人员说，"他们也许可以在这里舒舒服服——只要不生病——住上十年，像在欧洲一样。"在这里，欧洲人可以免受热带地区使他们面色发黄如羊皮纸的疾病困扰；医生认为，"夏末感到稍许疲惫，在这里待得越久的人越习以为常，这也许是身体敏感的人遭受的唯一一种气候疾病。"由此，鼓浪屿便与租界外的厦门区别开来，后者由于"环境肮脏，人们还不理解卫生的重要性"，城市里霍乱、瘟疫横行。

医生对欧洲人装饰桌子的批评不无道理。一位维多利亚时期的茶商坐在桌前享用晚餐，"首先上一碗浓汤和一杯雪利酒；接着上一两道副菜和香槟；然后是一些牛肉、羊肉，或禽类和培根，续一杯香槟或者啤酒；再来是米饭、咖喱和火腿；接下来玩小游戏；之后是布丁、油酥糕点、果冻、蛋奶糕或奶冻，继续加香槟；然后是奶酪和沙拉，面包和黄油，和一杯波特酒；最后，很多时候会上一些橙子、无花果、葡萄干和核桃仁……以及两三杯波尔多红酒或其他酒。"

自从第一间商馆在厦门开张，岛上常有外国人死于高烧或暴食。罗伯特·福琼"误入一片英国人的墓地，这些人已长眠于此150年；坟墓由中国人看管"。后来，一位英国船长将这些尸骨全部带回家乡，也由此得来"死亡船长"的名号。外国人将死去的人留在岛上，直到1949年共产党占领鼓浪屿。

鼓浪屿上没有汽车：没有任何带轮子的交通工具。洋人将黄包车引进中国，却禁止轮毂和辐条上岛，之后也没有改变这个规矩。只有建筑工人拉板车，他们喊着劳动号子，上坡下坡运送修建新楼的石块。寻常中国街道上汽车发动机声、自行车铃声和人们说话叫嚷声汇成的交响乐，在这座热带萨克岛①上无处可寻，取而代之的是另一组乐曲，蟋蟀

① 英吉利海峡群岛中的一个岛屿，属于英国拥有宗主权的行政区管辖。——译注

长鸣,商贩叫卖招揽生意,卖冰棍的小贩手摇铃铛,就像船坞升降索发出的丁零当啷声。一天晚上下大雨,一束光照去,只见地面水洼里伏满小青蛙。到处洋溢着节日的气氛。道路遍布小岛各个角落,通向每一座高墙围起的花园和通体洁白的别墅,通向每一扇锻铁的大门和每一盏纤长的路灯。宽街两旁被饭馆占据,每家店都将水缸摆放在路两旁,里面养着各种水产,蛏子、螃蟹、虾;有时虾突然发狂,在水里翻腾搅动,然后集体越狱,跳出水缸,飞快掠过路面。

当地能找到的石头都拿来铺路了。一天下午,我在一群四散的虾下面,发现一块用拉丁语写成的墓志铭碎片。

EMORIAM

PH HUNTER[1]

每天下午,岛上萦绕着钢琴声——音阶、小节和乐句——琴声从长廊飘出,穿过藤蔓屏障,在树叶间沙沙作响,仿佛置身普洛斯彼罗[2]的岛屿。鼓浪屿是一座音乐之岛,这里诞生过两位中国最伟大的小提琴家,他们仍然健在。午休时间在小路上闲逛,你听见的是钢琴声:正在练习的钢琴,完成练习的钢琴,送别外国人的钢琴。大轮船在西港逡巡,间或发出一声低沉而满足的哞哞叫唤。有时它们悠闲地出港或进港;你却郑重其事地觉得,它们要登陆或者启航了。

也有沐浴海滩环绕岛屿,沙滩上散布着许多凿孔的岩石,当年作炮台用。在一处小湾,我掘出一块石头,上面留下"HMS ACORN[3] 1867. 68.69"的字样。

当年鼓浪屿不是做生意的地方,现在也不是。厦门照明变压有限

---

① 意为"秋天/PH. 亨特"。——译注
② 英国剧作家威廉·莎士比亚创作剧作《暴风雨》中的人物,该剧讲述米兰公爵普洛斯彼罗被弟弟安东尼奥篡夺了爵位,只身携带襁褓中的独生女米兰达逃到一个荒岛,并依靠魔法成为岛的主人。——译注
③ 皇家海军船名。——译注

公司立在岛上的大广告牌看起来格格不入；假如巴特曼①看到，一定会在漫画里大嘲特嘲一番。

我认识一位英国旅行中介，他无法设计出茶叶风情游这样的深度旅游路线，便帮我写了封介绍信给弗朗索瓦兹。我在香港的时候寄出了这封信。弗朗索瓦兹没有接电话，于是到达厦门的第二天，我只身前往厦门大学。

厦门轮渡码头附近聚集了很多小型公共汽车，去厦门大学需要支付价值两便士的车票，售票员从票簿里撕下一叠五颜六色的小票，加起来价格正好。汽车在厦门的牛津街上缓缓行驶，街边有列柱和商店——理发店和书店、茶店和百货商场、药店和修车行等等——行至十字路口，突然响起一串噼里啪啦的枪声，还以为遭遇了武装暴动。原来那"枪声"是庆祝婚礼的鞭炮：入冬前的老广州，人们也燃放这种鞭炮欢送番鬼出海回国。

弗朗索瓦兹想去鼓浪屿吃午餐，于是我们又坐上轮渡。她在厦门教了四年法语，却要我选饭店。我有些忐忑地引她来到一家店，没见这里的店员直接将跳到地面上的虾捉进锅里，她便十分赞同我的提议，让我松了一口气；这是一家家庭餐馆，桌上覆了干净的塑料桌布，风扇在头顶转动，使用的一次性筷子需要顾客自己掰开。弗朗索瓦兹说这很重要，因为沿海地区正席卷一场"红潮"——肝炎的前兆。我们点了茶和蛏子。

我们聊起通商口岸。弗朗索瓦兹说，这里一些外教其实是传教士，尤其是教授电脑的。过去传教士用食物利诱人皈依：产生了所谓的"大米基督徒"。如今应该改叫"电脑基督徒"——但是中国政府严令禁止劝诱改宗，于是便衣传教士为了继续留下来，只能闭口不谈《圣经》。

"他们很多人是好老师。很好的老师，但不是中国大学里的那种

---

① H. M. 巴特曼(1887—1970)，英国卡通画家。——译注

好，"她说。中国大学里的好老师指总能让学生拿高分的老师。"简直荒谬。如果最高分20分，你给最差的学生15分，你的学生都能拿高分，你面上也有光。但假如你给最好的学生15分，你的学生都拿低分，所有人就会认为你是坏老师。"弗朗索瓦兹曾试图向学院询问如何在考试中给出高分。看人品，他们答复说。

弗朗索瓦兹笑了。"我还是搞不明白规矩。就现在来说，分数不重要，因为学生毕业之后都能分配到工作。但假如以后需要竞争上岗呢？假如一个学生从我这儿得40分，从另一个老师那里得90分，雇主要如何做选择呢？"

她做了个鬼脸。"我的学生学习不好，可我必须给他们70分、80分，否则他们会给你摆脸色。这不是他们的错。大多数人想学英语，而不是法语。英语，英语，英语！法语对他们未来的工作毫无用处，可专业人数有限制，分配到他们就必须学习法语。"

不过弗朗索瓦兹十分享受在中国的生活。这位研究拉康等哲学家出身的巴黎人，认为那些不接受"一切皆文本"的人身上，有一些迷人的特质。她觉得中国人就像早期欧洲人一样，什么事都分得一清二楚。"书是一回事，电视节目是另一回事。一个节目只能讲一件事，不能一心两用。"她认为电视节目作为一种多样的载体，也许会打破这些界限。"在这里，内容和实用性就是美学标准。这跟教育有一定的关系。米莱①是个好画家，因为他画农民。而布歇②不是好画家，因为他画妓女。他们从表象理解一切事物。黄坡③之后，中国再无探险家。欧洲人出国爱问：为什么这些人和我们不一样？中国人出国时说：原来他们是这样的。"

吃完蛏子，我送弗朗索瓦兹去大钢琴码头。"你知道吗，当我向学

---

① 约翰·艾佛雷特·米莱（1829—1896），英国画家、插图画家。——译注
② 弗朗索瓦·布歇（1703—1770），法国洛可可时期的重要画家。——译注
③ 音译，原文为 Huang Po。——译注

生们展示里沃利街①的明信片时,他们说,这不就是厦门吗?"她扑哧一声笑了起来。"就是厦门! 你见过鹭江宾馆新装的大霓虹灯牌吧? 霓虹灯第一次亮起来的时候,周围所有人都在欢呼雀跃。他们说:现在厦门就像香港一样了!"

　　上船前,她叫我电话联系汤姆,一位英国商人,居住在鼓浪屿一座平顶别墅里的两间房里。1949 年后,屋主本人可以使用别墅的两个房间,并且和新来的人共用浴室和厨房。如今,感谢改革开放,他得以一点一点收回房屋所有权。不过这也是一场旷日持久的消耗战,住在三楼的一户人家装上铁门,拒绝搬出别墅;如此一来,汤姆只能先用第二间房,现在用作储藏间。那段时间,顽固的一家人为了抵抗,把垃圾扔在主人的花园里,要是有客人拜访汤姆,上楼梯时,他们就从铁门后死死盯住来人。

　　走上最后几级老旧的木质楼梯台阶,便到了铺设赤陶土地面的阳台,汤姆在上面放了几把藤条椅,又为水箱安装了冷却器。他来到鼓浪屿纯属意外:大学时,他在杜伦大学主修中文,在上海待了一年后,便来到这里找工作。最初几年,他为两位新西兰人工作,马克和安,为意图在经济特区投资做生意的外国公司提供咨询服务。两人在亚洲背包旅行一圈后来到厦门,瞬间为这座城市倾倒,回家卖了房子,来到中国定居。他们中文说得不错,但不如汤姆,他的口音几乎和本地人无异。汤姆生一对招风耳,风趣幽默,精明能干,颇有城府,这便是为什么他在 25 岁左右就成为一家加的夫②进口公司贸易办事处的主管。

　　他的女朋友姓蔡,来自北京,和他同居。马克和安来一同喝下午茶。我们坐在楼外的花园里,眼前是低矮的围墙。鼓浪屿向厦门的方向延伸:港口隐藏在树木后。落日在波形瓦楼顶拉长,蔓延至苍白的灰

---

① 巴黎最著名的街道之一。——译注
② 威尔士首府。——译注

泥粉饰墙,又落在藤蔓上褪色的红漆和繁茂的树梢上。从某个角度看去,这座岛屿俨然一片原始森林。

喝罢下午茶,交谈声减弱。我向身后的墙靠去,这才发现墙面的裂缝早已脱出灰泥层的保护。

"这不是灰泥吧? 灰泥都是有颜色的,对吗?"

"我也不知道,这是某种……"

"水泥。"

"石灰浆?"

"更像掺了沙子。"

"掺了土。"

一小片浮石大小的墙体剥落,掉在瓷砖地上,发出一声脆响。

汤姆向一百码外凉廊上的一户人家挥手。他们礼貌地挥手致意。他又冲一位坐在走廊栏杆边、戴双筒望远镜的老人招手,老人纹丝不动。

"那是鞠先生,"汤姆说。"总是远远地朝我这边看,从来不说话。他是鼓浪屿上的观窗帘爱好者。"

我们都冲鞠先生招手。

入夜,汤姆带我去拜访陆先生,一位英文教师,住在鼓浪屿另一侧一座老别墅里,我们穿过一系列复杂的楼梯和小道才终于抵达。汤姆留下一张20世纪30年代的地图给我们仔细研究,我的外祖父对此一定十分熟悉。那时候,鼓浪屿还叫"Kulangsu",外祖父也这么叫。地图上绘有各种领事馆和公司总部,也有我所住旅馆前面的那块草坪。隔壁是一座古典别墅,看起来像一家托儿所;地图上有个点标记"共济会小屋"。共济会曾是鼓浪屿社会韦恩图中十分强势的一部分,有点换汤不换药的意思。在鼓浪屿南角,最好的沐浴沙滩旁,有一片隶属于亚细亚火油公司的建筑群。那是外祖父曾经办公的场所。

卷起地图,陆先生端茶过来,我们聊起英国文学。

"你读过萨默塞特·毛姆的作品吗?"陆先生问。1947 年,他在大学里研究毛姆；"文化大革命"开始后，他藏起书，后来陆续重读毛姆的短篇小说。

陆先生坚持步行送我回旅馆。"好好记路，明天还要来的，"他说。每到一处拐弯，他就让我猜应该走哪一边，然后纠正我；他解释说这是记路最快的方法。路上只有稀疏几盏路灯，小楼里昏暗的灯光在暗夜中格外突出：家庭图景透过闪烁微光的凉廊拱顶，被光影一幕一幕嵌进三联油画里。我准备第二天一早去找他。在旅舍门口，他把一本书塞进我手里。

那是一本破损的毛姆《在中国屏风上》，页边空白处有铅笔留下的英语笔记。睡前，我阅读了关于一个在中国南部港口的大班的故事。大班庆贺自己事业成功，梦想有一天在上海的赛马场功成身退。那日他路过英国人的墓园，见两名苦力正在掘墓，却想不出谁去世了。布鲁姆太太的孩子身体素来不好，但不需要这么大的墓穴。这个疑问一直困扰着他，来到会馆后，他甚至发飙，还输了牌，人们都用异样的眼神看他。没人知道墓穴的事情。那天晚上，他在恐慌中惊醒，下定决心一定要死在家乡英国，而不是这个诡谲神秘、难以捉摸的国度。第二天一早，人们发现他坐在桌边，奄奄　息，手中紧紧攥着夜里写下的辞职信。

陆先生在短篇小说标题旁的空白处写下一行字："Kulangsu?"

鼓浪屿，按照字面意思解读，就是鼓和浪的岛屿；风吹过岛屿中心布满岩石的山体，就会发出海浪的声音。陆先生带我爬上山看日出。他心情不错，因为一份国际英语教学期刊刚刚刊登了他的文章。非英语母语学者在期刊上发表各式各样的研究成果，从泰米尔语挽歌体散文，到中美流行谚语。陆先生建议读者以一位审慎将军的姿态学习英语：进攻、防御、坚守。他不赞成现代英语教学法的观念，让孩子一开始就置身于外语学习的环境中。

远处海天相接，一片黛蓝。一座小岛像尘埃一样漂浮在水面；海峡对岸的厦门，还有零星几点灯光亮着。我找一处坐下，遥望栏杆外地平线颜色的深浅变换。这时,陆先生开始晨练。山上还有其他几位晨练的人,他们用同样的动作在空气中划下轻缓的笔触,仿佛如此便能摆脱俗世烦扰。这就是太极。

太极不只是锻炼身体的运动,更是舒缓调和心境的方式。白天,气虚薄,凝聚如羽绒,运太极可回复气的平衡。在这个过程中,你将成为一个整体,甚至一个圆。听说,太极后来被纳入辩证法的范畴,其结果只会变得更粗陋,更让人感到不适。不同于一般意义上的和谐,比如抱一捧花在怀里,太极的真谛在于抵达极限,然后殚精竭虑凌越极限。一旦出现失衡,就需要用另一反向的失衡去中和它。天色渐渐发白,太阳跃出地平线,我注视着陆先生,渴望得到心灵的启蒙。

陆先生似乎在打传统太极。他的动作就像他的身体一样浑圆,俨然是三个球:球形的脑袋,腿向外弯曲,肌肉紧实。他的身体像天然橡胶一样有弹性,他最喜欢别人一拳打在他软绵绵的腹部,或者仰慕地捏一捏他的二头肌。

陆先生今年64岁,出生在鼓浪屿。他的祖父为了躲避地主,逃到岛上,起初靠卖柴火维生,但因为识字,最终在一户外国人家中找到一份做饭的稳定工作。据他说,这家人一直雇佣他,不是因为他做菜好吃,而是因为他在咖啡里放鸦片,才使这家人离不开他。陆先生的父亲娶了一位孟买帕西人的孙女。当时,帕西公司属于英国贸易的一部分。那段时间,陆先生的父亲在马尼拉做护照中介工作。陆先生一直觉得父亲看不起自己,因为他长得又矮又丑。

陆先生告诉我,他年轻的时候,鼓浪屿上又安全又干净。后来发生动乱,清王朝覆灭,一位白俄罗斯人在岛上组建了一支警力,招募来一群天不怕地不怕的山东汉子;英国人则在厦门雇佣锡克人[①]。你得当心那群人:他们穿黑夹克、白背心、木头拖鞋;他们头发蜷曲,随身携带刀具。千万不能盯着他们看,不然他们会咒骂:"为你爹哭丧去吧,他要死

---

① 指信仰锡克教的信徒。大部分锡克人居于印度与巴基斯坦的旁遮普地区。——译注

了。"陆先生回忆起那情景就不寒而栗。

锻炼结束，我们一起观望逐渐膨胀的太阳从地平线升起，然后像变形虫一样一跃而起。到了早晨6点半，天气已经十分温暖。睡懒觉的人刚刚开始爬山锻炼，我们二人则下山散步去了。

回厦门的轮渡旁边是英国领事馆旧址，去年在一场电气火灾中烧毁。它站在高坡上，屋顶已经烧尽，空荡荡的窗户倒映天空，只剩下被烟熏黑的红砖墙和水泥壁柱。过去的领事在这里工作，一面吹海风，一面观看船只靠岸。不久后，船长被召进领事馆，签署文件，登记在船上出生和死去的人。他们有时送来报纸，有时为领事读报，简单陈述沿岸情况，发发牢骚，想知道他——领事——如何处理这些事务。19世纪末，大太平洋邮轮停靠在厦门港，为赚取纯利润装载一箱又一箱茶叶；邮轮上的旅客有福了，陆上一日，终于打破单调乏味的海上生活，得以逃离套环游戏、杜松子酒和厌倦的情人。

"我不记得当时的英国领事了，"陆先生说。"美国和日本也在岛上建立领事馆。日本人不怎么受欢迎，美国人还好。"

"英国人呢?"

"他们比日本人受欢迎得多，"陆先生以标准外交辞令口吻回答。

沿海滨路漫步，我们来到鼓浪屿的巨大雕像前：原来那不是维多利亚女王，而是郑成功，17世纪明朝将领。他将满族人从福建驱除，又打败了试图像统治菲律宾一样统治台湾的荷兰人，后来清朝人将他赶去台湾海峡的另一边，他便在台湾称雄一时。他的儿子继承统治，但很快台湾岛再次被占领。

修筑雕塑是最近的事。塑像者是马克和安的朋友，住在厦门。"又让我雕刻英雄，"接到委托时他说。我在"长流号"上错将郑成功认作维多利亚女王并非有意，只是郑成功盎然挺起的胸膛介于健壮和微微发福之间，加上蓬松的袍衫和宽厚的斗篷，远远看去，很容易将战士头冠错认成女式高帽。总体说来，郑成功看上去非常严肃。

郑成功值得被纪念。1687年，"品质极优"的茶叶之所以能够从厦门运往英国,正是由于得到郑成功的批准。郑成功与荷军作战,出于"敌人的敌人就是朋友"这一思路,他准许英国人在厦门做生意。郑成功去世后,厦门贸易持续了将近50年,直到远在京城的清朝皇帝认为国力足够强大,禁止外国人入港。

当然,厦门政府树立这座雕塑,可不是只为纪念中国首位国际茶商。郑成功是海峡两岸共同的英雄。现代中国热衷于寻找大陆和台湾之间的共同点,使台湾回归大陆。郑成功和国民党领袖蒋介石之间也的确有一些相似之处。1949年,蒋介石军队和政权被共产党逐出大陆,迁移至台湾(国民党仍然占有金门县的小岛,离厦门只有一两英里远:站在鼓浪岩的制高点,人们可以用望远镜看到金门山上雕刻的孙中山语录)。蒋介石和郑成功都打过内战,被迫南下,最终横渡台湾海峡。

实际上,郑成功像和它在市内大大小小的复制品,其作用相当于当地的自由女神像。他成为专业迎宾员,对每一位远道而来中国的客人轻声低语:"我们都是爱国者,没有人是外国人! 在中国,我们以人为本。"

中国人的亲朋好友从四面八方赶来。数以百万计的华裔现居西方和远东地区,尤其新加坡和台湾,他们寻根溯源来到厦门,或者福建其他地区。作为一个敬重——乃至崇尚——祖先的民族,他们回乡祭祖。即便是土生土长在台湾的人,即使没有厦门的亲戚,也会来到厦门,因为他们说相似的方言,有相似的观念。

直到进入20世纪,50年来厦门靠出口茶叶和劳动力换取鸦片和汇款。厦门周边县城种植茶叶,以乌龙茶为主,出口到欧洲、美国、日本和海外华人社区。这一主要出口产业为数千人提供了工作岗位,但失业人口依然很多,因为厦门作为港口城市,土地贫瘠,因而移居国外的现象十分普遍。

19世纪末期,随着清王朝走向没落,厦门出现大批移民海外现象,类似于爱尔兰饥荒迁移。在一处动荡地区，叛军和皇党横扫茶园，驱赶茶农，大片土地因此荒废。茶叶贸易的崩溃具有惊人的毁灭性。在厦门地区，茶叶销售量下降，茶叶还留下了粗制滥造的恶名。

厦门茶叶一定糟透了，因为自 1832 年东印度公司垄断结束，中国茶叶的总体名声就一落千丈。19 世纪 50 年代，鉴茶师开始像货币鉴定师一样鉴定样茶。当时至少有十种方法用来甄别假冒伪劣茶叶。其中一种方法是用磁铁在茶叶里搅动，吸出混杂在里面增重和改善成色的铁屑。在广州，只要东印度公司存在，弄虚作假几乎不会发生：W. C. 亨特甚至宣称："提高茶叶销售利润的方式有很多种，'未开化的中国佬'还不懂得如何操作，比如掺入普鲁士蓝或中国黄燃料，在茶叶中混入碎柳叶和榆叶，还有用铁屑增重。"唐宁先生则认为，茶叶里掺假的行为，即使存在也只是小规模。他认为，"这种有害现象在品尝熙春茶和屯溪绿茶（Twankay）时极为普遍"，因为这是烘制绿茶的方法所造成的结果。他推测由于绿茶烘焙时间较红茶长，"植物中的杂质"干燥后保留在茶叶中，而非直接在高温下蒸发。

唐宁先生可能会问，我们应该如何向英国零售商解释，他们经常抱怨东印度公司拍卖会上茶叶受到损坏或者不适合销售的问题。绿茶外观确实可以在最后烘干阶段，通过加入石膏和普鲁士蓝的方法改善。19 世纪 40 年代，罗伯特·福琼确认了这种制茶方式。他问中国人为什么这样"包装"茶叶，他们"承认不掺其他成分的茶叶更好喝，他们从来不喝染色茶。但他们注意到外国人似乎更喜欢喝掺入普鲁士蓝和石膏的茶叶，因为茶叶颜色统一好看，而且原料也不贵，中国人便没有理由反对供应这种茶叶，更不要说这样做往往能卖出更高的价格"！

自从 19 世纪 40 年代起，厦门开始对外贸易，每年有 700 万—800 万吨茶叶远销海外（主要卖到美国，美国人至今保留着爱喝蜜桃味乌龙茶的习惯）。到了 1899 年，一年有 3 万磅厦门茶叶运到美国，鼓浪屿上的美国领事建议政府出于健康考量终止茶叶进货。于是茶叶出口缩减，人力资源出口却随之增长：那些曾经靠茶叶吃饭的人，只好把目光投向他们唯一的出路——大海。

我在厦门鹭江宾馆的橘红色饭店里和菜单斗智斗勇。"红豆猪脚炖花生煲",听起来像是一道会把我撂倒的菜;我点了一份新加坡炒面,上来一盘切成丁的剩菜。服务生皱起眉头。一张大圆桌边十来个人正在家庭聚餐。主人不停地点菜。奶奶的打扮完全是大陆人模样,其余人却无一例外热衷于时髦的卷发、太阳镜、耐克鞋和农夫帽。从他们熟练招呼餐车的样子,不难看出这家人经常在外面吃饭。

邻桌坐了三位肤色黝黑的胖男孩,像年轻时候的佛陀,人手一杯可乐,桌上摆着很多盘菜。没人把他们当成本地人。他们脸颊肥胖,嘴唇撅起;双下巴缩进脖子里。他们桌又来了一位朋友,一个 12 岁左右的男孩,身穿宽松 T 恤,肚子却像 50 岁中年男人的啤酒肚一样大。他坐在桌前,臀部铺开在椅子上,趾高气扬地点了一杯可乐,和更多的菜。

上海人管欢迎海归亲戚叫作"剥猪猡"。中国欢迎他们,还有他们带回祖国的巨额投资。他们捐赠奖学金,赞助大学和体育馆;开办工厂和机构;为旅游业贡献大量收入。相应的,他们也能得到好处;除了明显的优惠政策——任何拿外国护照的中国面孔,都可以享受打折票价、便宜住宿和免税补贴——还有一些默许的好处。康拉德笔下的马洛说吉姆是"我们的人"。无论他们在哪里生活,说什么语言,坚持什么政治倾向,海外华人来到中国,都像回家一样。

我饥饿难耐,对面条发起进攻。然而才吃下一半,就缴械投降,喝完茶便悄悄离开饭店。出门时,我听见胖男孩招呼服务员时打了个响指。

想象一条又长又热、蜿蜒曲折的街道。刚下过一场季风雨,排水沟里的积水形成水洼。楼房都一样高;水泥拱廊上伸出两层楼,衣服悬挂在楼外,偶尔经过的车辆不足以扬起灰尘,或在柏油马路上留下淡淡一道痕迹。也许这条街曾有过用途,通往重要的场所;但最终失落在城市变迁里。拱廊一层经营一些小店，但数量不多，小巷通往后街的廉价公寓。

拱廊下的茶馆为不愿成天坐在公寓里的老年人提供了去处。桌椅板凳摆在人行道上：凳子是竹编的，不足一英尺高，人几乎蹲在上面；坐上去十分舒服。店主藏在陶土烤箱后，煤炉上水已经烧开，水壶发出嘶嘶的尖啸。煤灰熏黑了烟囱腔、木头天花板和脏兮兮的墙壁。茶店老板被围在各种货架和壁龛之间，架子上摆满不足李子大小的陶壶，和顶针一样大的茶杯（当然没有手柄）。和它们摆在一起的还有一只巨大的茶叶罐，罐身不加装饰，外部坑坑洼洼。

店主将一套茶具端到客人桌上。所有茶具小得惊人——如果不是有煤灰和老年人和脾气暴躁的店主，你几乎以为自己正置身于温蒂之家的洋娃娃茶会。店主随水壶的尖啸翩翩起舞。他掀开小茶壶的壶盖，在壶底铺满茶叶，然后拿起水壶加满水。四只小茶杯环绕在茶壶边；他用粗笨的手指捻起小巧玲珑的茶壶，在空中划一圈，把茶水浇淋在茶杯上。倒完一壶，他便把茶杯里的茶水泼在陶盘上。这一步骤叫作"洗茶"，可以去除茶叶边发苦的部分，使茶叶充分吸水膨胀，同时预热茶杯。接着，他给茶壶重新注满水，留给客人自己倒茶，同样需要在空中划圈，保证每一杯茶着力平均。茶水在茶杯的轮廓下被衬托得十分清澈，往杯底看去，颜色则深一些。茶汤味道醇厚清新之极。

水在茶叶上只做短暂停留，每一轮茶倒完，壶中水必须清空：即使只有两个人喝茶，也会端上四盏茶杯。洗茶后的第一壶茶需泡半分钟；之后只需等数秒即可。几壶茶下肚，人便心跳加速，口中生舌苔。这是茶叶和咖啡的对话。

这种喝茶方式为福建省特有，叫作工夫茶，意为需下一番苦功才能掌握沏茶之技艺；所用茶叶也是最好的品种。泡茶的陶制器皿呈黑色，因为茶具一般不擦洗；顶多在滚水里冲洗一下。老壶非常珍贵，一代又一代饮茶者在茶壶内壁留下茶垢，就像被煤灰染黑的茶馆墙壁一样难以除去。这里用的壶不是宜兴陶壶，否则老年人恐怕消费不起，不过尽管是当地产的壶,质量稍差,价值也因年代久远而不可小觑。

在厦门,告别的时候人们不说"再见",而说"慢走",慢慢走,不着急。

在厦门的滨水地带,茶叶贸易依然活跃于中国食品和动物副产品进出口有限公司茶叶部门的办公区域。这家分部只负责本地茶叶,不管福建其他地区的茶叶。几十位员工在这里工作,像小舟沉浮于文件之海,在书椟和账簿的礁石间航行。他们在老旧的办公桌前工作,头顶风扇,衣袖交错,呼喝声不绝于耳,每一份文件都需要认真对待;一些员工的办公桌上有电话;一些有自己的办公室,陈设十分简单。

19世纪70年代,厦门茶园的没落给茶叶鉴赏家敲下当头一棒。当地最出名的茶叶之一当属铁观音。相传,铁观音最早的种植者居住在一座破败的观音庙里,庙里供奉一尊铁制观音像。他没钱修缮寺庙,但日日打扫殿堂和观音像,每月农历初一和十五烧香敬奉观音。一日,观音托梦与他,说寺庙后一石洞里埋着宝藏。"这不是你一个人的,宝藏应和他人分享,"她告诫他。石洞中没有金银珠宝,他却在泥土中发现一株茶树幼苗。失望之余,他把树苗种在后院,茶树日益生长,他用第一次摘下的茶叶泡茶,便觉香味四溢,盈满厅室。他把茶叶高价售给过往商旅,赚得盆满钵满。后来,他重修观音庙,并将茶树苗赠予四邻,与他人分享财富。

特级铁观音采自乔木型茶树的顶部,这种茶树一般生长在高山峭壁或隐秘处;相传只有猴子能采到这种茶叶,因而得名"马骝搣茶",即"猴子采茶"。西方人一如往常地拒绝接受这种说法:他们非要考证一番,做出假设,留下自己的脚注。他们研究认为,茶农在树脚放猴子出笼,猴子顺树干向上攀爬,抵达树顶后,人们就向它们投掷石块。被激怒的猴子便折下树顶的枝杈,扔向树下恼人的茶农。

如果没有台湾,厦门茶业的没落几乎意味着厦门这座港口城市的没落。台湾出产很多类似大陆的茶叶,但没有适合停靠大船的港口,所以当厦门茶叶产量下降时,厦门商人开始往台湾派遣销售代理,购买和运送茶叶回大陆;一到茶季,小型汽船不断在台湾岛和大陆之间往返,将茶箱运到仓库储存。作为整个台湾地区的港口,厦门经历了空前繁荣的时期,运输茶叶的大邮轮在厦门港停成一排,外国人和有钱的本地商人也在厦门修建住所和仓库。1873 年,香港银行和上海银行在厦门开设分行。到 1880 年为止,已经有 24 家外国公司在这里运营对外贸易(很多为马六甲海峡的华裔英国人所有,他们跨越中国南海来这里做生意),其中包括 183 家中国批发店和 6 家本地银行。

1895 年,日军占领台湾。帝国主义又名为粗暴的发展方式:绝对权力加快了发展进程。日本人在台湾岛建造了一座新港,可以容纳大船,厦门再次遭遇危机。世纪之交前后,厦门几乎终止台湾茶叶的贸易,完全失去了得天独厚的地位。

从那之后,科学管理之下台湾茶叶品质越来越上乘。它们在美国一直颇受欢迎,日本人也逐渐爱上它的味道。整个购茶系统建立在理性基础上。战时的外国买家根据特定价格和质量选择茶叶,茶叶从标准、好、上等、精致到优选等等有几十种等级分类。一种新茶专为美国市场制备,随乌龙茶和包种茶(花香乌龙)一同销售,市场中与橙黄白毫①叶片大小相仿。这种新茶实际上是一种乌龙茶,由于发酵时间更长,因而呈现出某些红茶的特性。

自从中国回归和平,厦门茶园逐渐恢复原来的样貌。所有出口的中国茶叶,按照国家标准统一分级和标价;买卖只消一封电报的功夫,因为所有标准——尽管每一等级内的质量和价格不定——都是固定的。这些是厦门茶商告诉我的;据他们观察,日本人和美国人仍然是最好的消费者。不过,最根本的教训是从前朝皇帝那儿得来的:想做生意,还是越远越好。

---

① 茶枝最顶起数的第二片叶。——译注

汤姆带我拜访一位住在鼓浪屿的年长老友。围墙圈住一座鲜花盛开的小花园和一栋黄颜色的别墅，葛教授坐在阳光房里，房间里有几只破烂的沙发和条纹滑稽的扶手椅，坐垫下的弹簧纷纷突在外面。葛教授像一只黑水鸡，倔强的几缕白发在头顶屹立不倒，长眉如翼。显然最近没有剃胡须，身上的白衬衫皱皱巴巴的。他看起来像西伯利亚人，身高约6英尺，身材魁梧。实际上，他的父亲是德国人。我们进屋时，他略有些不知所措。汤姆把我介绍给他。

"很高兴认识你。见到你真——高——兴——！"他冲我吼道，一边不停地摇晃我的手。"请坐，请坐。早知道你们要来，我应该准备好午餐。"汤姆为我们突然造访表示抱歉。"哎？"他看向我。"很高兴认识你！可惜我的妻子现在人在国外。"他漫不经心地表示。"加拿大，布法罗①，纽约，波士顿。她在的话就能为你们准备午餐了。你们想吃午餐吗？家里只有家常菜。"他挑了挑眉毛。

"我们真的只是短暂拜访，"汤姆充满歉意地说。

"短暂——我都好几天没见你啦，还是好几周来着？我以为你工作太忙没时间过来。工——作——忙——吗——？最近生意怎么样？"

"我现在在跟威尔士做石板生意。"

"他们催你催得很紧吧？我猜你现在晚上还要加班，"葛教授说，眉毛无辜地滑向脸颊两侧。"年轻人就得这样才能发家致富，"他对我说。"喝茶。"

爱丽丝梦游仙境。汤姆和我交换了一下眼色。

"哪里有茶？"桌上摆了几只奇怪的茶杯，杯身开裂，内侧有环形印痕。他从棕色茶壶里给我们倒茶。乌龙茶。

"这水好，"教授评价道。"我从邻居家新挖的井里打来的。他自己挖的。好得很。"他咂着嘴喝一口茶。"好茶，对不？"

我们表示同意。

---

① 又名水牛城，美国纽约州西部的一座城市。——译注

火药花园：中印寻访茶叶之旅

"杰森的外祖父战前在鼓浪屿住过一段时间，"汤姆说。

"他是中国人？"教授惊讶地问。

"英国人。"

"啊。叫什么名字？"

"英内斯，"我答道。

"原来领事馆是不是有个叫英格利斯的？"他问汤姆，好像汤姆跟他是同龄人。

"他叫英内斯，教授。"

"英内斯？英内斯？英内斯，英内斯，英内斯。"

"对，"汤姆慢慢引导他，好像导演在引导演员。"他工作的地方叫——"

"亚细亚。他卖给我一桶汽油。他可壮了，身材很好。有点发胖。对，对。长得很凶。脸总是红红的吧？"

"就是他，"我说。汤姆在一旁微笑。

"他原来住在哪儿？亚细亚火油公司。在日光岩下面，现在那里是军队了。英内斯……块头真大。他现在还好吗？"

"他已经去世了，"我说。

"啊，这样。原来我们一起在厦门执法官那里吃过饭。中餐宴会。你们英国人不爱吃中国菜。"

"我爱吃，"我反驳道。

"当然，对你们来说太丰盛了。中餐。在执法官家。我们吃了……鸭掌。英内斯不怎么，啊，爱吃。你抽烟吗？"他说着从一个软包装里抽出几根烟，"抽——烟——吗——？"他咆哮着说。一支烟掉进我的茶里。老教授没注意到，但汤姆看见了。我避开他的目光，悄悄从水里捞出香烟。

"这烟不错，"教授说，却没有点烟。"我妻子说我抽太多烟了。我喜欢这味儿。"

汤姆过一会儿还得去厦门开会，他偷偷冲我点头示意。该走了。

这时教授嗅了嗅空气中的烟味。

"红圈牌①!"他突然说。

"教授——"

"红圈意味着好烟!"

"我们差不多——"

"男——人——和——他——的——好——运——!"

"——该去——"

"香——烟——和——滤——嘴——最——好——的——搭——配——!"教授大声吼道。

"——吃午饭了。"

"午饭? 来点果酱吧。"

"谢谢你的好意,但是——"

"是自家做的哇。"

"我相信一定很好吃,但我们必须要走了。"

"不来点儿尝尝吗?"

"谢谢。"

"很干净。自家做的。"他说着跑出门去,然后捧着果酱、面包和一把黏糊糊的小刀回来了。他切下两片面包。

"这果酱很干净,"他边解释边把果酱抹在面包片上。"你在厦门待多久?"他把小刀戳进了错误的罐子,搅动一番再取出时,刀刃上已经沾满烟灰,还粘着一根用过的火柴。

"哦糟了,"他惊道,用力甩了甩小刀。火柴被甩到小刀顶部他看不到的地方。他又从罐子里舀出一些果酱。

"哦糟了,"他再次说,这时火柴粘在面包片上。他用小刀把火柴刮走。汤姆和我如坐针毡。

"他的妻子很漂亮。但我不记得他们有孩子。接下来你们要去哪

---

① 一个英美烟草公司所有的美国香烟品牌,又称好运牌。——译注

　　　　　　　　　火药花园:中印寻访茶叶之旅

里?"他在我的记事本里写下一封推荐信。"我郑重将杰森·古德温先生介绍与你认识,他迫切希望了解中国茶叶贸易史。希望你能对他有所帮助。"这是葛教授在福州的一位同事,也是教授,二人是念书时期的老友。

"代我向他问好。"

我们对他美味果酱的招待表示感谢。他坚持送我们到花园门口,一株一株指给我们看李树、柠檬树和樱桃树。"我爱树,"他说。

他使劲握住我们的手告别。"没事就来看我啊,"他对汤姆说。"再见,年轻人。很高兴认识你。认识你真——高——兴——!"

那天晚上下轮渡之后,我直奔曾在那里观望"长流号"扬帆起航的鹭江宾馆。

台风"爱丽丝"和"奥利维亚"来了又去,终于轮到"佩吉"姗姗来迟,她一路往内陆迁移,把汹涌的洪水带去福建省南部:已有70人在水灾中遇难。她休整一番,继续向东移动,裙摆扫过厦门市,正好把我困在鹭江宾馆顶楼的酒吧。柔软的蕨类植物在她的淫威下俯首称臣。烟蒂飞出烟灰缸,空瓶子快速掠过附近一张餐桌,然后重重栽在地面。室内,宾馆的乐队奏起舞曲,人们在音乐中成双成对跳起华尔兹。女孩之间互相做舞伴,戴墨镜的男孩则伏在桌上喝啤酒。过了一会儿,佩吉卷起锅碗瓢盆,在屋顶上敲击。她是位热情的演奏者,只可惜不合拍子。我推开长廊尽头一间没见过的店门,门上写着"酒吧"。

马蹄形吧台四周的高脚凳几乎坐满。没有花生米,没有炫目的灯光,也没有人交谈。我找了张空凳子坐下,根本没人抬头看我。

"威尔逊,再来一杯啤酒,"邻座的人说。

威尔逊?

"你们在营业吗?"我问。

"乔,这位朋友想知道我们营不营业。"他是位澳大利亚人。

"好问题,阿诺德。真是好问题,"乔说,他来自北方。"你是英国人?"

"又是英国佬。"

"说话别跟罪犯似的,阿诺德。"

这是酒吧的老规矩,他们来之前就存在。

"我做——马桶,"乔说,带着鄙夷的重音。

"乔给美国人生产抽水马桶,"阿诺德解释。有乔在场,阿诺德只好收敛些。阿诺德40来岁,一条细细的胡须在嘴角拐弯朝下,像警惕的牛仔才会蓄的胡子。他身材肥胖,像在开水里煮过。

隔两个椅子坐了一位男人,长着一张大号理查德·伯顿①的脸。啤酒肚把衬衣撑满。他问:"你旅游还是工作?"

他是南方人——美国南方。我很好奇他会不会拦截乔和阿诺德运往美国的马桶。

"边工作边旅行。我在写书。"

我的坦白瞬间招致一阵冷场。乔盯着电视机的空白画面;阿诺德本来想说点什么,却闭上了嘴;美国人瞅着自己的啤酒。

他挠了挠下巴。

"你是个作家?"他终于开口问。

"我在写一本关于茶叶的书。"

"终于来了个写正经话题的。"邻座的人插入对话。她浓妆艳抹,将自己塞在一件黑色紧身牛仔裤里。她这么接话,好像其他话题都不正经一样。我问她何出此言。

"几个月前也有位作者只身来此,可给我们添了不小的麻烦。"

她的美国南方支流口音让我愣了一阵。脑海中浮现出一位经营甘蔗种植园的男人,手里拿着笔记本。真实情况却恰恰相反:一个醉汉给酒吧经理引见了一位客人;结果那位客人竟然是《南华早报》的特约记者,第二天报纸上就刊登了一篇文章,揭露酒吧百态。那位记者很快离

---

① 理查德·伯顿(1925—1984),英国演员,曾经是好莱坞身价最高的演员。——译注

开了厦门。

"告诉你,老板对这件事非常不高兴,"乔说。"这家酒吧里的人,"他补充道,"都谙熟低调做人之道。"他仰头喝光杯中的酒。"再来一杯粉红杜松子,威尔逊。"

门被人打开。

"好呀,好呀,好呀,好呀,好呀,怎么,怎么,怎么?"

"晚上好,莉迪亚!"所有人齐声说。

"我待一会儿就走!"威尔士人莉迪亚哈哈大笑。"刚刚我和丹和斯坦一块儿吃晚饭,才听说冰激凌弗兰克的事。我说,他可真倒霉!原本没两天就要走了,现在却得多待几个礼拜。还被关在医院里。"

"他伤得可不轻,"乔表示赞同。

"你去看望他了吗?"

"没呢,被困在这儿了。"

"再过几天,他可能要被转移到香港的医院治疗,总比困在这儿强。来一杯金汤力,威尔逊。他最好快点动身,他们说再过几天轮船可能就不开了。"

"台风已经这么强了吗?"我担心地问。

"有一次刮台风,轮船禁航 48 小时。谁都出不去。"

"你要是住在这里,根本没法工作,"阿诺德说。

"想想觉得多好啊,所有孩子都眼巴巴地等我出现。"莉迪亚在鼓浪屿一所小学里教英语。"不过,我宁愿住岛上,也不想住在这里鞋盒一样大的地方。"

乔微微前倾身子,转向我。

"我已经在这间宾馆里住了 18 个月了,楼下的人仍然不知道我叫什么。"

"男人啊!"莉迪亚喝道。"尽是旧袜子和破行李箱。"

尽管她原本只打算待一会儿,却已经消磨了不少时间,在深夜的杜松子酒和乏味无聊中,乔提议一起看录像带。

乔在东方工作了 25 年。18 年前，他回过一次家；之后他准备再回家一次，但迟迟未动身。他已经拖延太久，以至于对回家感到惧怕。就像分散各地的亲人在厦门团聚，他害怕改变。对此他有所耳闻；他说，远在异乡，他见证了日不落帝国的太阳如何落下。他想，好吧，就这么着吧；但他无法确定那是慷慨的礼让，还是因为失误、工会问题和官僚做派而失去的帝国。他在报纸里读到的英国，在录像里见到的英国，在好友寄来的明信片上看到的英国，俨然成了一个混乱、懒惰而令人看不透的地方——在东方经济的神奇世界里工作了这么久，他并不感到惊讶。乔开始对他的国家置若罔闻。他不再接收寄来的视频，除了可以在任何国外球场举办的板球比赛录像。

威尔逊把一卷板球比赛录像带放进影碟机里，我开始好奇乔有没有见过疯狂尖叫的球迷们涌进罗德板球场[①]，就像黑巧克力酱淌过一片簇新的绿地。

美国人弗雷德被夹在妻子和儿子们中间。"你还好吗，亲爱的？"实际上，她比他还要迅速地跟上比赛进程。那年夏天，阿诺德在珀斯看过现场板球比赛；乔有十年左右没看过比赛了。弗雷德不怎么看板球，但对于美国人来说，他们必须天生看得懂球类比赛。

"好球，"他评论道，一个戴蓝帽子的球员打出一记四分打。

"击球手不错，投球手不大行，"乔说，在某种程度上对弗雷德表示赞同。"他就要触身出局了，你等着看吧。"乔已经看过这盘录像了。

"投球手是福斯特，"阿诺德补充道。难道他也看过这盘录像？弗雷德呢？投球手出现了，快速跑向场地边缘。过了一会儿，有人倒在地上。我们切换镜头看特写：福斯特，手高举在空中。我们又用慢镜头回放一遍全过程。投……球……手……出……现……了……

"我们快走吧，不然赶不上渡轮了，"莉迪亚宣布。"星期五餐厅见啦，姑娘小伙子们。"

---

① 位于英国伦敦西敏市的一座板球场。——译注

一阵剧烈晃动后，电梯抵达一楼。她说："今晚挺开心的。"我们冲下台阶，门外蛰伏的黑市商人打着喷嚏靠过来，口中喃喃"换——换——换——"。"——钱"字凄凉地回荡在我们身后。我们抵达匝道时，正听见《铃儿响叮当》的音乐，于是条件反射般弹射出去。我们比谚语中的胖子要灵活一些：两个外国人，放下全部尊严，用最快的速度飞奔向当天最后一班渡轮。大门开始关闭；看起来我们似乎没法上船了。这时，一个年轻人从船上跳下来，用身体抵住大门，全身因用力而颤抖；我们擦身滑进门里，他才松开大门。我们向他一再道谢，船上所有人都看着我们微笑。发动机工作起来，连台风"佩吉"也稍稍消停一会儿，让我们得以离开。

通商口岸之二——福州

有一回下火车，我来到内蒙古一座城市的火车站，这座新城因钢铁或煤矿产业发展起来，所有建筑都是统一的灰褐色，看上去是草草收工的。前一晚在火车上，我和一位美国朋友在餐车里对饮，我以为喝的是矿泉水，结果一整晚几乎没合眼。现在，我宿醉得非常严重。我在候车室坐了一会儿，咬紧牙关喝下一杯茉莉花茶——一大早，茉莉花的香味使我脆弱的肠胃感到不适。我只好站起来走动。大街两侧是钢筋水泥楼房；道路尘土飞扬，政府大楼外拴了几只骆驼，除此之外一片荒凉。我凄惨的身影在街头游荡，仍因昨晚喝酒显出醉态。忽然间，我听见一阵微弱的音乐，乐声逐渐增强，重低音震得我脑仁疼：《时髦小镇①》，响亮的迪斯科回荡在好战民族居住的内蒙古小城。我走进一栋建筑，循声来到走廊尽头，只见硕大的礼堂里，上百对穿蓝色中山装的人，正伴着震耳欲聋的迪斯科跳着华尔兹。

从厦门去福州的大巴是一辆新款日产车，车上装有空调和录像带放映机。乘客主要是商人，包括坐在我身边的水果罐头公司采购员。大巴一开动，车上就放起录像带，乘客要求放下窗帘，这样可以看得更清楚，这令我有些失望。扬声器里传出低俗的双簧管配乐，标题随之出现在屏幕上：《晨鸟》，主演诺曼·威兹德姆。

片中，威兹德姆饰演一位北方小镇的送奶工，骑马挨家挨户送奶。综合乳品公司想用新设备接管他的片区。马生病了：他让马在他的床上睡觉。电影里，他不停地摔下楼梯，破坏董事长的高尔夫球活动，撞破老板和一位胖女士的婚外恋，在综合乳品大楼里引起骚乱，几乎摔在

---

① 20世纪80年代美国迪斯科流行歌曲《Funky Town》。——译注

火药花园：中印寻访茶叶之旅

升降机里，打扮成消防员，破坏办公室，最后发表一通自豪而又振奋人心的"小男人"①式演说，连董事长听了都拍手叫好。影片是译制版，我没法准确捕捉他们的对话；但我也不确定我的邻座能不能看懂电影。影片放映十分钟后，还坚持没有打瞌睡的乘客，都张大嘴巴盯着屏幕看。那时在中国，人们不喝牛奶。也没有送货上门服务，不管早晨、白天还是夜晚。没什么人想象过联排别墅里的生活，没人打高尔夫球，也没人知道"小男人"的美德，他的老派作风和共产党领导下的现代高效管理方法有所冲突。就连胖妇人的笑话也有特定含义。这部电影让乘客们看得目瞪口呆。

只有一个镜头跨越了文化差异，就是睡眼惺忪的威兹德姆在厨房里泡早茶。不过即使这一场景也没有完全打破隔阂：他在茶里加入了牛奶。

福州是福建省省会；福建多山，福州位于闽江和乌龙江交界处，离入海口只有几英里。帝制时代的中国，每有总督、巡抚派驻此地，皆乘船而来，尽观山川地貌：福州是港口城市，有一内河港口马尾港，城市四周群山环抱。地方长官知道自己四面临山，被围困其中，他每日处理翻山越岭而来的乏味信件，接见精瘦黝黑的山里人，喝的是从武夷山上摘下的茶叶，顺闽江而下三天方才抵达福州。但是，困在福州的生活，实在精巧雅致、令人艳羡。城里人擅制漆器，称"脱胎"；山里人烘制上等好茶；遥远的圣旨需很久才能传达到此；渔民则从河口捕捞一种河蚌，可与酒和青椒一起煨炖——这种河蚌仅出产于此地和数千英里外的威尼斯，就是马可·波罗的故乡。

即使和远方的威尼斯作比，这座港口城市也别具一格。早在鸦片战争之前，英国商人就意识到，从福州港口运输茶叶比从广州运输节省不少成本。从武夷山沿闽江运茶到福州只需要 3 天，而武夷茶通过陆上

---

① 1936 年英国电影。——译注

运输抵达广州商馆却需要接近6个礼拜的长途跋涉,自然代价更昂贵。1814年,他们试图从福州进货,沿海岸线把茶叶运到广州,但很快皇帝为了支持路途遥远且速度缓慢的传统陆上运输,一纸禁令终结了这一试验。

然而,19世纪40年代,外商坚持福州作为通商口岸对外开放。福州官员不希望对外贸易扰乱他们安逸的世外桃源,于是和试图在港口购买便宜茶叶的外国人对抗了10年。但商业的潮流终究逆他们而行。福州市场打开20年后,这里成为中国沿海最大的茶叶市场。

又放完三部电影,天色已暗淡,我们终于到达福州。我入住的华裔宾馆正在翻修,接待处墙体表面全部剥落,露出缠绕着电线和灯泡芯的水泥洞穴。一位在前台徘徊的年轻中国人告诉我,作为一个英国人,我的英语说得又好听又清晰。他也是一位"东京玫瑰①",一位"美国之音"毕业生,他觉得英国广播公司的播音员语速太快。在中国常能听到这样的抱怨。

"我叫约翰,"他继续说,听上去似是而非。"总有一天我会拥有这家公司。"

"你怎么知道?"

他诚恳地把手掌放在前台桌子上。

"我很受欢迎。我会说日语、英语和一点德语。*Herzlich willkommen*。欢迎来到我们宾馆。"他把"herzlich"说成了"hässlich":意思是"可恶的"。"我很擅长接待外宾,工作认真努力。经理是我朋友,我会接替他工作的。"

"那他什么时候退休?"我问。

---

① "东京玫瑰"是第二次世界大战时,美军对东京广播电台(今NHK)的女播音员的昵称。当时日军以广播进行心理战,利用女播音员对太平洋上的美军发送英语广播,企图勾起美军的乡愁和厌战情绪。——译注

"哦,大概在他退休的时候。或者在他退休之前。"

我消化了一下这充满恶意的信息,然后预定了一间房。

"我很受欢迎的,"约翰说。

"而我累了。"我说。约翰戴眼镜,面孔生得儒雅,笑容却很油腻。"我要回房间了。"

约翰也想跟来。"这样我可以练习口语。"我把一只背包交给他,然后按下电梯楼层按键。电梯间有四台电梯,但不由中央系统控制。即便你已经登上第一台响应你召唤的电梯,另外三台电梯却意识不到这点。它们一台接一台傻乎乎地在你那层楼停下,开门。过了一会儿,它们关上电梯门,然后转移到另一个空无一人的楼层。于是,一间电梯永远满员,而另外三间永远空空荡荡,上下楼慢得离奇。我观察电梯上的数字,往上一层一层挪动,一直上升到16楼,再往下一层一层挪动,一直下降到1楼。全程一共需要10分钟。

"等我成了宾馆经理,一定要换一套电梯,"约翰说。

分配给我的房间里面正在装修。天花板悬挂着电线,床板上没有床垫。服务员恳求地看着我,希望我没有介意。10分钟后,我们再次回到一楼。我拿着新房卡准备上楼,发现四台电梯都诱人地冲我敞开。就在我弯下腰拿起行李的功夫,四台电梯纷纷关门,响应别的召唤去了。

我艰难地沿楼梯爬上8楼,好在终于摆脱约翰。他站在楼梯井底层,无言以对。

我在房间热水瓶旁发现一只印着字的信封,这时觉得一切还是值得的:

茉莉花茶

欢迎来到本宾馆!

祝您生活愉快!

20分钟后,约翰又出现了,仍然滔滔不绝地说自己的事情。

第二天一早他再次出现,带来一列新单词要我检查:inadequate,derelict,pouchong,confusion,stunning。当然,有了前一晚的经验,我毫无障碍认出了全部单词。约翰帮我安排和一位茶叶专家会面,以及一次拜访茶叶熏香工厂的机会。

一小时后,我在房间里为福建茶叶学会会长庄教授沏茶。福建茶叶学会是为茶界资深人士设立的半官方喝茶俱乐部。教授说,旧社会的时候,城市里大街小巷遍布茶馆,因为苦力需要落脚的地方休息。如今那些茶馆早已销声匿迹。

我们喝的茉莉花茶里有一股氯水味。教授承认,福州水质相当糟糕:他总是先把水搁置一到两小时后方才使用。遇到特殊场合,他就从附近的鼓山取泉水泡茶。喝茉莉花茶自然不需要这样劳烦,毕竟这只是普通人喝的茶。我问他喝好茶时会不会行茶道,他笑了。"中国不兴日本茶道那一套!我们中国人不信神。喝好茶最好的方式,就是和两三个、三四个朋友一道——一边坐着喝茶,一边谈天说地。"

总的来说,比起红茶,中国人更偏爱绿茶。红茶在沿海和海外地区更受欢迎——教授认为这和生活节奏有关。红茶清新(brisk,品茶者术语),适合城市生活,绿茶则内敛、素静。到了这把年纪,教授更爱绿茶,颜色越绿,则味道越好。观之轻灵,闻之厚重。教授说,非洲人偏好着色深、香味淡的绿茶,因为他们在茶中加入了薄荷。

"有没有一套中国茶叶分类体系——可以根据统一标准给茶叶分级、区分产地呢?"我问教授。在我看来这是最关键的问题。陆羽在《茶经》中写的成千上万种茶叶,应该一一编码,存进茶叶图书馆;或者干脆形成一个错综复杂的茶叶迷宫。

教授沉思片刻。"确实有一种体系,可以区分大约8000种茶叶。不过,大概体系外的特例比体系能够区分的茶叶种类还要多。我在茶叶行业工作73年了,可我从来没用过什么体系,"他又笑了笑,说。"在西方,你们用字母表。而在中国,我们学汉字。茶叶也是一样的道理。"

等教授离开,我把四本书扔在桌上,然后把空调开到最冷。塞缪尔·鲍尔,东印度公司茶叶检察员,于1848年写成《记录》,书中介绍茶叶的本意很好,但充满各种失实描述。然而,这本书仍被看作对中国茶叶"准确的记载"。自从哈勒的《茶叶文化和市场》于1935年出版,就被奉为茶叶种植者圣经,在《茶叶与橡胶邮报》上广受好评。不过,威廉·乌克斯所著《茶叶全书》的确是一部杰作:书分上下两册,主色调为叶绿色,共1152页,54章,超过5000万字,是前作《咖啡全书》的续篇。乌克斯为了写作这本书,耗时长久。他经历了爱德华七世之死、第一次世界大战、俄国革命、中国共产主义兴起、希特勒政变、商用航空的出现和罗斯福新政:从调查研究到证实成书,一共耗费25年时间。在这一过程中,他还写完另一本《简述茶叶》。为了展示1934年人们一共消费多少茶叶,他委托人画了一幅画,画中一只茶杯放在当时最大的轮船"诺曼底号"上,就像一根断掉的火柴漂浮在水面上。旅行中,哈勒、鲍尔和乌克斯的书一直陪伴在我左右,我尽可能无视它们,但实际上并没有那么简单。乌克斯重达20磅,书页因高温而发黏,将我的内裤染上一抹绿色;哈勒这一周以来一直躲在背包底部生闷气,再见到他的时候,看起来邋邋遢遢、胡子拉碴的,封面上沾着毛屑和不知什么年份的巧克力。鲍尔已经快150岁了,他曾经活跃在交际场所,如今一言不发,看上去没有经历过厄运。现在我把这些书都拿出来,举行一场学术交流会议。

关于中国茶叶,这些人都说"没有体系"。没有任何办法可以将那么多杂乱难记的名字按照统一标准分门别类。无力感油然而生。

中国人把茶叶分为红茶、绿茶、白茶、红砖和绿砖。"红茶(Black tea)"在英语中对应"黑色(black)":我们以干茶叶叶片颜色区分,他们则以茶汤颜色区分。一些我们叫作绿茶的茶叶,茶汤颜色却呈现红色。这5个种类中,也分等级:粗茶、嫩茶、老茶或新茶;以及精制和滥制。现在已经有40种排列组合的方式,但你还是不了解茶叶出产于何地、出自何人之手、在年初还是年末采摘、是不是混合茶。在中国24个省份[①]

---

① 原文如此。——译注

里,有 18 个省产茶。光是加上这些省份地区产地,你已经得到了 8000种分类。

香港那位茶博士口中的宋朝斗茶比赛,假如加上一项默背中国茶叶种类,一定更有看头。

外国人开发出他们自己的茶叶分类体系。不过,外国顾客自然没有宋朝茶叶鉴赏家造诣深厚。J. H. 韦德能够区分 22 种红茶和 6 种绿茶。托加雪夫可以辨别 64 种红茶、48 种绿茶。哪种体系更好呢?总体来说,外商主要根据经验、常识、产地、生产方法、采摘季节、茶树年龄、叶片大小和出港地等区分茶叶,"各种茶叶混杂在一起",一一品尝茶叶的时候,特纳如是说。他们造出语言来指称各种茶叶——一种洋泾浜诗歌,像好的俚语一样生动而短命。

最初,早在 17 世纪,英国只有两种茶叶:松萝茶和武夷茶,二者均为山名英译,分别种植绿茶和红茶。后来,两种茶名都渐渐被用来指代其他地区的红茶或绿茶,最终用来表示质量最差的茶叶。

随着中国出口茶叶量增长,商人们开始细化订单簿上的名称。他们管上好的红茶(武夷茶的反义词)叫作工夫红茶,取自"工夫",耗费苦工。按大区产地分为华南工夫茶和华北工夫茶。前者又称"黑叶工夫茶",用于制作英国早餐茶;质量较差的称作"莫宁茶(Monings)"。二者均从上海出口。优质北方工夫茶包括祁门红茶、宁州红茶和宜昌红茶,它们甚至被称作"中国勃艮第":虽然茶叶外表参差不齐,但口味浓醇,茶香馥郁。

南方工夫茶一般产自福州,因而又名福州工夫,或"中国波尔多":南方工夫比北方工夫味道更轻快。最好的南方工夫茶包括政和工夫(Paklums)、白琳工夫(Paklings)和坦洋工夫(Panyongs)三种。小种也是红茶:中文里意为"小的种类",在鲍尔的时代,小种是上乘的小叶茶。但到了 20 世纪,小种的意思恰恰相反——成了中国人口中的"大茶",大叶茶。

导师们引领我到此为止,往后我已放弃将书中所提茶叶与现下品种一一对应，比如 Kintuck Monings，湘潭茶（Shantams）和 Oonfas，Hohows 和湖北茶（Oopacks），丝绸般顺滑的 Chinwoos 红茶，叶片卷曲紧实，坦率的 Soomoos"厚重饱满，然稍许乏味"，还有高火烘制的僧茶，叶片乌黑，状如薄饼，带有黑加仑的味道。其中一些说法现在依然存在，但大多数早已随着中国茶叶在西方的没落而踪迹全无。

除了湖州茶（Hoochows）和平水茶（Pingsueys），所有绿茶皆称为路庄绿茶（Country Greens）。绿茶通常按照大小和形状命名：珠茶、贡茶、雨前、熙春、皮茶（Hyson Skins）、屯溪。珠茶揉捻成球状，大小自针头至豆粒不等。贡茶类似于珠茶，只是选取的叶片更老一些。最好的品种——乌克斯笔下的"crack chops"——为婺源茶（Moyunes）；南京（Nankin）、Packeong 和真婺源（True Moyunes）曾被称为牛舌（Cowslip Hysons）。

在其他时期，牛舌指代熏香绿茶。乌龙茶介于红茶和绿茶之间，产自福建和台湾。台湾乌龙比起绿茶，更偏向红茶。熏香茶叫作包种（Pouchongs）。熏香茶在中国北方大受欢迎，在南方却被认为品质较差。

我合上书，打开窗透气。室外温热潮湿的空气遇见空调房里凉爽的低温，便在玻璃上凝成一层雾气。我用指尖在滑溜溜的玻璃上写下自创的汉字，字的痕迹转瞬即逝。汉字不表意，除非你知道它们的读音。你猜不了，只能死记硬背。常能见到人们边读报纸边查字典。查字典有两种情况。你可能需要字典来确认一个你知道读音的字，但同一个字在不同方言中的读法可能完全不一样——比如"厦门"和"Amoy"，写在纸上都是一样的字。有时候在店里，为了弄清我说的字，店员经常给我纸和笔，让我把字写下来。也许上海人在福州买东西也会受到同样的待遇。每个读音有四种声调，每种声调对应不同的字；聪明人只需要记住 2000 个汉字，剩下的全靠查字典。年纪越大的人，越会读和写——这就解释了为什么中国人尊老。庄教授说得对：中国茶叶和汉字是同样的道理。日积月累，聚沙成塔，一砖一石才能建起长城。

第一次见到茶叶，我难掩内心的兴奋——作为商品的茶叶。工厂位于福州市郊区，一幢水泥大楼站在灰暗的建筑群中。走近工厂，一阵香气扑面而来。那是一种几乎甜到腻的茉莉花香，让人陶醉得以为即将发生一段好莱坞式浪漫爱情故事。工厂里，温热的茶叶铺在干净的水泥地面，约有两英寸深。茶叶顶上铺一层花——整朵盛开的花，不包括茎干——直到完全盖住底层的茶叶。花上又铺一层茶叶，然后又一层茉莉花——或者木兰、菊花或栀子花——如此循环往复，直到这堆茶叶和花的混合物高达几英尺。只消一天，茶叶里就会浸入花的香气；接下来，如果是好茶，需要人工剔除茶叶里混杂的干花——如果质量一般，则不需要费这么大功夫。熏过的茶叶和原茶按 1：20 的比例混合；如果拿去西方市场销售，便会在茶叶里投入几朵干茉莉花，以示自然纯正。

约翰给我安排了一次半官方参观，经历一整套索然无味的官方接见流程，就像"詹妮弗的日记"里的流水账："胡沃邦先生是这里的总经理，他非常热心地带我参观出口仓库，那里整齐地存放着一箱箱乌龙茶和绿茶。他告诉我，熏香后的乌龙茶叫作包种。这里的一切都井然有序、干净清洁。接着，我参观了装袋间。在那里，卢佛达小姐向我展示如何用一种特殊的机器把茶叶装进半公斤重的袋子里。机器从意大利进口，这让我十分惊讶。卢小姐的动作看上去十分灵巧，她和工厂其他女工一样，头戴白色头套，这样既卫生又美观。"

直到午前茶点时间，我才有机会歇歇脚。喝茶时，他们询问我这趟中国之行可还有趣。太有趣了，我说。停顿。他们说他们已经带我参观了工厂的全部环节。是的，非常感谢你们。你们工厂太大了，我说。没错，他们说。停顿。这茶，呃，看着漂亮极了，我说。闻着也香。哈哈哈，他们友好地笑笑。友好的笑声尽可能长地持续了一阵，最终停止。停顿。我能参观一些其他地方吗？不在福州，我说。

停顿。

请问您想订购多少茶叶？

我看了眼约翰，他依旧无动于衷地微笑。

"恐怕现在还拿不准，"我只好回答，随后意识到自己犯了个大错误。接下来，我一直在回避各种问题，关于我公司的规模和名字，如何安排运输和付款，对茶叶的质量要求，购买的大致日期，我的职位。

我的职位。

"呃，初级行政人员，"我说。

翻译过程中似乎出现误差。他们一脸震惊地望着我。

"您今年多大？"他们问。

我让他们猜。

"29？"一个人说。

"16？"另一个人得意地用英语说，看起来十分困惑。

我觉得猜 16 岁还是挺准的。

约翰为自己赢得了一段英语学习时间。我们花费一个小时，用来寻找新的表达方式夸赞约翰的工作态度、交友广泛和现代中国。约翰拼命工作，根本没有时间谈恋爱。每天工作 12 小时之后，他会在家温习学过的不规则动词。礼拜天不上班，但从不放假。尽快成为大人物，这是他必须要履行的国家义务。

"大奶酪①，"我提议。

约翰看起来十分困惑。"大奶酪？"

"这是美国俚语，"我解释。

"可我有美国朋友。"他停顿了一会儿，避开我的目光。"大奶酪好吗？我的美国朋友们都叫我——小土豆②。"他看上去有些焦虑。

"也是俚语，"我解释。

---

① 英文为 a big cheese，一句俚语，指大人物。——译注
② 原文为 small potato，一句俚语，指无关紧要的小人物。——译注

"是吗，"他小声说。

"意思是……意思是——你很快就会成为一位大人物，"我没底气地说。

福州的道路为双向六车道，但往来只有自行车、公交车和几辆出租车。这里的城市规划类似杨百翰[1]建立的盐湖城，他受到神的启发，在当时规划了大型的、看似不可能的城市结构，道路通达笔直，仿佛早已料想到日后汽车的出现。福州的人行道比大多数伦敦街道宽阔，但坑坑洼洼，泥泞不堪，差不多荒废了。街上车不多，但每一个交叉路口都设有警亭，它们像巨大的条纹手榴弹，每一个警亭里站着一位纹丝不动、戴白手套的交警。大路两旁新栽了树苗，干瘪瘦弱的枝干包裹在煤灰里，像维多利亚时代扫烟囱的孩子。一些新楼已经建起，另一些还未施工，大部分是烂尾楼，大楼雏形已经显现，脚手架上却人去楼空。新建成的大楼都是宾馆，因为新宾馆才能体现出"发展的脚步"；不过，大多数宾馆里只有成群结队玩太空侵略者[2]的男孩，和坐在空荡荡饭店里看菜单的旗袍女孩。我所住的宾馆是城市里最大也是最新的，我注意到门上贴着一张告示，展示了福州风味的美好愿景：

> 尊敬的顾客！本宾馆现已参与"微笑大使"服务活动。请根据您是否受到主动、温暖、耐心、贴心和周到的微笑服务，对我们的微笑的大使做出评价。

一天下午，我坐车来到 12 英里外的马尾。一路上，我十分庆幸可以看到高山和大海，而不是阴沉的烂尾楼和标准微笑。道路从四周环绕的高山中间穿过，一路向东，最后从山上灌木丛中钻出来，红色陶土和岩石在一大团耀眼的阳光里打滚，看不见大海，只有远处的河口和泥

---

[1] 杨百翰(1801—1877)，耶稣基督后期圣徒教会首领，他率领教友长途跋涉来到盐湖城并定居。——译注

[2] 日本太东公司于 1978 年发行的一款街机游戏。——译注

滩。我们经过一处铁路货场和集装箱码头；一道单向铁轨通往堆满铁盒的调车场；山丘上矗立的罗星塔俯瞰港口。

我花了几便士爬上罗星塔。从一个露台通往下一个，石阶越发逼仄，越往上走，越觉得石阶闻上去闷热潮湿。相传，这座塔由柳七娘所建，她每日登高望远，盼望能早点看到出海的丈夫归来。几年过去，仍不见来人。终于有一天，太阳正要落山，她望见熟悉的船帆出现在河口，正向她驶来。然而，丈夫见到新修的佛塔，以为弄错了方向，于是掉转船头，再次消失在天边。

1833 年，东印度公司结束垄断，速度缓慢的"东印度人"相继淘汰，更快的船被私人公司带到中国。对他们来说，时间就是金钱。1849 年，英国废除《航海法案》，按照法案规定，只有英国船只可以运装从英国殖民地进口的货物进入英国。到 19 世纪 50 年代，福州的对外抵抗渐渐瓦解，茶叶贸易随之成为高度竞争行业，持任何地区船籍的船只都可以参与竞标，将茶叶运送到伦敦。茶叶需求量空前增长。

1850 年 12 月，"东方号"装载 1600 吨茶叶驶离香港，抵达位于伦敦的东印度码头。"东方号"是一艘美国飞剪式帆船。她逆季风而行，从香港到伦敦只花了 97 天，比英国商船快出好几个月——她运载的茶叶售价 6 英镑每吨，后者则只有 3.1 英镑。"东方号"的出现，直接撼动了英国海上霸主地位。《泰晤士报》评价说，面对这一挑战，他们不能坐以待毙。英国海军部要求准许他们在旱坞建造可以与"东方号"匹敌的船只。

这种高速帆船并非首次出现：许多年来，他们在印度建造了许多小船，为了把鸦片运到中国。但没人尝试过建造大型高速货运船。传统运茶船虽然速度缓慢，但是非常稳定；飞剪式帆船十分细长，船头像刀刃一样插入水中，好像要劈开水面潜下去；在某些水域难以控制。它们速度快，但是危险，需要精锐的船员和一流的船长。

马尾港呈三角形:闽江流经福州,再往下游去就是马尾,另一边是大海,驶进河口的帆船常常难以辨认方向。不过,福州还是成为飞剪船最青睐的港口。这里离茶叶产地较广州和上海更近;也比上海离伦敦更近,在运送当季茶叶的竞赛中占据巨大优势。确实举行过竞赛。一年的茶叶供给不再需要长期储存在伦敦,于是,运茶船的到来消除了缺货的可能,成为每年的重要事件。"新茶"能卖高价,因为人们往往觉得越新鲜的茶叶越好。中国人恰恰相反,他们认为摆久一些茶叶才好喝;不过,五六月份从中国运出的茶叶,确实是第一批,也是最好的春茶。当时让人眼花缭乱的茶叶广告,堪比现在的薄若莱新酒:尤其是"爱丽儿号"和"火十字号"运来的茶叶,往往能成为热点话题,势利鬼都要大谈特谈一番。

飞剪船并非只运送顶级茶叶——在用来压舱的鹅卵石上,一般会垒一层保护性的劣质茶,也就是上一季的滞销货。优质茶叶从茶园运到港口之前,船上已铺好一层光滑的鹅卵石,中心略微隆起,摞在上面的茶箱形成浅拱形:码头工人把茶箱由外向内堆放,用木槌把最后一只箱子锤进位置,有点像拱顶石的感觉。茶箱之间严丝合缝,以至于最外围的茶箱随船体弧度弯曲。这么做一方面为了装载尽可能多的茶叶,另一方面也出于保持船体平衡考虑,稍有倾斜就会拖慢船速,也有可能造成航行的不稳定。大家一致公认,中国码头工人世界第一。

新茶运来之前,以上所有准备工作都已完成。尤其在福州,人们花费几周时间讨价还价。中国人知道,福州买家急切想要巩固他们在其他港口船只中的领先地位,所以不紧不慢地跟买家敲定价格。每一季都要遭受拖延之苦。一个港口的买家,因为不想进价高于另一个港口的竞争对手和同事,自然倍感焦虑。与此同时,他们和船只协商货物空间,价格高低根据竞速中的航线记录、船长经验或船只设计中是否加入新元素而定。假如一个人高价购得船上一席之地,一定急于最早完成茶叶交易。这时,所有人都盯紧了他。茶叶生意实在是一场高风险的拉锯战。

我坐在塔顶,背靠墙面,斜睨脚下的江水。那天,港口一艘泊船也无,山脚下的国际航海青旅照常开张,走廊贴满各种海上庆祝活动的照片:去年的圣诞晚会,水手的生日,登陆。在中国待了几周后,照片里欢闹的人群看起来竟如此陌生。用"野蛮人"来形容那群北欧狂欢者太合适不过,他们蓄着金黄的大胡子,摄入酒精后脸颊涨得通红,还有旺盛的体毛,体毛,体毛;印度人看起来懒洋洋的,饮酒之后眼皮沉重;精瘦的爱尔兰人,身穿露腰 T 恤,白花花的肚皮上长满体毛。他们充血的眼睛好像红色灯泡,毫无用处。

远处锚地的舢板,像尖头飞剪船一样在水面缓缓滑动,引擎发出突突声。一艘丑陋的挖泥船在河道里沉默地工作,船上装备挖斗和铲斗。不远处的调车场,火车头隆隆低鸣。从前每到茶季,这里会停靠 15 来艘飞剪船,船身像漆器一般黝黑发亮,铜制保护层油光锃亮,甲板地板被磨石磨得发白,帆桁和支架形成绝对直角,索具刚刚上过黑漆,代理商的旗帜挂在主桅,为驳船引航,星条旗或蓝船旗①则飘扬在船尾。

通常过不了多久,某一天晚上,一位买家宣布破产,终止交易。紧接着所有人开始提价。在福州,茶箱需要在 48 小时内完成称重和贴标签。然后,驳船顺江而下,把它们运到马尾港。港口一片混乱,飞剪船队上传来叫喊声和击鼓声,还有船工在大声呼喝船只。没人知道他们如何找到目的地,但在黎明降临之际,大船早已被驳船包围。码头工人在接下来的 48 小时左右内继续工作,直到把所有茶箱装上船。

英美之间逐渐形成运茶比赛——按照《泰晤士报》的说法,这是"父与子"之间的竞赛。美国飞剪船从波士顿或纽约起航,经过合恩角,招徕一批来自大草原的害羞的掘金者,然后开往加利福尼亚。接下来,船从西海岸出发去中国,装上茶叶满载而归,随即吹响竞速比赛的号角,前往伦敦或者回到纽约。英国船只在中国停留时间更长,利用等待的

---

① 英国的政府用船旗。——译注

时间自食其力,进行当地的货物运输。这是老商船不可能做到的,因为它们无法逆风行驶。南北战争时期,美国船只暂停茶叶运输;到了1866年,16艘停泊在马尾的船只全部来自英国,竞相开往伦敦。"爱丽儿号"是当年的种子选手,她的代理商最先完成交易;5月28日下午5点,茶叶装载完毕,"爱丽儿号"扬帆起航。在航行99天、1.1万英里路程之后,"太平号"以10分钟的优势险胜"爱丽儿号"。

获胜船的第一批当季新茶,比后来者每磅售价多出6便士。船一到达格雷夫森德①,取样员就已等在码头,准备将茶叶样本交给代理人和批发商。碎路②的品茶活动结束后,即刻开始出价竞买。待到税款支付完毕,第二天早上各大城市就开始出售这批新茶。

实际情况是,"太平号"和"爱丽儿号"船主对比赛结果都十分忐忑,他们约定不管哪艘船得到赏金,都要把钱拿给两船船员平分。这是个吝啬的决定,真的;比赛结果也很吝啬,不过却有预见性。两艘船齐头并进,同时在泰晤士河上开始蒸汽牵引作业,动作快的那一艘最终赢得比赛。

蒸汽并不是什么新鲜事:鸦片战争时期,英军早已驾驶蒸汽轮船登陆中国。但苏伊士运河却新鲜了。运河于1870年开通,解决为开往东方的轮船供煤的难题。这之后的茶季,轮船已经停靠在福州装运好茶,飞剪船却还在为运到澳大利亚的茶叶讨价还价。轮船并不一定更快——最初的几年,走苏伊士运河的轮船比绕过好望角的飞剪船还要慢——但它们新鲜、刺激,也更安全。它们不受风的限制,严格执行时间表,往返航程规律固定,还可以运输茶叶之外的其他货物。

"新季茶"的幻梦,随飞剪船的出现而破灭,但这不是唯一的受害者。总的来说,是轮船奏响了中国茶叶贸易的终章。两个世纪以来,茶叶一年运回英国一次。因此,批发商可以一点一点放货,维持物价稳

---

① 英国城市,位于肯特郡西北部,泰晤士河南岸。——译注
② 伦敦街道名。——译注

定,远在中国的购买代理也能预测购买成本和数量。轮船的出现,意味着一年中任何时候都可以从印度、锡兰①和中国运送茶叶回英国。代理人只能赶在新茶充斥市场之前,尽快把库存卖给批发商;批发商迅速转卖给小经销商,小经销商再卖给杂货店。茶叶价格不断下降,人们担心市场价格暴跌,用现在的话说,"不断加速贸易脚步,催促消费者购买茶叶"。

阿拉丁的茶壶里装满喝不完的低价茶叶,这对消费者无疑是好消息,但对于中国出口商来说却是一场灾难。1879 年,尽管中国比以往出口更多的茶叶,但是第二年,大英帝国的茶叶出口量首次超越中国。在接下来的 20 年内,福州茶业逐渐萎缩。

樟脑与茶叶素来交恶——运茶船禁止装载樟脑,因为樟脑的味道会污染茶叶。可是如今船上已经不再运送茶叶,樟脑便成了批发商们的救命稻草。船帆和中国茶叶一道,被封存②进了历史。

一对年轻情侣攀上罗星塔的矮墙,分享一罐上海可乐。我记得庄教授说过,现代人的生活节奏太快,连红茶都没时间泡。"年轻人不喝茶,"他担忧地说。事实也许的确如此。十年来,可口可乐文化带来的革命,远远超过十年反封建和反旧习的全民动员运动。就算是红卫兵也要喝茶。而他们这一代人的孩子,不喝茶,不听京戏,不喜欢中国传说故事,更别提动员运动和中山装。他们想要印着鳄鱼的 T 恤,想要电视机和汽水,想要中国足球队踢赢香港队。

领导人正在想办法解决这一问题。一周后,我拜访了位于杭州的茶叶研究院,院长郑重地告诉我,他们准备推出吸引年轻人的秘密武器。他取出一只小玻璃瓶,瓶身有凸点,瓶口加压。院长打开瓶子,和吸管一起放在会议桌上推给我。液体呈棕色,入口有一丝薄荷味。我正准备夸赞好喝,却不知怎么被呛住,捂住嘴一阵咳嗽。那感觉好像是

---

① 今斯里兰卡。——译注

② 原文为 mothballed,既有封存之意,又可表示在……内放樟脑丸。此处为双关。——译注

发酵过的香蕉皮在摩擦牙龈。我不知道该说什么好。

"这是茶可乐，"院长轻声道，眼睛看向地板。"我们还没有准备好全面推出。"

进入 19 世纪后，飞剪船相继消失，茶商也收拾包裹离去。塞缪尔·詹森和西德尼·史密斯笔下的武夷茶、屯溪茶渐渐为人所忘记。中国进入变革的百年，这场变革一直持续到今天的上海可乐。我背靠塔墙，半闭双目，想象港口挤满乌黑锃亮的轮船。驳船从上游驶来，船夫口里喊出嘹亮的号子：喊"咿——喔！咿——喔！"的，是运给查顿①的茶叶；喊"哇——咿！哇——咿！"的，则是运给特纳。可这些声音早已在历史中散去，如今只能听见挖泥船在水面沉重地运作，还有切换轨道时火车头的尖啸。我睁开眼，港口一片空落。

一位在香港的朋友介绍我去拜访王先生。他是一位退休老教师，说一口漂亮的英语，坚持带我四处看看。王先生对过去充满热情。"我记得！我记得！"他叫道，这时我们途经过去南台岛②上的一所中英合办大学，进入一个光滑砾石围成的四方院子。"这是史密斯楼，"王先生指着一栋雄伟的列柱式白色建筑说，"我以前的宿舍楼。"然后他依次指给我看教学楼和一座砖砌的小教堂，教堂顶部是尖塔，门上落着挂锁。尽管老王年事已高，给我带路的时候却几乎一路小跑。"这儿，过去我们……"

之后，我们来到山顶的一座地中海式小广场：围墙小道分叉出两条小路，一条曲径通幽，不知去往何处；沿另一条向下走，便能看见一座教堂的尖塔，高悬在一棵紫杉木的顶端；山上有一座衰败的别墅，四面围

---

① 查顿（1784—1843），苏格兰人，怡和洋行创办者。怡和洋行位于香港，是老牌英资洋行及鸦片走私商。——译注
② 南台岛位于福州平原的中央，为闽江中的第一大岛。——译注

墙,俯瞰脚下的河流,屋顶铺波形瓦,屋檐却是山下中国小镇的风格。河的另一边是福州,一座千年桥连接它与南台岛。桥边有一座"黑塔",那是雷领事的故居。当年,英国发现他原先的居所过于"低档","不符合领事的身份和威严"云云,便令他迁居至此。黑塔离商船和内陆茶船更近。当然,最终领事、传教士和商人们还是纷纷搬来南台岛居住。洋人总是偏爱岛屿:沙面岛、鼓浪屿、南台岛。

"这栋房子通风好,采光也好,"王先生说,一边挽着我的胳膊,一边指向这座破败的别墅。他让我猜这里原来是做什么的。房子的百叶窗生锈卡住了,野蛮生长的藤蔓覆盖满窗户。"是俱乐部啊,显而易见!"别墅里昏暗陈旧,木板隔开狭窄的空间,门厅堆满各种家具;一位裸着上身的年轻人从床上坐起,支着身子,睡眼惺忪地看向我们。"都变样啦,变样啦,"等我们的眼睛适应了室内的昏暗,王先生喃喃自语道。这栋楼里住了好几户人家,他们为多一点空间争来抢去,然而粗糙的隔板根本没法完全隔开空间。一个女人从楼梯上走下来,手里捧着一篮衣服——木制楼梯布满灰尘,磨损得厉害,我猜测,原来它也曾因打蜡让人脚底打滑——女人兴高采烈地和我们打招呼。她对王先生说了些什么,他咯咯地笑了起来。

"她说,如果我想搬回这栋别墅,随时都可以。"

王先生说他只来过俱乐部一次,在我的想象中,这是一个传统的英式场景——一个青涩男生站在门口,半推半就地进入俱乐部里,不知所措地面对高雅的台面呢和白兰地,雪茄烟聚拢在透过窗台隔板照进的阳光里。但实际情况并非如此。20世纪初,当王先生还在读中英大学的时候,一股反外国运动的风潮横扫福州。他和激进派学生争辩,教育应当优先于政治,但后者仍然坚持抵制洋货。后来,在动乱高潮阶段的某夜,王先生悄悄溜进俱乐部。为了安全起见,他特地走侧门,还让哥哥潜伏在广场树下给他望风,只为和校长沃德先生见一面。这便是他的大学毕业典礼,没有学士帽,没有毕业演说,也没有激动自豪的家人;

王先生拿走了自己和其他没有参加抵制运动学生的毕业证书,和校长握了握手,便离开了。

他把毕业证书装裱起来,这纸证书曾为他挣得好工作。过去他担任鼓浪屿海关的买办一职,和来自英国和美国的上司关系处得不错。"中国曾是一个落后国家,你必须记住这一点。小时候,我的父亲被派到云南昆明工作。我们先坐船去香港,然后乘轮船到河内,从那里搭乘法国人建的铁路去昆明。看到了吗? 以前在中国旅行,还得路过别的国家!"

王先生对福建旅游业充满信心,这样有利于国家发展,而且也许可以印证他对外国人的看法,所有其他人都不同意的看法。为了努力实现这样的未来,王先生写了一本关于福建省的书,书中的故事发生在过去,都是传说和传统历史故事。他递给我一只牛皮纸袋,里面装着一沓稿纸,封面写上他鬼画符一样的签名。"我不想出名,"他说。"我只想人们知道这些故事。希望你能帮我在英国出版这本书。"

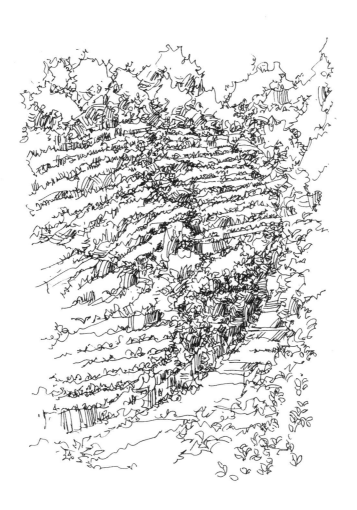

一日清晨,我来到福州火车站。我买了张去南宁的三等座车票,几小时路程,准备从那里坐大巴去武夷山。我坐在绿皮硬座上,对面一个牙齿灰白的小女孩,粗鲁地盯着我,嘴里像机关枪一样不断吐出瓜子壳。三等座的空调就是开窗。这是我最喜欢的一点,尽管到达目的地后早已满身沙土和煤渣。火车每每行至轨道拐弯处,就能看到烟从火车头飘出。这趟火车经常转弯,因为我们一直沿闽江水道行驶。江上有许多像大蛾子一样灰暗斑驳的船:渔夫的舢板,需要在船头使用牛津式撑篙法;或者船屋,一种大一号的舢板,船头也是笔尖型,圆形竹篷覆在船尾。我本以为江上死气沉沉——大概是见过太多沿海废弃颓败的欧洲遗风。毕竟这不是那些老房子,而是一条中国的江,只要江水不枯竭,便永远生生不息。

为了迎接千禧年,中国大修公路,因而大多数货物转由水路运输,或沿海岸线航行,或走内陆运河网和江河航线。中国西起帕米尔高原,西南有喜马拉雅山脉,一路向西直到海岸:这个国度布满江河,整个华夏文明诞生于江河。江河哺育了人们,也教人们敬畏。大江大河总是难以治理。水灾和饥荒不时发生,于是治理水灾和灌溉农田的人便成了中国的英雄。有人认为,中国的空前大一统,反映了其满足应对大面积洪灾所需的大规模人力和资源调度的需要。茶叶主要种植在长江以南的水稻种植地区。水稻田没在水中,因而洪涝灾害多发期,一般也是水稻丰收季。水稻不光可以种在平原的水田里,也可以种在人工堆出堤岸以灌溉的梯田上。中国农民只有懂得水才能生存下去:如何建造小型水坝,如何控制小型水闸,以及洪灾和歉收的时间。

中国人向来控制对外贸易的时间,以便将贸易限制在单一渠道;他们视贸易为季节性活动,必须依靠传统法则来运作。

像被堤坝拦住的江水一样，只有在港口和贸易站，野蛮人才可以被监控和限制。他们的同盟中国商人也是如此。在中国，商贾几乎处于社会底层，因为他们既不统治人民，也不喂养人民。限制贸易还有其他原因。为朝廷效力的官员，几乎每一个都手脚不干净，限制贸易至少对这些人起到一定约束作用；如若敞开任何港口的贸易，只会使官员们在应对洋人时更得心应手。

中国并没有采取日本当年完全的闭关锁国政策，因为作为至高无上的天子，清朝皇帝有责任接待外国人。不过，他能做的仅仅是承认远道而来的客人，他们进贡奇珍异宝，还会购买中国物产：茶叶、丝绸和瓷器。正是在这种世界观下，约翰逊才有机会喝上熙春茶，也能让伦敦美人的"朱唇轻启，召唤西风/吹凉武夷，撩动他的心弦"[1]。对于中国来说，开放门户的次要好处在于有钱可赚，尽管并不多；对外贸易为丝绸和茶叶的制造及运输创造了工作岗位，老百姓干点活计总比游手好闲强。

广州体系背后，也存在着焦虑：尽管中国政治体系趋于稳定和延续，一人独尊的朝代很可能被独立于政权之外的边疆民族所颠覆。来自蒙古地区的满族人就是这样建立了清朝。他们采用前朝的方式，用贸易的前景和威胁使塞外蛮族依附于皇权，以防他们效仿自己的成功。至于在港口，大清帝国官员们也不愿和来自西方海洋文明的野蛮人引起事端，尽管这种想法并没有持续很久。在他们看来，这群远道而来的野蛮人，充满单纯的贸易热情，人数和武力有限，还受到朝廷智勇双全的侍卫严防死守，根本无法撼动龙椅之威严。

一千年来，中国人一直致力于抵抗洪水和外族。万里长城是为抵御蛮族入侵而修建的堤坝。倘若无法做到这些，就是王朝没落之时：频发的灾难预示了神授君权的收回。毛泽东最初通过治理广州洪水赢得

---

① 原文为英国诗人爱德华·扬(1683—1765)的诗。——译注

了人心。1962年,他赶走了威胁进犯边境的苏联人①。毛泽东也征服过长江;然而在他去世前,北京附近遭遇洪水和地震的消息流传开来,就像历史传说中的征兆。他比他的时代活得还要长久。

在火车上很难判断江面的宽度。对岸的山峰在江水的衬托下显得高大巍峨,山上种满松树,团团簇簇的金雀花和青草点缀在碎石坡上。你原以为江面驶来一艘渔夫的舢板,却发现那其实是一艘巨大的木制平底灰色渡船,船上载了一百来号人。夏天水位低,灰色的鹅卵石露出水面。涨潮时,沙洲编织出橙黄色的河滩。渡轮也学舢板一样,歪歪斜斜地驶进急流。

在火车轨道和闽江之间,岸边长满茉莉花。有时,途径的村庄突然宣告自己的存在,因为你将闻到一阵猪的气味,看见掠过的飞檐和奔跑的孩童;晾衣绳上挂着的衣服,捧着茉莉花走在乡间小路的女人;岸边擦成一堆的竹竿埋入河床以固定舢板,水牛的身影融入浅滩,像一滩融化了的巧克力。在山脉更高耸的对岸,人们在山坡砍下松树,削平滑后做成木筏。这种木筏一般有篷顶,由两人撑篙在水上漂流。

跨江大桥底部铺满碎石,火车轨道过江之后拐弯进入一座小镇。下火车后,只见十几辆长途巴士附近成了叫卖瓜子、蛋糕和冰棒的临时市场。我登上一辆巴士,高坐在司机身后的位置,希望能越过他头顶获得良好的视野。

长途巴士上有普通喇叭和高音喇叭两种。每当在小贩和顾客身边穿行,就按普通喇叭。但到了公路上,则倾向于使用高音喇叭。普通喇叭是小型客运巴士自带的,高音喇叭则极具穿透力和破坏力,可以在嘈杂的东京街头引起人的注意,甚至可以震碎耶利哥之墙②。司机每次按高音喇叭,我都会惊得从座位上弹起来,慌张地看看窗外有什么紧急情

① 原文如此。——译注
② 耶利哥为约旦古城,城墙高厚,几乎不可摧毁,在圣经中被上帝以神迹震毁,才使犹太军轻易攻入。——译注

火药花园:中印寻访茶叶之旅

况。然而，司机很显然并未遵守传统的按喇叭规则。车速很快，我们冲每一个可能没注意到我们的行人按喇叭。我们冲躲避车子寻找掩体的行人按喇叭。我们冲迎面驶来的大巴按喇叭，那辆大巴也冲我们按喇叭：于是我们固定好高音喇叭，充电，用最大音量回击，直到那辆车的司机退缩，擦着我们车飞驰而去，卷起车内的紫色窗帘在空中飞舞。我们的喇叭声把自行车按进坑里，把婴儿吓得哇哇大哭。在无人路段，我们总能找到各种各样按喇叭的理由：我们飞快的行车速度，拐弯时看不见的死角，下方的河床，窄路和树林。我们把一辆渣土车吓得像水牛一样载进水里。司机不时探头左右张望，寻找按喇叭的对象，甚至为了观测喇叭效果，调整了座椅方向。与此同时，我们时不时鸣一声长途巴士自带的喇叭，以衬托高音喇叭的雄壮威武。

午饭时间乘客纷纷下车，长途巴士报复性地消失在街角，修理轮胎穿孔去了。我的车友们是一群年轻的度假者，他们头戴棒球帽，身穿名牌运动衫。他们坚持邀请我一同去一家土菜馆吃饭，他们不断把青蛙和章鱼推到我面前，给我盛上满满一碗武夷山蘑菇煲的汤，提议以茶代酒干杯；我给大家发放自备的新筷子，这是在厦门时弗朗索瓦兹推荐的方法，更加卫生。长途汽车仍没有出现，我们坐在尘土飞扬的路边，成为村民们无聊的研究对象，他们懒散地站在一旁，直盯着我们看。他们对一位穿夏威夷 T 恤的卷发台湾女士十分好奇，对我却了无兴趣。我在街上来回游荡。过了一会儿，实在酷暑难当，便脱掉衣服默默坐进餐馆的水槽，舀起凉水浇在头顶，嘴里哼起小曲。

我交替哼唱关于咖啡和关于茶叶的歌，试图证明自己"好词都用在咖啡上"的理论。关于巴西咖啡的歌有不少，我哼了一阵，然后切换到"芝加哥的茶叶"。又浇了些水在头顶。我成了唱"黑咖啡"的萨拉·沃恩，在水槽里左右摇摆；接着我是"丛林流浪"①中的澳大利亚人，兴高采烈地冲着天花板高歌。这是一首关于茶叶的歌：在澳大利亚内陆地区，

---

① 澳大利亚最具代表性的民谣。——译注

人们把茶叶装在带盖的金属罐里烹煮。先让它沸腾5分钟，然后放入康乃馨和糖，接着就去淘金或者流浪。咖啡光彩照人地出现在艾迪特·皮雅芙的歌中，但是也有"波莉把水壶拿来"①这样的歌。"红糖"②则又属于咖啡阵营。

大巴终于开了回来，温顺地嘟嘟鸣着喇叭——好一辆惭愧的车。它在高原上缓行，笔直的路旁种满树木。绿油油的稻田绵延数里；四处散落的竹林指示水井和村落的位置。有时车子沿山的边缘行驶，一路行经像干涸河床一样的坑洼，一排一排，干瘪凹陷。农夫驱赶鸭群经过，用一根前端系彩带的长竹竿把鸭子赶成一队。午后的日光令人昏昏欲睡，我很快打起了盹，醒来时，巴士又钻进山区，朝山脉驶去。

一座山的姿势格外清奇。它头重脚轻，蓄一绺额发，背微驼。按中国人的说法，好像一只卧伏的雄狮。视差使它饱含奇异的活力，有时从其他山后向我们猛冲而来，有时越过树木的缝隙投来娇羞的目光，或是在山峰上欢蹦乱跳，直到行驶的巴士将它甩在脑后。这时，在接近山谷地区的山脚下，我们找到了落宿的旅馆。

身着中国传统服饰的罗伯特·福琼，手提装有各种茶树品种的"沃德牌"行李箱，从北方绝壁一路前往武夷山。他来自爱丁堡，是一位精于世故的理性主义者，但即使是这样见多识广之人，也不得不臣服于此处的绝景："在我一生中，从未见过如此壮阔、崇高之景色。我的两边层峦叠翠，而前方目力所及之处，整个国度碎裂在高山峻岭之间，远近高低、形态各不相同。"憧憬的凝视被一棵高大的松树阻绝，他这才意识到，这棵树正是当年他引进英国的品种之一。

旅馆由几幢宽檐建筑组成，围绕在一片开放的小场院四周，院子里有一洼石砌的塘子和几尾金鱼。一位年轻的中国翻译自告奋勇充当我和旅馆经理之间的中间人，我想他的建议对我来说非常有用。

---

① 英文儿歌，原文为"Polly Put the Kettle on"。——译注
② 英国滚石乐队的一首歌。——译注

一连几周在历史悠久的码头上扛着行李跑来跑去,我仿佛有种坠入历史迷雾的错觉。这位旅馆老板倏忽间将我唤回现下的时空。遗憾的是,他对我要写一本关于茶的书这件事持怀疑态度。他摊开双手,焦虑地直瞅我。我说,我长途跋涉而来,只为探索这片山岭。他麝鼠一样的哀愁便愈发鲜明。"秘密,"他悲伤地说。

"一个日本游客每年来我们这儿参观,"他解释说。"至少他第一次来的时候,看上去确实像个游客。但我们很快发现他在日本种茶。他对我们的茶叶有一定了解,但知识有限。他问很多问题,还试图用钱收买我们的工人。现在我们知道他想偷走我们的秘密,才不会让他得逞。他只能从我们这儿买茶,而不是学习种茶! 所以,很抱歉。"

为了躲避经理怀疑的目光,我第二天一大早就离开房间,沿河一路走到村子——说是村子,其实就是一条稍宽些的路,和一群建在水泥地基上的简陋餐馆。大多数店门关闭,选择余地非常有限,其中一家店里相貌恶毒的泼妇不知羞臊地纠缠我,另一家店主则是个穿背心的壮汉,随意地伸出胳膊指了指餐桌,好像法式餐厅的服务生。店内陈设十分繁复:三面白墙,房顶是一层硬质纤维板,玻璃柜台上摆放着各种兜售给游人的小商品,诸如扇子、茶叶、刀剑、胶卷和竹拐杖一类;两台冰箱,其中一台全新;一些餐桌和矮凳,家具腿由粗糙的茶树树干制成,令我喜爱有加;后厨炉灶上摆着两口乌黑的大炒锅,烧火的炕——类似于北方人睡觉的地方——里仍有些余热(烧了开水的炒菜锅还有清洗功能);墙上悬挂的物什五花八门:一块写有菜单的黑板,装裱起来的卫生和营业许可证,覆着发黄玻璃纸的银边锦旗,证明店主师从某位香港名厨,还有两张装在镜框里的武夷山日落、日出的照片。墙上还挂着一张店主表情严肃的单人相,照片上的人眉头紧锁,拄着手杖僵直地站在松树旁,身穿一套棕色西装,膝盖紧紧夹住,白色衬衫的纽扣一直扣到领口。待我落座,他递来一张名片:武夷南北餐厅。他叫陈平。

每个国家都有固定的早餐传统。我已经记不清有多少次,人们因为没有为我准备西式午餐或晚餐而道歉。殊不知,我并不想吃西式正餐,只是中式早餐里油腻的花生和米粥让我难以下咽而已。我向陈平解释煮鸡蛋的方法,令他震惊不已。他摇着头离开,几分钟后端上一碗热腾腾的水潽蛋。他以一种忐忑的自豪感盯着鸡蛋,一方面迫切希望它被我吃掉,另一方面又似乎准备好了遭到我的嫌弃。我们都感到抱歉。我应该事先告诉他……于是,我跑去后厨,自己用大锅煮了一只鸡蛋。吃饭时,陈平在我对面坐下,泡了一壶浓郁的龙井茶。我们艰难地展开交流,一边交换香烟,一边聊起当年一股南下风如何将陈平这个北方人刮来武夷。随着就餐人数增多,陈太太希望丈夫能帮点忙,我们便约定晚上再聚。他为我准备了一道特殊的菜,假如我喜欢吃的话。他向我展示隐藏在冰箱深处的白花花的腿肉,我虽没见过,但仍表示乐意一尝。

我向村子深处走去,身在此山中,好像来到中国的桃源仙境,如真似幻,美妙绝伦。村口有一座破庙,里面悬挂的画卷似是受到群山启发而作。画上岩石穿云而出,树木荆棘蔓生,石阶曲折向上攀升,通向山顶的佛塔。诗行铺满画卷的底部。我一向不信任卷轴画,认为它们千篇一律,就像瑞士巧克力包装上画的各种阿尔卑斯山脉一样。但如今我得承认我错了。画中的武夷山如照片一般写实——甚至比实景更为真实,纸上画凌越了山中景。沿画中石阶拾级而上来到佛塔,便可以瞻仰无限美景,也可以在大自然中冥想;假如诗兴大发,需要攫取一些灵感,只消看看手边发人深省的诗句。诗行清晰地刻在它所描摹的岩石表面,由红色墨水勾勒。自然和艺术相辅相成,不分彼此。书写诗句的格律,根据它描写的主题而定。有竹的格律,也有石的格律。仿佛从玄妙的画里探入更为玄妙的现实里,窥见隐喻写成的万千景致。

山上的佛塔、石阶和悬崖峭壁之间,流淌着闽江的一条支流,名唤九龙溪。一如但丁将冥河取名斯堤克斯,这条河好像划分了生与死的世界，"由斯无人返还"①。我坐在岩石上俯瞰九龙溪，双腿悬在空中胡乱踢蹬。

庄教授告诉我，武夷茶独一无二——口味完全取决于葡萄酒商所谓独特的风土条件（terroir）。高山岩石上武夷茶的出产率极低，人们便开始想办法在其他地方种植武夷茶树，比如平原或者较缓的坡子。起先，人们依葫芦画瓢，用高山种植方法在其他地区种植茶树，但是这种方式无法复制武夷茶的味道，于是人们只能开始克隆茶树。克隆是指从母树上取一根插条，理论上可以长出一株和母树完全相同的茶树。这个方法比直接培育种子要好得多，因为种子种出来的茶树——就像人生出的孩子一样——有可能像，也有可能不像母树。不管怎么说，中国人心中武夷茶之所以地位高，是因为它历史悠久；大多数茶树的生产生命周期最多只有一个世纪，而武夷茶树却长达千年之久。尽管化学家测量并调配出精确的土壤 pH 值，尽管植物学家通过显微镜确认一株茶树和另一株完全相同，尽管气象学家以毫米为单位记录降雨量，以小时为单位规定日照时间——克隆实验仍然失败了。庄先生说，没有人知道为什么新建茶园里种出的茶叶味道不同。但是，没办法，不同就是不同。

到 19 世纪末期，西方植物学家从中国抢走数以千计的茶树，但也在中国之外种植中国茶叶时遭受了"木乃伊的诅咒"。福琼将上千株茶树幼苗运往喜马拉雅山脉和印度某些地区的实验茶园，但大多数茶树苗无法存活。只有少部分比较顽强的移栽树苗，在付出昂贵的代价之后成长起来；却很快遭受了另一波诅咒。人们随后发现一种属阿萨姆种的本地印度茶树品种，这个品种的茶叶更适于在印度种植；就像各个红酒区自有适于种植的葡萄品种一样，这种茶叶不但产量丰盛，而且味道更受英国消费者喜爱。英国人费尽心思种出来的中国茶树，被认为纯

---

① 原文为"bourne from which no traveler returns"，选自威廉·莎士比亚的戏剧《哈姆雷特》。——译注

粹是浪费功夫——然而为时已晚,中国茶树已经和当地品种杂交,生出了丑陋的弗兰肯斯坦似的怪物,四处丛生,只会扫种植者的兴。

陈平准备的特餐在我脑海里久久盘旋不能忘记。晚上回到饭馆,我用尽生平所学绘画技巧画了一只犰狳。他看到画,笑得合不拢嘴,用粗大的手指戳着画说:"就是这个!"肉是切碎了炖在汤里的,嚼劲十足,有点像劲道的牛肉。陈平建议我只喝汤:明天他会用肉做一道炖菜,这样肉更容易咀嚼。饭毕,我们又开始喝茶聊天,他说年轻的时候当过兵——那是一份好差事,酬劳优渥,还有机会领略祖国的大好河山。但他身体一直不好。说到这里,他捂住胃部做疼痛状:应该是胃溃疡。他成了医院的常客;最终退伍,找寻新工作。粉碎"江青反革命集团"之后,个体经济发展势头一片大好。虽然他没有烹饪经验,但他妻子做得一手好菜,开一间小饭馆也没有那么高的门槛。于是他们来到武夷定居,因为这里没有医院。他开始向妻子学习做菜,也看烹饪书籍。一天,一位来自香港的大厨慕名而来游览武夷山,这里的茶叶和蘑菇——一种长在竹桩上的耳菇——极负盛名,然后偶遇了陈平。大厨在这里度过了一段极为快乐的时光,因为这里有很多香港没有或者昂贵得令人发指的食材。作为回报,他对陈平进行了烹饪培训。如今,大厨一年来一次,为陈夫妇开设一些进阶课程。后来,陈平去北京的厨师学校进修,6个月拿到学业证书。然后他回到了武夷和他的小饭馆。

武夷山养人远近闻名。他认为,这是因为清新的空气和宜人的气候,水也清洌纯净。不过,陈平说,长寿的秘诀还是在于茶叶。毕竟,武夷茶树蕴含的某种成分,使得它们得以存活千年:为什么人类不能从中汲取些许益处呢?武夷的乌龙茶尤其适合老年人和体弱多病的人饮用。这就是为什么这里没有医院,因为人人喝茶,根本不需要看病就医。他捶了捶自己的胃部。这就是最好的证明。

我们喝茶用的茶壶大小适中,茶杯则小巧玲珑;茶水呈棕褐色,入口厚重;然回甘清甜,余韵绵长,带有果甜。茶博士定会对此赞叹有加。

回到旅馆,第一个见到的人是魏小姐——"你可以叫我温蒂"——

我在福州初次遇见她，她告诉我，她的工作是带着我这样的外国人游览观光。不过考虑到她只比我早一天从北京来到福州，实际上是我用导游册和钱帮助她才对。我仿佛带着一位初入社交界的上流社会年轻姑娘游览城市，尤其是她说话的方式，更加深了这种错觉。

她的英语老师是一位生于爱德华七世时代的贵族遗老。魏小姐本人敦实矮胖，说话的腔调却像那些斜靠在躺椅上慵懒的英国女主人。之前那位干练的、说个不停的专业导游突然换成这样一位带中国口音的上流社会女士，我一时无法习惯。

这几天，魏小姐带领一队新加坡游客游览群山，但很快却和旅馆经理统一战线，想方设法使我远离种植茶树的梯田。他们倒是没有直接把我绑起来了事，只是想办法让我的白天时间被各种活动填满。一天早晨，经理宣布一些远足活动包含在自动支付的费用中，要是我不想亏了这笔钱，最好跟去看看。我知道他是在虚张声势，便告诉他不管去不去都会付这笔钱，他只好作罢。

魏小姐第一个发现我在村里交到了朋友。一天晚上，我正巧在路上碰到她四处闲逛，头上戴着的大太阳帽恐怕忘了摘下。

"你去哪里?"魏小姐单刀直入，搭配上她独特的口音，听起来十分高贵，反而不觉无礼。

"我去吃晚饭，"我答道。

"你怎么不在旅馆里吃，"她责备道。

"旅馆太难吃。"

"你去哪里吃? 外面的馆子很脏。"

"村里有家北方人开的店，便宜，而且非常非常好吃，"我的话听上去有些滑稽。好不容易在村里找到这么个绝妙的小饭馆。

"一定要早点回来，"她声音有些颤抖，几乎在对我下命令。

第二天，经理旁敲侧击地暗示我说，最好还是在旅馆里吃饭，魏小姐则略带讽刺地问:"你今天没有感觉不舒服吧?"

"我用自己的筷子，"我不失尊严地回答。她点头表示赞成。

"武夷菜?"

"对,有武夷蘑菇。"

"他们说这里的蘑菇非常好吃,"她谨慎地说。

一个多小时后我又碰到了她。

"只有蘑菇?"她问。

"蘑菇,还有鱼。北方做法。"

"大鱼?"

"小鱼,做成汤。"

"小鱼? 灰色的汤?"

"清汤。"

"噢!"她几乎面红耳赤。"那是一道北京名菜!"

原来,魏小姐也有软肋。

陈平拄着手杖带我去看茶树。我们的船驶入一条峡道,在水流之间前前后后,水底是阶梯状的石块。茶树杂乱无章地分布在各种荷包豆、鹅卵石和卷心菜之间;但经过多年修剪采摘的驯化,每一株茶树都差不多及腰高,根茎多节瘤。陈平说,每过十几二十年,这些茶树就会被拦腰砍成树墩,以防它生得过于高大,影响茶叶味道的醇正。武夷茶独一无二的口味,得益于一年中萦绕7个月之久的山雾和得天独厚的土壤条件。政府禁止使用肥料,茶叶常年由村民手工采摘烹制。这附近一共分布3座村庄,约有70户人家,世代为茶农。从4月起,他们每天早晨5点起床工作——4月是最繁忙的时节,茶树初露新芽,所有村人都要参与采摘新茶。村民的经验尤其珍贵。到了农闲时节,政府就雇他们做导游或者伐木工人。

欧洲有城堡庄园,武夷则有松木搭建的木屋,硕大的飞檐高悬,屋顶是倾斜的瓦顶。木屋只有两层高,底层有一条长廊,上方是二楼的阳台;小楼的百叶窗上装饰着镂空图案,为了日照充足不得不常年打开。楼是新建的,整栋建筑没用一颗钉子,只用稳固的松木柱子、木楔子和鸠尾榫,以及雕刻成旋涡状的端梁。储存茶叶的容器摆在一间门窗紧闭的不透光的房间里,尽管盖得严严实实,茶香仍在松木甜甜的气味中愈显浓郁。房主在容器之间来回走动,掀开盖子,把头伸进去,然后深吸一口气;他邀请我们用手舀起容器中干燥却富有弹性的茶叶。客厅桌子的正上方,一只燕子在梁上筑巢,我们就座喝茶的时候,它从硕大的仓门飞进飞出。茶叶味道浓醇,泡茶用的茶壶上布满细缝和斑点,陈平对此壶的名讳和模样做了一番解释,我却一个字也没听懂。渐渐的,单宁酸结晶在我的牙齿、牙龈和舌头上沉淀,使我感到一丝口干舌燥。茶人显然期待我买点什么再走;于是我以约 5 英镑的价格购买了半公斤上好的岩茶。这是在这里买茶的最低限额,但装茶叶的塑料袋看起来过于累赘,不知该如何运回家。这时,陈平坚持帮我拿一阵茶叶:他已经决定好下一步的远足计划。

福琼的足迹踏遍崇山峻岭,茶树比比皆是——还有日本雪松、绣球花、六道木、柏树、杜鹃花、山茶树(camellias,而非茶花 sinensis)、玫瑰和茉莉花。他领略了岩石表面的刻字,和各种奇岩怪石;却未曾找到早期旅行家杜赫德口中所说的,牧师们开进山里使无知山民惊叹的双轮战车;他还反驳了关于茶叶和猴子的古老故事,以及鲍尔关于人们把茶树用链条捆在一起强行去叶的说法。在福琼的引领下,我跌跌撞撞跟在陈平后面,衣服逐渐褪到腰间,口中仍有茶水弥留的浓郁香味。我努力回忆自己所知道的关于武夷山的一切。

如果我没记错的话,鲍尔曾从武夷山带回一份土壤样本,交由伦敦的"电学之父"迈克尔·法拉第分析。法拉第发表采样分析结果之后,一位吉耶曼博士非常希望能够在布列塔尼半岛种植茶叶。福琼一定不会同意这么做:当时鲍尔被困在广东的工厂里脱不开身,这份样本的来历不得而知,无法确认土壤到底是否真的采集自武夷山脉,还是采集者收了佣金之后跑到邻镇刨了些土来。

武夷是红茶的发源地,欧洲最早知道的茶叶产于此地。1840 年,英国向中国宣战的一部分原因就是武夷山,这样一来茶商和茶源之间的距离大大缩短。不但运输成本大幅降低,也为英国商品敞开了更完备的市场。尽管那时广东已经被洋人的银子淹没,这扇人门离更广阔的中华大地还十分遥远:人们千辛万苦把茶叶从武夷山运到广东,绝无可能接受蛮夷们闻所未闻的商品作为报酬。那是一趟 40 余天的长途跋涉,靠水路和苦力把茶叶运到广东。最好的茶叶是不准落地的:两根竹子,一端捆扎在一起,另一端绑上茶箱,形状好似叉骨。挑担工把茶箱扛在肩上,竹竿朝前。中途休息时,他把竹子插在地上,立起箱子,这样重量就落在地下,无须再施力,然后靠着墙或者树休息一宿。当然,一个人无法走完全程:到了自己区域才会接下上一个人的担子。只有广东买家——那些精明的城里人——才雇人走全程。

伟大的"茶路"一路从福建北部的茶乡,通往位于西南的广东,随后拓展到东北方向的上海。道路艰险,有些地方逼仄狭窄:所以当福琼决定步行通过一些路段时,轿夫们都松了口气。

不论仰望上山的通路,还是回看走过的崎岖山路,眼前都是一番忙碌的奇观。不管有多少苦力,不管路况多好,我从没见过他们像其他国家的人一样两人并肩而行;他们一个接一个,列队前行,远看好像一支行进中的蚁群。每隔 400 米,有时甚至不足 400 米,路边便设一间茶铺,供那些在山间上上下下的人们歇歇脚。

福琼在这条路上曾有过奇特的经历。他在一间茶铺喝茶时,店家给他端上的茶里加了糖,还附一把形状独特的汤匙。他从未在中国见过这样的茶,难道他被认出来是个欧洲人了?他自以为伪装得天衣无缝,兀自纳闷,是不是真的在"制茶方法和茶叶本身"方面不曾亏欠中国人。后来,他的伪装差点就被一群刚到的广东茶商识破。广东人嘛,见多识广。

从福州到厦门商道的开辟,缩短了时间和成本,却并没有进一步拓展中国市场。维多利亚时代初期,英国政府认为港口之间流通的现金太少,于是积极鼓励英国人喝茶,这样相应的中国人也会购买更多产于伯明翰的商品。其实,英国人不需要鼓励也照样喝茶,但现金却没有流回伯明翰,它们早已散失在广阔的中国内陆,进了中国人的口袋。

造访武夷还有一个原因。方圆 8 平方英里内,大红袍、大闸蟹、佛手、熏香、工夫茶、白瓷和红绣等等,应有尽有。陈平说,一千年前的中国——也就是全世界——最好的茶叶产于此地。黎明到来前,人们在山顶几百英尺高的地方采撷茶叶,供天子享用。山脚下设一快速码头,船夫天亮前撑篙将茶叶运往皇家工厂处理。

我不知从何处听说,中国的贡茶(也许是广东的僧茶)名叫"大红袍"。传说有一位宫里来的监督官员,品尝过此种茶叶后兴奋异常,脱下自己大红色的官袍悬挂在树上,径自爬上山去寻找茶树;在另一个版本里,猴子们再次登场,它们身穿红袍采茶,以示为尊贵的皇室效力。但当我问起陈平当年的贡茶是不是大红袍时,他却惊讶地表示否定,因为那是一种低海拔茶,而非岩茶。我心生困惑,中国人不是格外青睐高海拔茶吗?

类似的故事不断重提。我想起了巴尔扎克。他喝的茶是大红袍还是僧茶,这重要吗?也许他只是到巴黎龙街的一家茶铺里买了半公斤茶叶,但这又有何要紧呢?凭借各种传闻和自己的想象,他为他的茶叶构建出了自己的"风土条件"。高斯兰听闻传说后,声称自己的茶叶"馥郁芳香"。巴尔扎克把真实和虚构添油加醋地编织在一起,创造出新的传说,这是世代说故事的人的共同成果。在缠结纷乱的武夷山故事里,在那些猴子、岩石、古树、官袍、天子的叙说里,在船的营生和处子和晨雾里,铺陈着一种跨越时间和空间的存在模式,任何人也无法凭借双眼穿透看清。想要重构传说,则必须要饮茶,才能一瞥历史真实的模样。我终于明白,为什么不信神的中国人,能够在茶叶中找到喜乐。

陈平停下脚步,擦了擦眉间的汗。汗水淌进眼里,稍觉刺痛。定睛观望,我们正位于九龙溪上方两三百英尺高度。光滑的岩石异军突起,像一支轻歌剧演员组成的游行队伍;植被丛生,在岩石底部挤出细缝,最终撕裂成一条条渗水的裂隙。我们这一侧的斜坡较缓，尚能行路，但很快抵达陡峭垂直的岩石，小路便绕岩石边缘开辟，沿溪水流淌的方向一路向南。度假者头戴的遮阳帽不时在凹地或灌木丛里浮现，茶农的编织帽也在绿意盎然的茶树间一刻不停地移动。

陈平再次停下时，我不得不坐下来把头发里的水拧干。

我们来到一处岩壁，下方100英尺处有一片水塘，正位于中空悬崖的凹陷处。一间木头搭成的茶铺占据了岩壁大部分空间；发源于山顶的细流分出几支，流淌在山间，一直流进水塘里。茶铺人家利用溪流上游取水，水沿麻绳流进石槽，把水槽填得满满当当，以至于看上去空空如也。我撩起水花泼在脸上，然后尝了尝水的滋味。陈平说这是这里最好的沏茶水，于是我们双双漱口完毕，点了一壶茶。

如茶博士所说，茶叶和水融为一体，而非像咖啡那样仅仅漂浮在水上。因此，好茶一定要配好水。乔纳森·斯威夫特曾说茶是"被施魅的水"（实际上是在批评一种劣质茶汤）。直到最近，英国大部分杂货店都会根据当地水质搭配茶叶品种；如今，水资源受到各种循环处理，似乎也不需要费这些工夫了。

《茶经》的作者陆羽，曾记录过盛行在茶客之间的传统鄙视链：泉水优于河水，河水胜过井水。泉水与泉水之间也有差别：山泉流过鹅卵石发出汨汨之声者最佳。曾有一篇论文列举多达20种不同的水，按照泡茶品质优良排序。一些业余茶叶爱好者，不远万里从水源处购得名水，盛放在陶罐中运回，价格不菲。但后来经证实，茶叶最好还是使用当地泉水冲泡。

陈平没有过多赞美这家店的茶叶。他的饭馆和茶铺毕竟是竞争关系。我们交谈寥寥；时而路边寻一块凹石坐下，思绪畅游于水天之间，根本不需要凡尘俗语来打破这种状态；我们仿佛成了古代的隐士，端坐饮茶，成了文人墨客宣纸上描摹的画中人。

陈平送我走回九龙溪岸边，在茶树的掩映下，分布着好些棚屋。

刚摘下的青翠绿叶，平铺在筛匾上进行日光萎凋。忽然间天气骤变，原先万里无云的天空中，乌云像锅盖一样笼罩地面，远远看见山那边一道闪电颤抖着劈来，伴随着谷底隆隆的雷鸣。风刮得猛烈了些，人们赶忙将茶叶移到屋内。一时间狂风大作，豆大的雨点落在石头上，噼啪作响。乌云盘亘在头顶，瓢泼大雨倾泻而下，在屋檐汇成一股急流。一阵风吹过，岩石上溅起的水花向四面八方泼洒，好像水中浸泡过的沙人。10分钟后，一切重归宁静，只留下滴水的屋檐和澄澈的蓝天。水顺岩石流下，新叶在雨后的茶树梢上熠熠闪光。人们又摆出了筛匾。

陈平打开烘房的门，里头正在进行干燥茶叶的工序，即"烘青"。十几只蔑质焙笼放在炭火上烘烤，腰部稍窄，状似柳条编织而成的沙漏，茶叶铺在焙笼窄腰处搁置的竹筛上。烟味不浓，却有股早餐时热腾腾的茶水和烤面包片的味道。我们推门进去时，茶工们像愤怒的蜂群一样挤作一团，因为如果炭火烧得太旺，茶叶中的水分会挥发过快。但我想，即使是像陈平一样在当地有些威名的大块头，也无法平息茶工们看到我时的愤怒。我是个有可能窃取他们"秘密"的洋人。我们只得撤退。

一周后我抵达杭州，绿茶大省浙江的省会，也是珠茶产地。会议和访谈都是些陈词滥调，此处不再赘述。我来到制茶间，屋里的男人正用炭炉上的热锅抛炒绿茶杀青。他的手背雪白，手掌却被熏成棕黄色；他操作迅捷，动作单一而熟练，时不时吸两口嘴里叼着的香烟，然后半眯着眼吐出烟圈。突然屋内电灯全开，涌进一支日本旅行团，手持装有长镜头的相机和摄像机，登时屋里拥挤不堪。他们一离开，炒茶工站起身，取出口中的香烟，啐了口唾沫，头也不回地出门去了。

回到旅馆房间后，我查阅书籍，寻找有关今天所见所闻的内容。

鲍尔在他1848年出版的书中得出结论，绿茶和红茶其实产自同一植株，只不过因制作工艺不同而产生区别。考虑到当时欧洲人已经喝了近两个世纪的茶，揭开真相想来花费了不少时间。由于中国闭关锁国,英国人的误会一直没能解开,受到时代局限的人们才会犯下一些无法避免的错误:《科学手册》。

这本有名的小册子由一位名叫约翰·希尔的英国人于1753年写成。他在人生的不同阶段,曾有过各种各样不同的头衔,哲学家、演员、园丁、手册作者、植物学家和准男爵。这位植物学家约翰·希尔准男爵发表《茶论》时,正值卡尔·林奈①再版他的著作《植物种志》之前。《植物种志》为后世一切植物学研究和分类奠定了基础。第一版中囊括了当时人们关于茶树(Thea sinensis)所知道的一切,另一种不属于同一属的植物被命名为山茶树(Camellia),得名于一位叫卡莫的莫拉维亚耶稣会成员,他曾撰写过关于亚洲植物的文章。林奈阅读了希尔的《茶论》后,在《植物种志》的第二版中收录了这位启蒙时代大骗子对茶属的分类:Thea viridis种和Thea Bohea种,即绿茶和红茶。很多年以来,没有人能够前往中国,验证分类的准确性;即使后来有人实地考察,也无法做出判断,红茶和绿茶区别的秘密到底是像希尔所说取决于茶树本身,还是取决于茶叶处理方法、空气、气候、土壤,或是这其中两种或以上因素。直到东印度公司开始研究在印度种植茶树的可能性,才出现福琼和鲍尔这样的人,终结英国人长久以来的困惑。

他们的解决办法是,由于植株相同,因而不管绿茶还是红茶,通通称作Thea Bohea。但很快人们发现,印度阿萨姆地区生长大片野生茶树,植物学家们随即陷入新的纠结:这里的茶树和中国茶树同宗同源,还是完全不同的品种呢?应该将它们命名为"Thea assamica"吗?纠结度呈指数增长。Camellia的说法一度风头盖过Thea。到了世纪之交,茶树的植物学命名方式多种多样。直到1905年,《国际植物命名法规》正式解决了这一难题。所有"Theas"都是"Camellias";"Assamicae"和"boheas"是同一种植物,都叫"sinensis"。茶的学名最终被定为Camellia

---

① 卡尔·冯·林奈(1707—1778),瑞典植物学家、动物学家和医生,是现代生物分类学之父。——译注

sinensis（L.）O. Kuntze。

各地的茶树被认为大体上相似,然而培育出不同口味茶叶的"风土条件"却显得越发神秘。著名的祁门红茶（Keemum）曾经是绿茶,直到一个世纪以前,一位官员带上祁门茶前往武夷山学习制茶技术。回到老家祁门后,他按照学习到的方法制作红茶。曾经的绿茶产地摇身变作"红茶之乡",周边地区也纷纷效仿这种做法。这就是所谓的"风土条件"。

红茶、绿茶和乌龙茶之间最大的区别在于发酵过程,而茶叶本身的秘密——为什么它味道清香,而不像其他叶子一样有浓浓的植物味——则在于生产工艺。新摘的茶叶娇嫩多汁,稍一弯曲就会折断;如果揉捻,则会变成一团纤维状的叶糊。叶糊没有商业价值,所以人们将茶叶放置在太阳光下萎凋,直到叶片变得像装饰干花一样绵软。完美的"萎凋"状态无法预测——取决于"风土条件"和季节——但大体来说,一般晒到茶叶蜷曲、梗折不断时,就差不多了。

红茶和乌龙茶必须发酵。这一过程和酒精发酵不同,没有酒精参与,只是叶片中的物质发生氧化。为了保证青叶中的物质和氧气等充分接触,茶叶必须经过一番敲敲打打、磕磕碰碰。这一过程叫作"摇青"[①],有造型的作用。摇青工序可以通过机器或手工完成,不管用哪种方法成功完成摇青都令人吃惊。古巴女人在大腿上摇雪茄烟固然有股异域风情,但摇青之后每一片茶叶都能像收拢的雨伞一样蜷曲,实在太叫人难以置信。倘若取一片茶叶(上好的大叶,可不是茶包里的边角料),会发现它紧实地蜷曲。丢入热水中,茶叶便徐徐舒展开,像一朵日式纸花。茶叶卷得越紧结,说明制茶过程中耗费的苦工越多。

绿茶摇青和烘青过程是同时进行的。只有红茶和乌龙茶冷摇之后需要发酵,绿油油、黏糊糊的茶叶平铺开来,在空气中充分氧化。起先,茶叶颜色变棕,就像切开的苹果在空气中氧化。它原本的香气逐渐浓

---

① 也称"浪青"。——译注

郁。乌龙茶并非完全发酵的茶叶。中国人喜欢发酵程度为14％的乌龙茶；但外国人却喜欢发酵史充分的乌龙茶，大概60％左右，这样口感更像红茶。一些人认为，发酵程度14％的茶叶如今应当称作武夷茶，而不是乌龙茶，因为武夷山是茶叶的主要产地。

发酵过程顶多只需要几个小时，结束的时机格外紧要。茶工把发酵完成的茶叶统统倒进一口烧红的大锅里快速翻炒，防止烧灼和粘锅，茶叶在热锅里噼啪作响，水汽蒸腾。每隔一段时间，茶工从锅中取出茶叶冷却一阵，再重新翻炒，但每次锅的温度比前一次降低一些。最后的工序如陈平和我在棚屋中所见，茶叶放置在蔗质焙笼里烘烤，炉里炭火越烧越微弱，直到茶叶变得又脆又干。

中国人称火是"茶叶的老师"，水则是"茶叶的挚友"。绿茶比红茶更依赖火候：用恰好的时间烘烤恰好数量的茶叶，可以唤醒茶叶的原味，反之也有可能锁住茶叶本身的味道。红茶接触火的时间比绿茶晚很多：火是红茶毕业前最后的导师。

绿茶不发酵，萎凋也不用摇青，只需放在锅里来回翻炒，时不时从火上取下，再慢慢减小火势即可。绿茶制作结合炒青和烘青工序，当叶片像纸一样，摩擦时发出沙沙声，制作就完成了。绿茶茶叶形状各异。比如珠茶，卷曲紧实，呈圆珠形。叶越嫩，球越小，状如针帽；较老的叶片，则形似珍珠。而最好的杭州龙井茶——雀舌茶，则完全不卷曲，扁平挺直，大小均一。绿茶不像红茶一样易于储存，中国人常常把吸水石和绿茶一同打包，防止茶叶受潮。

这是对中国茶叶加工技术最简略的概述。即使到了今天，外国对中国传统茶叶加工方法仍然知之甚少；有些技艺只有中国某些种茶区域掌握。光是毗邻缅甸和阿萨姆的云南省，就出产246种茶叶——包括茶博士珍藏的陈茶。大多数中国茶叶的生产类似于法国地区餐酒：农民在自家田里种几株茶树，自给自足，适当储备，剩余的茶叶卖给国家。这是中国一直以来的生产方式，由于缺乏规模和效率，不利于贸易。

中国有很多这样的传说，穷人发现一株名贵的茶树，赚得盆满钵满，从此过上幸福生活。中国每一个村镇，都有各自不同的语言、水源、茶叶和神话传说。珍贵名茶十分稀少。比如雀舌茶，只能由龙井茶制成，产量极低，一斤的价格相当于一位中国工薪阶层两周的工资。但这种茶叶从不出口海外，因为它只能用龙井当地的水冲泡。即使清朝乾隆皇帝认为龙井往北千里外的北京有玉泉水与雀舌茶更相配，也无法打破这样的传统。

我告诉魏小姐想加入前往九龙溪的旅行团，她着实吃了一惊。新加坡游客的衣服上画满热带花草，把小巴点缀成花店橱窗。巴士钻进山里，往河的源头开去。到了一座桥边，魏小姐熟练地将我们带进一家纪念品商店。在这里售卖电子产品未免有些奇怪，但它们亮闪闪的一排一排摆放在柜台上，供新加坡游客挑选购买。一个蹒跚学步的婴儿抓着椅子腿，正仔细观察我。我冲他和善地微笑，婴儿的嘴唇开始哆嗦。我又咧嘴给他一个大大的笑容，他却突然张圆了嘴，爆发出一阵啼哭。我发自本能地想要逃走，恨不能隐身。新加坡游客忙于购物丝毫没有反应，只有魏小姐窃窃笑了："你的脸吓到他了。"

我们戴着滑稽的帽子，手拿照相机，纷纷爬上竹筏。竹筏前部弯曲成一定弧度，我们坐进筏上的一排靠背扶手椅。船上所有东西都是竹子做的，这是中国的特色。你有可能坐在竹屋里竹桌旁的竹椅上，竹排水管将屋顶上的雨水排到地下，这时一个男人头戴竹编的帽子和披肩，正用竹扁担挑着两袋米走向竹屋。你拿起竹筷，戳进一份竹筒饭里。墙上挂着竹子的画。如果你是驻中国外交官，连外交政策也要跟着竹子来：熊猫可不吃别的食物。

河面水位很低，但勤劳的船夫们仍然在两岸分段筑堤，引导水流经过湍急的河段，这样游客才会源源不断地掏钱乘筏子。这里走水路的只有游客——自很久以前起，武夷茶叶就不靠船运了。如今，卡车先将茶叶运到南宁，之后转为铁路运输，只有不赶时间的劣质茶叶才走闽江水路。撑筏人头戴贡多拉船夫的平顶硬草帽，站在船尾撑篙；他们的小腿像握紧的拳头一样结实。新加坡游客尽量把脚抬高,避免被飞溅的河水打湿。他们把相机举在眼前,前后调整位置,用深焦捕捉远处若隐若现的佛塔。就算这时船边游过一条美人鱼,他们也会视而不见。我们被安排在两只竹筏上,船夫每叫出一块岩石的名字,魏小姐就用手指向那里,游客们的相机便跟随魏小姐的手指转动,然后一阵猛拍,最终像弹簧一样恢复到初始状态。

河道外侧的岩石从水中突起,内侧弯道处裂成小块的岩石无精打采地躺在鹅卵石河滩上。我们看到了玉女峰、观镜岩、观音岩、水龟石、三僧岩等等。这里没有严格的命名系统,听上去都像茶博士一时兴起取的名字。我们经过一块灰色的岩石,它好像长着大耳朵和长鼻子。"大象岩?"我猜测。魏小姐问船夫是否如此。"那块岩石没有名字,"她拖腔拖调地回复我,又变回宴会上高贵的夫人。我们又掠过一块足有300英尺高的圆柱形巨岩。"这是'国际宾馆',"船夫笑说。邻筏一位男子跟跟跄跄地走到船头拍照,他身穿紧身短裤,头戴棒球帽,船夫不客气地评价他看起来像个胖女人。魏小姐发出一阵轻笑。

魏小姐非常享受这段旅程。她头戴宽檐棉帽,上头点缀八字形圆圈,看上去就像爱德华七世时代剑桥大学格顿学院的女学生,正乘船前往格兰切斯特①。她身体微微倾斜,靠在一侧,手指正好垂在河水里。船夫警告她水里有毒蛇,她才匆忙缩回手。我仍未从之前婴儿的啼哭里缓过神,见状却也笑出声来。

九龙溪的确有九道弯,如果我们再往前行一段路,也许会遭遇更多转弯。当竹筏上的游客给相同的景观和彼此拍了432张照片时,我们终于靠岸登陆。魏小姐蛮横地拍拍手,宣布在即将参观的景点,我们可以从岩石缝隙中仰望天空。小巴门打开。

"我想我还是自己走回宾馆吧,"我坚定地说。

"这里我才是导游,"魏小姐压低声音。我们大眼瞪小眼,终于她怀

---

① 英国剑桥郡村庄名。——译注

着无限的仁慈说："你回去吧。"

陈平的邻居正和一个提着桶的男孩讨价还价。他把手伸进桶里，捞出一只漂亮的金鱼，闪耀着金属熔化一般的光泽，身体不住抽动。陈平的餐馆外，一只猫头鹰端坐在鸟笼里，警觉地朝太阳的方向眨眼：一瞬间，我有点不想去赴晚上陈平的约。(我没有这么不礼貌；但我还是挥动胳膊，自嘲着说我不要、我不要。)巴士上的同游者正准备前去游泳，我便同他们一起来到河岸边，往下游漂流而去，直到抵达黏滑的瀑布壁。这里水质清冽，水流湍急——是二等的泡茶用水。

回到房间后，我翻出鲍尔的书，里面有一副题为"鸟瞰中国九龙溪和怪石"的蚀刻画。因为纸张限制，画中省略了河道的一些弯曲处。九龙溪从画的顶部流到底部，没有透视，树木扁平地分布在河边，好像一张中世纪地图。桥画在页面的上端，旁边排列着伦敦塔大桥一样的房子，船夫撑的筏子全部一模一样。画面底部，一个人隐藏在一棵多刺的树后，面前摆了一篮茶叶等待萎凋。

鲍尔从阿默斯特外交使团成员、来自广东的朋友和耶稣会传教士那里得到很多关于武夷的资料。总的来说，这些资料有据可考，他也经常引用中文手稿。其中一人描绘道："武夷山周边环绕着一片山岭，地貌与武夷相近，产出的茶叶受到精心处理，香味袭人，入口微甜。"外围山脉形成的同心圆就像托勒密绘制的地心说示图一样规整。我继续往下读，"这种茶叶叫作半山，用于制作小种茶"。这些都是古老的传闻，要不是鲍尔做出如下评价，我估计只会稍稍浏览："我推测，东印度公司最好的小种茶，比如正芯小种(Lap Sing)，正出产于此地。"

在伦敦时，我曾与一位极负盛名的茶叶公司主管对话，他暗示他们生产的正山小种(Lapsang Souchong)是女王的最爱(我认为这很难用作新闻材料，但他自说自话的样子令人动容)。我们聊了许多关于茶叶的话题，他承认，据他所知没有人见过这种茶叶的生产过程。他对茶叶产地也含糊其词。当然是中国南方某地啦，他告诉我；大概是福建北部。

我仍然满腹疑问。一开始，我连武夷外围山脉是否真实存在都不知道。尽管从正芯小种到正山小种的更名很容易,然而在鲍尔的时代,小种泛指小叶茶(中文里所谓"小的种类"),后来在英语中却指涉截然相反的意思,也就是中国人口中的大茶。在我看来,正山小种是挺像大茶的。此外,如果鲍尔的"正芯小种"产自周边地区,正山小种的原产地可能完全不同,只是延续了名字而已。中国茶叶分类的曲折弯绕比武夷山的溪河还要多。

宾馆副经理是一位年轻男人,会说一些英语,他的父亲爱茶,一辈子在崇安镇①周边的小镇上做品茶师。他说半山离这儿不远,那里确实产名茶,但他不知道正山小种是什么。"烟熏的大茶?"他答应我找人问问。

第二天早上,他来到我房间。"你问的茶叫什么名字? 正山小种? 英文名! 就是产自半山!"

"太好了!"我激动地大声说。"离这儿不远吧?"我立马从床上跳起来穿衣服。

"很抱歉。我想带你去参观,就到公安局备案,但是他们说国际友人不得参观半山。我说你是好人,正在写一本书。新版《茶经》,对吗?"他笑了笑,"但他们不允许。"

我沮丧地跌坐回床上。副经理低头看鞋子。我咬了咬大拇指指甲盖。"也许——"我们异口同声地说。

"也许,如果你不知道那里不允许参观的话,"他慢声细气地说。"只要找一辆出租车……"

我没主动去找出租车。早上 10 点,一辆出租车停在宾馆大门外,按了几声喇叭。那是一辆电动红色本田,型号塞德里克。此时,魏小姐早已带着她的队伍出巡,而经理不知在什么地方经理他的事务。塞德里克司机要我提前支付现金:这趟行程不打表计费。我的新朋友为我关上出租车门,向我挥手告别,这时我才开始纳闷,为什么半山不允许外

---

① 现崇安街道。——译注

国人入内？难道里面保存着关于茶叶的惊天大秘密吗？如果是这样，武夷山也应该对外封闭才是。一时间，我竟然怀疑是不是这里的中国人制茶时加入了某种神秘原料，足以把英国女王变成共产主义接班人。思来想去，政府这么煞费苦心在山外设立围栏，也许只有一个原因。要是我即将误打误撞闯进中国最高机密的防卫星核弹井系统，那真是不幸中的万幸，至少此行我没有随身携带照相机。

出租车经过村子，我看见陈平正取下空鸟笼，于是怀着可笑的谨慎使劲把自己缩在座位里。罗伯特·福琼也曾游历过一些禁地，但至少不会选择乘坐这辆声音震天响的大红色汽车。

我们沿路往九龙溪上游行驶，但绕开了桥和纪念品商店，一路往北行进。一驶出武夷山，唐突浮现一片平坦的稻田，河水有一搭没一搭地浇灌田地，四周群山环抱，正如手稿中描绘的那样。

道路开始上坡，此时我们被夹在悬崖和河流之间，越往上走，水流越细窄。这里的山全然不像武夷山，反而接近高海拔山地，成片的林木和花岗岩状似漏斗。袅袅青烟从小屋升起，我们一路被山雾裹挟，直到山口才豁然开朗，悬崖也宽阔了些。道路紧贴悬崖边铺设，有时路边空出一些位置，还能容下一座筋疲力尽的小村落，沿途散落木屋、谷仓和原木堆。地面撒满木屑，好像阿萨姆茶铺成的地毯。村民肤色黝黑，养狗，在低坡上种根茎植物和豆子。河流上游15英里处，能看到一片种满茶树的梯田。

我们行经一扇红色拱门，上面用烫金的大字刻了一段话。司机慢下车速，转头用问讯的目光审视我。我又是耸肩又是点头，示意继续往前走。莫非门上写了"外籍人士，擅闯必诛"？我们从十来个男人组成的一列纵队旁边驶过。他们剃板寸头，脚步沉重，好像在冰面行走。定睛一看，才发现他们脚上拴着脚镣。一个身穿解放军绿的士兵与我对视，好像能洞悉我眼神中隐瞒的所有秘密。出租车司机口中啧啧，不知是对我还是对那些重刑犯。忽然发觉道路延伸到河对岸，我们赶忙颠簸着行驶过去，与一辆堆放破木头的渣土车擦身而过。

车道尽头是一间谷仓。几条木板搭在小溪上，对岸是一座长长的木屋——我猜是民居——和一座漂亮的木制小楼。楼里一个男人站在阳台上冲我们招手，好像在迎接我们。孩子们听闻引擎声，竞相从长屋里跑出来，蹦蹦跳跳地越过小溪，艳羡地把塞德里克团团围住，并用吃惊的目光打量我。阳台上的男人进屋去，不一会儿出现在一楼门口，邀请我们进去。

小楼的地板还没铺好，木头散发出新鲜的树脂味；房子敞亮崭新，足以证明半山人民的生活条件变好了。自从个人责任制取代公社制，每家每户自己采摘茶叶，购买生活用品，再以统一价格将一部分茶叶成品出售给政府。陈平告诉我，人们有不少办法逃避征收定额，过剩产品则按市场价格出售。半山村乍一看像一支军旅队伍总部，人们似乎过着集体生活。丝缕阳光透过门照进二楼的阳台，几位老爷爷和老奶奶正在筛干茶，挑出茎干，然后给茶叶分级。每人旁边堆着一摞茶叶，他们手拿圆形竹筛，把从筛网孔隙中落下的茶叶收集起来，放在另一只孔隙更小的筛网上，依次重复这一过程。茶叶分级一方面是为了美观——统一大小的茶叶看起来舒服许多，也能卖个好价钱——，另一方面则划分了不同泡茶速度的区间：叶片越小，泡开越快。

给这些村民分类却要难得多。我发现这些人属于一个大家庭。中国人表达亲属关系的词汇比任何欧洲语言都要多：什么三哥、二婶、四表弟，全部一个姓。筛茶的老年人，要么是兄妹，要么是夫妻，其余所有人都是他们的后代，或结婚后搬过来一起生活。近几年来，他们生产的茶叶质量大幅提升，尤其是跟"文化大革命"时期相比。那时候城里的知识分子下放到农村，学习农民的智慧，茶叶生产只求数量不求质量。现在这栋新房子，就是他们辛勤劳动的成果。

烟种和无烟种非常容易区分。正山小种也许代表古典的中国。茶叶包装上画着僧侣和寺庙、佛塔和官宦，好像是对古老契丹①和神秘东

---

① 即 Cathay，中世纪欧洲国家对中国的称谓之一。——译注

方风味的保证；包装里头装的是卷曲的大叶红茶。但对我来说，这样的包装就像瑞士巧克力上的阿尔卑斯山。

我想知道烟味是茶叶本身自带，还是依靠后天加工熏制。我和导游走出屋舍，仰望山口，下方是交谈絮语的竹林和黑压压的松林，我在其中找到了答案。此地山中出产一种粗茶，需要松柴熏烤佐益香气。导游拨起一间老烘房的门闩，向我展示茶叶烘干萎凋的工序。架子上摆放着横木档，上铺竹席，茶叶摊在席上，烤炉的烟道以蛇形分布在地板下，一部分露在空气中，于是屋里弥漫着浓浓的烟味。茶叶发酵后，在锅里炒到半干，然后放进这间烘房熏制，就像烟熏火腿一样。实际上，正山小种有一位烟熏的远房亲戚，即烟小种（Tarry Souchong）。

离开前，我匆匆喝了一杯茶，既担心被发现是外国人，又担心那群带锁链的人往这里来。茶汤令人失望，淡而无味，尽管香气纯正。也许是因为茶叶太新鲜，应该如中国人坚持的那样，存放个一年半载，才能积淀韵味。也有可能是因为6月采的茶本来就味淡：烟味只能和茶叶的内在品质结合，而不是单纯的覆盖于表面。

驱车离开时，暮色已四合，只听见轮胎在柏油马路上摩擦发出的昂贵的声响：塞德里克很省油。天幕的阴影早已冷峻地爬上山头，我遥望前方的道路，试图分辨黄昏有几度灰。

我在花园里遇见温蒂·魏，消磨晚饭和酒吧蹦迪之间的时光。她得陪同旅行团一起去酒吧。

"太吵了，"她厌恶地噘着嘴抱怨。"我不想去。"

我邀请她一起吃晚餐。她说不，愈发抓紧手中的包。

"鱼——好吃吗？"

"估计饺子更好吃。"

"饺子，"魏小姐重复了一遍。

"来吃点吧，或者走一走也好，你不吃的话可以看我吃。"

她想了一会儿。指关节攥得发白，终于释然。

"好吧!"她爽朗地说。"就去一会儿。"

还没到饭馆,美食的香气已经飘来,连魏小姐的声音也变得像嫩豆腐一样酥软。

陈平把我们招待得很好。我们从冰箱里取出啤酒畅饮,又时不时地从顶针一样大的茶杯里喝上一口岩茶。饺子端上来时,魏小姐激动地拍掌:"噢! 这在北京很有名!"

"那就吃点吧",我坚持说。魏小姐埋头在珍馐佳肴里,一时间只听见筷子敲击餐具的脆响和咀嚼吞咽声,谁也顾不上说话。

饭后,陈平坐下来和我们一起聊天,他挺直后背靠着墙,两只大手放在腿上。通过魏小姐的翻译,我们的交流变得越发高效、准确。我们互相交换个人信息,解开误会,消除疑惑。然而这突如其来的畅快,弱化了之前对话时共同付出的努力;借助魏小姐的声音传递新讯息,我们之间却少了一份亲密感。这场热切的谈话最终变成他俩之间的闲聊;魏小姐为我翻译的内容越来越少,当陈夫人出现后,他们终于形成稳固的三角。

有时魏小姐为我大致解释他们对话发展的方向:他们在给她提建议。陈平叼着福尔摩斯式烟斗,时不时发表意见,他的妻子则非常热情,目光炯炯。他们在引导魏小姐了解机遇,很多东西是旅游学校里学不到的。魏小姐正襟危坐,神情严肃。他们教育她社会上有许多腐败的秘密:什么行贿受贿、开后门云云。他们好像在说,她"不能太天真",像那些鸦片海岸的官员一样;也像他们一样,她应当开始思考,社会运转其实仰仗她这样的普通人。

我为她倒满啤酒。

"我不想喝酒,"魏小姐说。"我想哭。"

然而披露大会仍在无休无止地进行。我敢说,他们其实是在她身上投资:为了报答这份谆谆教诲的恩情,她可以建议旅行团来这里用餐。他们这样劝诱魏小姐着实让我感到不适,她几乎在这令人意乱神迷的殷勤中晕厥过去,就像看到恐怖小说封面的英国贵妇。她连连点头,渴望更多细节。渐渐的,陈平不怎么说话了,但一直很冷静,完全不看我;他的妻子依然说得起劲,活像一个老鸹。

回宾馆的路上,魏小姐问我这顿饭花了多少钱。我告诉她我买了些茶,她问是不是真的,买了多少。"太贵了,"她说。

道路一片黢黑。牛蛙在低洼的田里低鸣。河水流过平原,在星光下闪着粼粼银光。三轮车时不时嘎吱嘎吱地经过,车灯照出前方道路转弯处,最终灯光连同声音一起消失在拐角。一对骑自行车的夫妇差点从后面撞上我们,他们轮胎窸窸窣窣的声音在各种大自然的声音里几不可闻,还好我及时听见他们小声说话。我们退到河堤上行走,直到感觉脚下踩着砂砾才离开。

晚点时候,我去酒吧看了一眼。同坐巴士的年轻朋友们邀请我加入喝酒比赛:他们扔出一沓钞票在酒保面前,要求把音乐开响一点,然后展示名牌衣服,熟练地舞动身体。新加坡游客坐在低矮的扶手椅上,女士们喝气泡饮料,男士们喝啤酒。我看到魏小姐坐在角落里,垂头丧气地盯着地板。我向她走去,却停住了脚步。五光十色的酒吧灯光在她脸颊上照出两道彩色的光带。

陈平从身后猛地推了我一把。我好不容易挤上巴士,然后急忙远离车门范围——门在我身后哐地关上。我艰难地往前走了几步,接过陈平从窗外递进来的行李。巴士吃力地发动,行至转角处,我瞥见他站在马路中央,穿着背心,缓缓招手。

波士顿

"谁知道,"约翰·罗①发问,"茶叶会不会和海水融合呢?"

可想而知,陆羽一定会礼貌地无视这位野蛮人的问题。其实,这个问题与其说是一种修辞,不如说是一句暗号。此话一出,一大群人从港口酒馆"绿龙"里涌出来。从他们身着的中统靴和软皮平底鞋能看出,这是一群印第安人。那是 1773 年 11 月 11 日的夜晚,地点是马萨诸塞州波士顿。

"看!"卡莱尔说,"波士顿港被不期而至的茶叶染上黑色,现在民主女神展开她漆黑的羽翼,伴随着扬基曲,用死亡的嗓音宣布,她来了,像一阵飓风,即将席卷全世界!"

他的疾呼有失偏颇。波士顿倾茶事件——以及纽约、格林尼治、查尔斯顿、费城、安那波利斯和伊登顿(这一场由爱国女士们领导)倾茶事件——登场的主角是绿茶。奥利弗·温德尔·霍姆斯在《波士顿茶会歌谣》这首诗中,进行了严谨公正的描绘,也极富想象的张力:

> 叛逆之湾的海水
> 锁住茶叶的原味;
> 水花溅在我们老北端区人身上,
> 品尝是熙春依旧;
> (自由的茶杯满溢
> 盛着祭祀的圣饮,
> 骗过她沉睡的仇敌
> 欢庆苏醒的国民!)

---

① 约翰·罗(1715—1787),马萨诸塞州波士顿的房地产开发商和商人,他的茶叶在波士顿倾茶事件中发挥了重要作用。——译注

不论绿茶、红茶，都来自东印度公司，售价每磅 3 便士。

　　1763 年，经过七年战争，英国最终取得对加拿大法语区的统治。乔治三世和他的部长大臣们认为，他们保全北美的 13 个殖民地，殖民地人民理应为战争的损失付出一部分代价。为了缓解财政压力，英国于 1765 年向美国殖民地颁布《印花税法案》，对茶叶和其他商品进行征税。这一法案受到大西洋两岸的反对，被认为违反宪法。小威廉·皮特[1]和埃德蒙·伯克[2]在议会中质疑议院是否有权力在未得到当地议会同意的情况下向殖民地征税。

　　1766 年，英国废除《印花税法案》，却在同年颁布的《宣示法案》中申明英国议会至高无上的权利，并在接下来的几年中重新针对颜料、玻璃、铅、油和茶叶征收税款。新税法同样短命：殖民地人民抵制英货，焦头烂额的商人们也向议会施压，最终税法撤销，且禁止以 3 便士的价格出售茶叶。殖民地人民仍不满足，他们转而向荷兰走私犯购买物资。此时的东印度公司面对双重困境，英国市场商品供过于求，美国则完全不欢迎他们。

　　在当时英国首相诺斯勋爵的支持下，英国于 1773 年出台《茶税法》，庞大的垄断巨头东印度公司首次得以出口茶叶至北美，并且无须征税。这样一来，殖民地居民能够以任何荷兰卖家都无法给出的低价购得茶叶，东印度公司也转亏为盈，增加收入。倒霉的只有中间商。

　　然而北美依旧坚持原则。抵制行动丝毫不受影响，范围反而不断扩大。在马萨诸塞州部分地区，没有许可证无法购买茶叶：

　　先生：

　　巴克斯特夫人申请购买 1/4 磅"自由牌"武夷红茶。考虑到她年事已高，体弱多病，我认为向她出售茶叶不会违反我协会初衷，

---

① 小威廉·皮特(1759—1806)，英国第 14 位首相，曾凭七年战争而声名大噪，倡导与美国和解。——译注
② 埃德蒙·伯克(1729—1797)，爱尔兰裔英国政治家、作家、演说家、政治理论家和哲学家，支持美国殖民地以及后来美国革命的立场。——译注

对此我表示许可。

你的

伊丽莎·威廉姆斯

历史学家也许会指出,任何一种其他种类的税收——铅税、咸鱼税、假发粉税——都会造成和茶税一样的结果。但在 13 个殖民地的广阔土地上,起居室里最能抓住人眼球的,只有茶叶。当爱国、爱自由的女儿们为宾客奉上一杯"自由牌"茶汤,茶叶却是烹煮、去茎、晒干后的四叶珍珠菜,他们便可以直接把问题摆在客人鼻子下面。而其他诸如假发粉税之类的由头,一切爱好自由者乐于憎恨的垄断巨头——东印度公司——根本不可能参与其中。

倾茶事件的后果举世皆知:一个伟大的国家从此选择了咖啡。于是,大英帝国只好将视线转向印度。

加尔各答

伴随燃烧和植物的味道,以及熏香和老旧汽车里难闻的气味,印度溜进了我们的飞机——没人在意飞机上的涤纶靠枕和航空塑料制品,像一只老狗在新房里东嗅西闻。

柏油碎石跑道对面,微弱的红色霓虹灯拼出"加尔各答"四个大字。

我坐在行李传送带旁的手推车上,睡眼惺忪地打量周围的人群。站着几位穿莎丽①的女子,衣服舒适地折在腰间,她们的脊柱好像柱子一样可以让自己依靠。不过大多数人是男性。一些人西装革履,头上抹发蜡,戴粗大的戒指和娇小的手表。另一些人穿尼赫鲁②式外套,像中山装一样把扣子扣到脖子。这些衣服都是量身定做的,袖子很窄,腹部留出足够大的位置。下身搭配白色棉质紧身裤,胯下松松垮垮,膝盖以下紧绷贴身,是纯正的马裤。也有穿印度无领长袖套装的,长袖衬衫及膝。这是一种民主的制服:穿这样衣服的人极有耐心,也习惯发号施令。

一位脚趾分得很开的清洁工像螃蟹一样悄悄在人们脚边穿行,腰间围一块条纹茶巾,额头扎一条红布。机场铺了半英亩油地毯,但他却靠在行李传送带旁扫地为生,手中的扫帚用晒干、漂白过的棕榈叶制成。他边走边扫,双臂交叉在膝盖前,把灰尘往一个方向聚拢。走到我身边时,一位朋友走过来递给他一杯茶。

我笑了笑,想到学会的新词:"chai"——坐大篷车横穿大陆的人这么叫茶叶,这个词随他们走过中亚平原,翻过喜马拉雅的高山。茶叶总是受到印度北部边境地区和中国极西边陲人民的欢迎:最初建立大吉

---

① 印度女性传统服装,一种披在内衣外的丝绸长袍。——译注
② 贾瓦哈拉尔·尼赫鲁(1889—1864),印度开国总理。——译注

岭茶园就是为了满足这些人的需求,凭借一杯杯茶扩大英属印度往北方的影响力,形成与中国竞争的局面。在西藏,砖茶由叶、茎和杂质压制而成,苦力驼着砖茶横跨大陆,经常用作交易货币(在很多人记忆中,顶级茶叶也是如此,茶末压成茶砖,北上运到俄罗斯)。现在的西藏人仍然用茶叶来度量喜马拉雅山的路程:一段 4 杯茶或 20 杯茶的路程,找不出更好的表达方法。

没有人确切知道印度人何时开始饮茶:早期旅行家完全没有这方面的任何记录。的确,马可·波罗没有提到过中国茶叶;但大抵可以确定,17 世纪以前,印度还没有茶叶这种作物。亚当·奥利厄斯[1]在波斯时,发现招待他的当地人喝"tzai",煮沸之后放入茴香、茴香籽、丁香和糖,味道略苦。"但印度人只把它放入沸腾的水里,用精致的铜罐或陶罐盛放,这是这些容器唯一的用途"。这些是在波斯的"印度人";奥利厄斯的一位同伴前往苏拉特[2],发现茶叶"不光是……那些国家的常见饮品,而且荷兰人和英国人也常常将其用作清理肠道的药品服用"。那时候印度不种植茶树,只能从广东和西藏进口,路途遥远,价格自然不菲。茶叶成了有钱人的饮料。

清洁工的朋友没打招呼,也给我端来一杯茶。茶汤颜色像牛奶巧克力一样棕黄,浓稠如糖浆,跟中国茶叶天差地别。在这里,人们煮红茶时放入三花麦乳精和糖,再缀以豆蔻粉,也许还会加茴香籽。南到科摩林角,北至昌迪加尔,印度上下老少男女,每天都要喝上半杯茶。

我不认为这是一杯好茶。陆羽甚至会称其为阴沟里的脏水。中国人相信,任何试图遮盖茶叶原味的做法都是野蛮的:实际上,他们就是根据这一习性来定义野蛮人。在俄罗斯和波兰,人们往茶里加糖和蜂蜜,但喝起来还是红茶的味道;美国人喝茶加冰、糖和柠檬,这种习惯源自 1888 年芝加哥展览会,一位英国人利用持续高温天气和冷藏技术,使

---

① 亚当·奥利厄斯(1603—1671),德国学者、数学家、地理学家和图书管理员。——译注
② 印度西部古吉拉特邦港口城市。——译注

他无趣的印度茶存货大受好评;北非人和阿拉伯人喝珠茶,加糖和薄荷;英国人和他们的后代则加奶,经常加糖,有时加柠檬;至于欧洲人陆人,众所周知他们根本不懂怎么泡茶,只会扔一只茶包在温水里,用高筒玻璃杯做容器。

中国人最不喜欢印度的一点,可能是这里把茶叶当成一种寻常商品,就像洋葱或者咖喱粉。印度"chai"这个统称,好像在嘲笑中国产业成千上万的分支品类。印度茶叶不像中国一样分布广泛,也不靠家庭式种植生产,每个村子出产不同种类茶叶。印度的茶叶种植在偏远地区的大型茶园,机械化生产保证茶叶符合质量标准。茶业为印度创造了最多的工作岗位,印度也是世界上最大的茶叶生产国。连续多年,茶叶成为这个国家第一大出口商品,即使现在也排在外币收入来源前几名位置。相比之下,中国茶叶只占出口总额约 1‰。茶叶跌下第一宝座,因为生产必须满足日渐增长的国内需求。印度人慢慢开始学着接受茶叶。

这杯茶一点也不好喝,但我还是礼貌地回以微笑和感谢。老实说,清洁工的 chai 让我重振精神:特纳长官早就说过,长途跋涉过后,最惬意的是喝上一杯热茶。印度卡车司机喜欢在茶里掺些亚力酒,量取决于路程远近,是 5 英里 chai,10 英里 chai,还是 100 英里 chai。甚至有 1 米 chai 之说——不是指在茶屋里挪一步的距离,而是指茶杯和沸腾的烧水壶之间的距离:赶时间的人不能喝太烫的茶。

我从传送带上取下行李,走到围栏附近,一群年轻人大声嚷嚷着蜂拥而至,拳头在空中挥舞。我刚通过围栏空隙,他们就猛冲过来,我被飞舞的手肘和精瘦的臀部挤得团团转,几乎被推到他们迎接的政客脚边。那是一位得意扬扬的男人,穿无领长袖套装,他们把他举过肩膀,给他套上花环。他举起手,笑容满面。我被推出人群外,狼狈地逃出机场,一头钻进见到的第一辆出租车里。

"打表吗?"

"打表，先生。"

他指了指里程表。

"每公里 8 卢比，先生！"

"好吧，"我草率地说，"出发。"

我们即刻启程。这辆大使牌①轿车十分坚固，原型是 1957 年款莫里斯·奥斯福德型号。坐垫弹簧阴郁地向下凹陷。发动汽车必须要从后推一把，靠一盏幸存的前灯摸索出了机场。走上直路后，车速偶尔达到 30 英里每小时，其他大使牌出租车大摇大摆地从两侧超车。每经过一个坑洼，车子都会冰冷地哐啷作响。道路和旁边的河流平行。因到夜晚，路边停了一排单层巴士。车窗全部封死，车身油漆剥落，在蓝色街灯的映衬下，看上去阴森可怖，好像巴士员工的一支死亡之舞。黑乎乎的人影蹲在车轮边，清洗轮胎上的沙石。我们的车又颠过一片坑，我下巴震得生疼，我在后座蜷成一团，牙齿才重归原位。

加尔各答。一路所见尽是树木、房屋和粼粼水波。一个男人身穿名为仑吉的纱笼，正在遛狗。横穿布满鹅卵石的有轨电车道，出租车驶入一条窄街，两边人家门户紧锁，一片漆黑。宽敞的水泥台阶上铺着毯子，一只动物的身影卧伏在上，睡在夜晚燥热的空气里。两个带脏头巾的男人蹲在一堆木头的余烬旁。时不时看见及腰高的墙后，一盏方灯显出存放香烟、可乐、肥料、蔬菜和盘安叶的小储藏间。小摊贩躺在靠垫上，几个人聚集在人行道上，借着灯光和货摊小声交谈，热心地为我们指路，却不知该如何表达。

司机答应我，即使花一两个小时也会帮我找到我朋友家的地址。我松了口气。半小时后，他建议我入住一家不错的宾馆，很干净，童叟无欺。街上几乎空无一人。我们再次询问路人，但司机搜寻的热情逐渐耗尽。很好的宾馆，先生！

此时已是凌晨两点，司机宁愿回去睡觉也不想多赚几公里钱。我

---

① 全名印度斯坦大使牌汽车，由印度斯坦汽车公司生产，已于 2014 年宣布停产。——译注

们再次开进一条漫长的路,两边竖着围墙,心却早已不知飞到哪去。车快速开过一条后巷,眼前出现一间小旅馆,两人便都如释重负一般。旅店经理领我去房间。房间里没有窗户,两根阴毛横在床单上,墙角缝隙探出一只淋浴喷头。第二天早上,经理亲自为我端上"早茶"和报纸。我饥渴地享用二者:茶泡在英式茶壶里。《政治家报》是《英国人报》的继任者,上头发表了一篇关于前往中国的政治代表团回国的新闻。加尔各答由共产党治理。尽管他们在机场微笑着接受花环,听起来却好像为中国的变化所震撼。一位领导人作者顽固自大地发表意见说,"中国人首要的是尊重国力和坚定立场"。报纸第二页承诺就公共汽车猥亵犯展开行动:一篇关于性骚扰的文章。中间一页报道了昨天开幕的茶叶拍卖会:"手工制茶环节拍出了不菲的价格……"

"你知道这个国家谁发现了茶叶吗?"一位修女探身问,一束阳光透过破屋顶照在她的白色修道服上。我和加尔各答的朋友在新市场闲逛,沿街都是装修精美的店铺,卖书、珠宝、香料和装在维多利亚时期火车站一样容器里的棉花。正当我们为一杯茶停留时,这个修女立刻栖身上前。

"知道,布鲁斯少校。"

"他是天主教徒,"她点点头说。我的朋友往后退了一步,想要悄悄溜走。

"原来布鲁斯少校是天主教徒?"我疑惑地问。

"天主教徒,"修女言之凿凿,"当然。"

19世纪20年代,罗伯特·布鲁斯住在偏远的阿萨姆,靠近印缅边境,在那里发现了他认为是茶树的植物。当时,人们还不知道印度生长任何种类的茶树:1778年,英国著名植物学家约瑟夫·班克斯发表报告,建议将中国茶树引进印度。布鲁斯在丛林中发现的茶树属于一位部落首领毕思·高姆,他答应等少校再次拜访时,采集种子和植株送给他。但是少校去世了,后来是他的弟弟查尔斯前去取得茶树。印缅战争爆发时,查尔斯任布拉马普特拉河上一艘小型轮船的船长。他将一些茶树送给阿萨姆地区长官大卫·斯科特,大卫把它们种在位于古瓦哈提的花园里。查尔斯把剩下的茶树种在自己萨地亚的花园里。

1825 年,斯科特将一些种子和叶子送去加尔各答植物园,当时瓦立池[1]医生宣布那只是一种山茶树。博学的植物学家们仍在敦促进口中国茶树;金奈东印度公司的外科医生克里斯蒂得到几株中国茶树,于是把它们种在尼尔吉利斯,印度南部的一片山里。然而随着他的去世,这些茶树很快也无人问津。瓦立池从阿萨姆得到更多植物,他坚持认为属山茶树种。

1832 年,东印度公司结束在中国的贸易垄断。中国有可能关闭广东港作为回应,这将危及早已在英国必不可少的茶叶供应。英国有一位沃克先生写信给总督:

> 多年来,我国茶叶消费不断增加;对所有人来说,这是一种奢侈的饮料,已成为普通人日常饮食的一部分,有些地区人们甚至一天喝三到四次。喝茶已经融入我们的习惯和传统,无法轻易割舍。
>
> 因此,出于对国家的考虑,应当确保持续供应茶叶,现下必须忍耐中国政府,尽管他们垄断茶叶生产,但我相信很快就能摧毁他们的垄断。

同样,出于商业的考虑,东印度公司即将损失大部分国内收入。于是 1834 年,英国驻印度总督本廷克勋爵任命了一支茶叶委员会,调查在印度生产茶叶的可能性。委员会成员包括 11 位英国人、2 位印度人,以及 1 位朗夸医生,他是加尔各答常住居民,大概因为是中国生产技术专家而被包括在内。

1835 年,茶叶委员会秘书乔治·戈登从中国带着三袋茶籽回到印度,据说茶籽源自武夷山,但中国人禁止他亲自进山。他的船——加尔

---

[1] 纳萨尼尔·瓦立池(1786—1854),丹麦植物学家和外科医师。参与加尔各答植物园的建立。——译注

各答"海洋女巫号"——几乎就是一艘走私鸦片的飞剪船,回程时曾遭到海盗袭击。当然,他们对种子毫无兴趣。

与此同时,委员会不但收到阿萨姆北部的叶子和种子,新任长官詹金斯还送来了一株活树苗。这一回,瓦立池医生认定这是茶树,欢欣鼓舞的委员会"毫不犹豫地宣布,这是印度帝国目前为止,在农业或商业资源方面最重大的发现"。

人们的意见产生了分歧。狂热的皈依者瓦立池医生想把印度本地茶树种植在喜马拉雅山麓丘陵地带。威廉姆·格里菲斯医生和地质学家约翰·麦克利兰则倾向于在阿萨姆种植中国种子。在查尔斯·布鲁斯的带领下,几位专家在阿萨姆丛林里度过了激烈争辩的三个月,最终带着统一意见返回。格里菲斯和麦克利兰赢得了这场辩论,取得重大成果。他们指出,中国茶树是万无一失的生产商;数百年来人们一直喝中国茶;阿萨姆茶树也许会生产出好茶,但也有可能失败。因为在印度或者英国,没人清楚到底怎样生产茶叶。那时,鲍尔还没有写出他的"权威著作"——他得到的资料非常粗略,他的土壤分析,他对适宜种茶的土壤、气候和正确种植、照管方法的二手描写,只能证明人们对整个制茶业有多么困惑和无知。

戈登被派回中国,接下来的十年内,中国茶叶种子不断运进加尔各答。最初,茶叶种植在布拉马普特拉河附近的沙洲上,然而树苗主根接触沙地后,很快就枯萎死去。后来,这些研究人员遭到指控,因为他们选择了阿萨姆北部唯一一块不适合种茶树的地方。少数几株幸存者被移栽到舍卜沃:

> 这个茶园没有落得之前茶园一样的命运,应当对此表示深切的遗憾,因为它证明了阿萨姆害虫——不幸的中国品种——的主要传播途径,它们现在已经遍布全省……如今大量的杂交品种不光出现在印度,还出现在斯里兰卡。

茶树开始生长之后,为了解决制作茶饮的问题,他们邀请加尔各答集市上的中国鞋匠和木匠前往阿萨姆。他们中大多数人来自中国南方沿海，一辈子没见过茶树。他们本来被送去指导当地部落成员，却在从加尔各答前往阿萨姆的路上和他们大打出手，结果被流放法国岛①。成功抵达茶园的人表现"轻浮"。茶叶虽不算好，仍受到加工处理，且方法逐渐改进。1839年1月10日，在伦敦碎路，毕打上尉以不菲的价格购得8箱阿萨姆茶。一位伦敦代理商表示，这批茶叶"和往常从广东进口的茶叶一样好，唯一的区别就是叶片干燥处理的方法，提交给我们审查的样茶干燥过度，很显然没有按照一般中国人的方法处理茶叶。我们认为，现在讨论的这种茶叶，更适合作为中等茶叶或者略微添加焦糊口感（并不让人反感）以增强市场竞争力；这种茶叶的价格近似一种暗淡的大叶红茶，在十又二分之一便士到两先令之间。以这样的估价，我们不反对达成五百或一千箱茶叶的合同。"

这是印度茶叶签下的第一份合同。

开展茶叶种植实验的时候，加尔各答是英属印度首都，后来慢慢成为印度帝国第二大城市，如今仍然保持印度茶叶贸易中心的地位。最大的茶叶拍卖会在这里举行，拥有茶园、代理商、运输中介、包装厂和分销商的茶叶公司都以加尔各答为据点。这里也是印度东北部茶园的运输和分销中心，是全印度最大，也是目前为止最重要的茶叶生产地区。来到这里，就像戴上一副茶色眼镜，因为加尔各答就是茶叶的颜色，基本上以棕色和黄色为主。整个城市浸染在茶叶里，像一本人工羊皮书卷。尽管地质上看起来静止而永恒，加尔各答的历史并没有那么悠久。这令很多人惊讶，人们以为加尔各答的历史——以及印度茶叶——一定能追溯到史前时期。城市里分布着意式灰泥粉饰外墙别墅，它们坐落在高墙内，墙体涂满各种最新口号，国会标志——紧握的铁拳，还有印度马克思主义共产党的锤子和镰刀图案。

---

① 今毛里求斯。——译注

到处都是茶店。加尔各答大学附近的店里挤满学生,正享受着孟加拉传统"adda"活动,也就是喝茶聊天。四五人一群,参与者来了又去,而只要在店内消费,谈话就能一直持续。家里条件比较好的聊天者,点一份茶,一份烤吐司,和一份加三个鸡蛋的煎蛋卷——叫作"三蛋卷";条件一般的学生则两人一起分享——点一份茶,但是要两个杯子。交谈在辩论和讨论之间来回切换,从政治学到机械学,从爱德华·吉本到泰戈尔,从宗教到午饭吃什么。话题越跳跃,转换越巧妙,思维越敏捷,也越能迸发出奇思妙想。

我寻找的房子修建于 18 世纪末,由一位意大利建筑师设计,当时很多这样的人来到这里寻找发家致富的机会。白天,出租车司机(同一个人,价格更实惠)轻而易举地找到了地址。车停在列柱的门廊前,四周草坪因无人打理而疯长。灰泥墙面斑驳褪色,早已看不出曾经像中国寺庙外墙一样的朱红色油漆。台阶从大理石门厅延伸到一扇巨大的窗户下,然后分岔转弯,直通上层门厅。在我的左侧,三对双扇门通往门廊上的露台;右侧五根细长的柱子围绕在巨大的会客厅旁。我不得不在此停下。

画板上突兀地出现一坨狗的排泄物。地毯卷成香肠形状,靠在护墙板旁:明智的预防措施,我正这么想,就看到地毯磨损不堪,满是虫蛀。灰暗的画布上似乎画着一个女孩:但凑近一看,因为颜料表面起泡,她的脸上好像生了水泡,整个人几乎要从画布上流下来。银镜巨大的镀金边框已经开裂:镜面锈迹斑斑,照出我吃惊的面孔。会客厅里摆着一尊圆润的印度王公的大理石半身雕像。头顶两盏年代久远的吊灯,生生把天花板扯出裂缝,脱落的碎片和彩色玻璃片落了一地。一只路易十五年代的沙发,上面的印花棉布撕烂成条,摆出滑稽的造型,好像一只腿踢在空中,踉踉跄跄后退时踩上另一条腿。墙上的流苏拉铃索静等召唤,最后一根绳随时可能啪地断掉。

由此可见,这里没有人可以召唤。我以为自己听见几声音乐的旋律;然后似乎有脚步声从壁炉后的壁脚板传来。我喊了几声"你好",但是无人应答。我推门进入上层走廊,大理石地面微微倾斜,脚踩上去有些颤动,惊起栏杆上一只秃鼻乌鸦。它振翅飞过草坪和蓄水池,停在一只样式古典却已长满杂草的瓮上。蓄水池表面覆满水藻,几乎可以和草坪融为一体——任何其他地方的草坪,此处的草坪简直就是热带丛林。我再次感觉分辨出高音传来。那是一阵抓挠的声音,原来是一只肥胖的棕色腊肠犬踢踏着经过,显然爪子疏于照料。我跟随它穿过餐厅,里面摆放有雕花桌椅。又来到书房,里面摆满书,有一张肾型书桌和一只旋转皮革椅。书桌上的墨水瓶已经干涸,银质笔座状如赛马,几张家庭合照压在玻璃板下。书房位于走廊尽头。狗在咖啡桌下留下一摊新鲜的排泄物,此时我抽出一本书翻开,扬起无数灰尘。一时间我以为这本书是用外语写的,或者是布莱叶盲文;仔细一看,其实是世世代代的蛀虫留下迷宫一样的隧道和巷陌。回到走廊,撞见一个小巧的年轻女人,手中托着一盘茶杯。她没注意到我像比斯托食品广告上的小男孩一样,跟随她进入走廊另一头的房间。房主夫妇正躺在床上,地上围了 20 来个用人,所有人目不转睛地观看一部孟加拉电影。太阳落下之前,我发现书房里所有书都被虫蛀过,除了一册 1934 年英国大西部铁路时刻表。而不幸的是,狗排泄的那间房,是我的卧室。

当晚开始下雨。整个中午,闷热潮湿的空气叫人难以忍受,终于随着雨点噼啪落下,窗外吹进来一阵聊胜于无的凉风。头顶电扇旋转的声音单调乏味,转轴好像一只陀螺仪。它要是转着转着掉下来,只能寄希望于头顶的蚊帐,我小心翼翼将它掖在床下:这是支蚊帐的唯一原因,上面破了许多香烟头大小的洞。蚊子们盲目地寻找破洞,它们在蚊帐外顽强地横冲直撞,不时发出悲怆的呜咽,直到成功穿越洞口,飞向佳肴晚餐。

为了抵挡蚊子的攻势,我翻开一本古早的维多利亚时代城市旅行指南,以保持清醒。加尔各答也是在一个这样的夜晚建立起来的。我边读边抽搐,愤怒地与一屋蚊子做斗争。1690 年 8 月 24 日,"雨从早到晚下个不停,在被遗弃的苏坦怒第村旧址上",(东印度公司)尊贵的代理人约伯·查诺克、弗兰西斯·埃利斯先生和耶利米·皮奇先生一起,建立了这座城市。这几位绅士说:"考虑到这里原来的建筑都已被摧毁,我们决定花尽可能少的钱,只搭建必要的建筑……这些房子用泥墙和茅草屋顶,等熟悉情况后,再在此基础上建立工厂。"尽管查诺克是这座城市的建立者①,历史上关于他的记载不多。加尔各答曾是恐怖的代名词,也与帝国叙事交织相连。查诺克喜欢"在吃晚饭时"对仆人执行鞭刑,"因此餐厅旁总伴随着呻吟声,和穷苦罪犯的鬼哭狼嚎,为他的晚餐伴奏"。查诺克曾救下一位殉夫火葬的寡妇,并娶她为妻。据说她去世时,还为她宰杀公鸡陪葬。查诺克总是坐在一棵大榕树下执行正义,1827 年城市改造,这棵树被砍倒,便不复存在了。

我伸手去关灯,然后猛地把手缩回蚊帐里。奇怪的是,一个名字严格遵循圣经传统的男人,竟然会为异教徒献祭。屋子里一片黑暗,外面大雨如注,破旧的电扇依然在头顶旋转。一只蚊子在我耳朵边嗡嗡叫,我一巴掌拍在脑袋上,床垫弹簧像软木塞一样砰地弹起。他是一个公正的人吗? 是什么驱使他从丈夫的火葬柴堆上救下那位寡妇。在这些传说的只言片语里,查诺克时而残暴如恶魔,时而善良若天使,是一个有野心的男人:也许这就是完美的殖民者。

1839 年,伦敦拍卖会的成功举行刺激了阿萨姆茶叶公司的合并,它以低价从政府手上购得一批茶园和土地,同年开始种植中国茶树种。印度政府和东印度公司都热切希望私人企业接管这门生意。阿萨姆北部大部分地区被丛林覆盖——不产粮食,人烟稀少,鲜少需要维持治安;但有了茶叶,他们就可以开辟出一片帝国的疆土。英国人以商人身份来到农耕国家印度;在他们的控制下,区域活动得到刺激,加尔各答应运而生,但种植茶叶之前,他们对整个印度的经济并没有重要贡献。

---

① 此说最近受到学界质疑,并遭加尔各答最高法庭反对,2003 年 5 月 16 日,一般被认为是加尔各答开拓者的约伯·查诺克被从所有官方文件和历史书上除名。——译注

他们不过是从其他统治者手中接管印度的新统治者，通过贸易往来为商业注入新的生命。

到了19世纪30年代，印度社会刮起帝国风潮，英属印度帝国的合法性和殖民统治逐渐确立、发展，英国人也公开表现出优越感——对异族人民的双重标准。查诺克娶回一位印度教教徒，这在17世纪末的人们看来离经叛道；两百年后仍然无法可想。这股锐利的新风在麦考利的呼吁下刮起，他以立法者身份来到印度。他向大众疾呼，任何一柜希腊语和拉丁语经典书籍，其价值等同于整个东方文学图书馆。茶叶成为这股帝国风尚最后的仁慈。这是一种进口产业和营生，英国人来到印度之前根本不存在。它也是一位稳定的雇主——却也很贪婪。早期种茶业人力稀缺，只能勉强维持，因为阿萨姆丛林向来人烟稀少。

但茶叶也带来了没有太多印度生活经验的人；不为做买卖巴结讨好，只会经营的人；通过控制穷人而发家致富的人。

鲍尔引用他在印度的观察，用于支持在印度种植茶叶，而不从中国购买茶叶。"我们发现，印度人只要能住在小泥棚里就心满意足了，"他说，"而他们白天几乎不待在室内休息，更喜欢棕榈树或其他树的阴影处。"他们身穿白色棉布，晚上和衣而睡，不需要床。他们用手吃素食，"没有任何家具"。"相反，中国人住在结实的泥屋或砖房里，一般盖茅草屋顶，但瓦顶也不罕见"。他们的房子里，桌椅板凳和床架一应俱全；还有各种各样的器皿；甚至书。"经验丰富的裁决者们经过比较后认为，中国人就像任何高贵的民族一样，每餐饭后都用小杯饮一杯水敬米神，但这是在喝茶之前，而不是在喝咖啡之后。"因此鲍尔认为，中国人是昂贵的劳动力；但是对印度人来说，"形销骨立是他们的财富，需求很容易得到满足"。

毋庸置疑，茶叶是带有大英帝国属性的。1876年，在如今巴基斯坦的土地上，英属印度总督里顿伯爵向一场聚会上的欧洲种植园主宣布："在茶叶种植的杰出成果中……我意识到这是帝国带来的益处。你们的工作为这一地区数以千计的人提供了收入可观的工作岗位。只要茶业的社会政治影响不断扩大,这不光可以成为英国人引以为豪的产业,也有助于维持英属印度的稳定。"

到 1841 年为止,阿萨姆公司总共生产茶叶 2.9 万磅,还不足广东一艘船的运输量;更糟糕的是,为了生产这 2.9 万磅茶叶,一共花费 16 万英镑。茶园由布鲁斯和一位叫马斯特斯的"茶叶专家"经营,这位"专家"曾写道:"热情饱满的欧洲人,对属地的语言文化等方方面面一无所知,实在百无一用。"1843 年,布鲁斯和马斯特斯被撤职。1846 年,东印度公司主管们支付十先令股息,他们丧失信心的速度几乎赶上投资人;尽管如此,一年后,价值 20 英镑的股票,交易价格只有 2 先令 6 便士。

公司继续削减开支,一夕之间击溃中国茶叶贸易的妄想早已破灭。公司集中发展少量高产茶叶,1848 年艰难地转亏为盈,1852 年终于能够支付一笔真正的股息。经过头十年的困难重重,人们终于证明茶叶是可以盈利的。

清晨,细雨落在积水的街道。蓄水池里溢出的雨水流淌到草坪上,一只稻鹭僵直地站立着,在湿透的草地里捉小鲈鱼吃。一只小鸬鹚迅捷地掠过屋顶,消失在蓄水池满是裂缝的绿色表面后。屋里也在下雨,地板凹陷处积起光滑的水面,水顺着木质地板往下滴;内院像盛满水的高脚杯。在明显的漏水处,锅碗瓢盆被征用来接雨水,然而漏水最严重的地方却不见得放了接水盆。大理石王公流下泪水。门廊上的水淹到第二层台阶,汽车像蹲在灰色水塘里。大街上,人们掀起窨井盖排水;也许明天我们会读到一条新闻,蹚水上班的人突然凭空消失,只听一声短促的疾呼,举在空中的手臂便消失在市政下水道。一位法国贸易专员手拿一把录像带,只为换一顿午饭。他表示,加尔各答最大的房子之一被淹水,是他所知最享受的体验。他希望再来一场大暴雨,这样浸湿在水中的引擎就可以把他困在此地,法国外交部也奈何不了他。他们称雨季前最热的五六月为"犬日"。雨季冲走压抑燥热,却把人们困在室内。这感觉就像在家里乘坐长途旅行火车,雨声淅沥,宛如火车轮发出的隆隆声响。

房子里很多家具曾属于沃伦·黑斯廷斯，一位精力充沛到无可挑剔的印度总督。如今，这些家具环绕在电视机周围，电视机里每天播放新鲜影碟，供应者是一位精明的年轻人，他的行李箱里装满各种盗版美国电影。这些影碟质量差得惊人——加尔各答的影碟机好像一台续命仪，否则正常情况下这些影碟早已寿终正寝。这家人全神贯注、一动不动地坐在破烂沙发上，观看充满颗粒感的电影画面，直到昏昏睡去；或者蹒跚回房，躺在床单上打瞌睡，头顶电风扇无力地旋转；或者挪到另一个房间，接着看西德尼·谢尔顿的电影。有时用人也一起看电影；其他时候他们便消沉地躺着，喝奇怪的茶。这间房子里有 40 个用人。很多人年事已高，无法四处走动，另一些人成功地逐年减少工作时间，以至于被完全忘记，只需要每个月领取自动发放的工资就行。我四处张望，满眼尽是腐臭的狗屎，无人清理的破败书籍，腐烂的织锦，断裂的铰链，还有钥匙遗失后再也没有开启过的橱柜。

那天我们在走廊上吃"雨食"——市场上能买到的任何食物：比如烤羊肉串，甘蔗，油炸土豆。我们竞相辨认花园里飞来飞去的鸟类品种。雨终于停了，我搭乘贸易专员的车一同进城。房子里电话打不通，不过也许大酒店的线路畅通无阻，我才联系到他。加尔各答的电话系统极不稳定。如果电话打不通，可能因为交换局太老旧，因为别人占用你家的线路（他的电话费算在你头上，他只需要付钱给接线员），也可能因为自从引进电话系统，城市居民数量便开始暴增。报纸上经常刊登一些告示，J. P. 古普塔家的线路已经重新接通；要联系 M. J. 达斯，请拨打他办公室的电话。

汽车像铲雪机一样铲过淹水的街道，扬起水花溅在两侧挡泥板上，好像两扇羽翼。街上有些车辆。中国禁止使用的黄包车在这里仍有需求。行驶的出租车满街招徕因雨天而滞留的乘客。有轨电车还在运行，甚至公共汽车也已投入工作，那些饱经风霜的双层巴士能够存活至今，用杰弗里·穆尔豪斯的话说，实在是利兰汽车质量的铁证：那还是

17 年前的事情。公共汽车上总是人满为患,乘客们挤在司机室平台,向同一个方向倾斜。加尔各答马坦公园的游行道、赛马场和板球场,早已变成汪洋一片,公共汽车仿佛逆着不可见的风破浪而行。树边,赤身裸体的孩子在草坪上和鼠海豚玩耍。

如果没有马坦公园,加尔各答看上去会和伦敦一样,曾经的帝国风貌不复存在,毕竟二者以相同的方式逐步发展起来。1666 年大火后,伦敦城几乎重建;加尔各答城市建设始于 24 年后。两座城市同样围绕商业区而建,靠近码头。然而,如今加尔各答已经不再是首都;不再是大港口;不再发展——它呈现出一股颓势,以弥补时间和人口对城市的损耗。20 世纪 70 年代初,人们吃惊于这座城市顽强的生命力。没有投资,商业萎缩。印巴战争后,大批难民从邻国孟加拉涌入。城市越发瘫痪,外国人和资本纷纷逃离,随时有可能爆发革命。这座城市日渐腐坏。它散发出死亡的气息,宛如和它同名的死亡女神迦梨(Kali)。它的历史成了死亡的祷文:关押英国战犯的黑洞监狱;甘地之死;宗教隔离和迫害;被投进基德布尔的火炉活活烧死的外国人。

然而,就像苟延残喘的公共汽车,这座城市仍奇迹般地延续着生命。甚至会有人措辞谨慎而含糊地告诉你,情况没有恶化——从某些方面来说,一些地区正在好转。革命的浪潮已经退去。纳萨尔派的威胁,在相当暴力、胡作非为的警察报复之下被快速镇压。孟加拉邦农村的电气化、乡村资源的集中,甚至是加尔各答糟糕的环境,这些因素明显调和了城乡平衡,缓和了人们蜂拥到城市的速度。加尔各答人说,现在马路上乞丐数量减少,因为他们——加尔各答人——太抠门:我确实注意到,没有人比加尔各答上层社会人士更吝啬于施舍。但在乡村,电力点亮了人们的夜晚,人们可以看电视。否则,除此之外夫妇们除了造人没有别的事情可以做,而这些孩子未来也被迫进入城市,这就是所谓的"孟加拉安全网"。涌入城市的人口逐渐减少,加尔各答刮起的人道主义旋风也日渐衰微:像它的港口一样淤塞起来。邦政府形势相当糟糕;但好歹还是个政府。这座城市肮脏不堪:每天大约有 880 吨污染物排放到空气中。但是权力得到巩固,全城断电、人们陷入汗淋淋的黑暗中的次数越来越少。下雨时,城市依旧肮脏,土堆和垃圾堆消融在雨水里,盛满的水缸流出脓水。如果这座城市能逃脱瘟疫肆虐(其实并没有),多亏了各种食腐动物、鸟类、野狗和人,靠循环使用的残羹剩饭生存。每个人手下似乎都有次一等的人听从他的领导。我在加尔各答住了一周以后,才意识到房子里的用人也有自己的用人,他们沉默而又谦卑,现实中几乎可以忽略不计。

香港美利楼有一家叫詹姆斯·穆雷的店,我在货柜上淘到各种精密仪器、显微镜和英国海军地图,还请店主修好了眼镜。这位绅士没有收修理费。我身后有一台安静的摆钟,一面显示秒数,一面显示小时数。时间非常精准。钟面刻着詹姆斯·穆雷的商标,伦敦和加尔各答制造,年份1814。在加尔各答公园街的牛津书店里,我买到了《霍布森·乔布森》,这是由尤尔上校和伯纳尔博士共同编写的词典,收录词源印度的英文单词,出版于1886年。然后我来到公园街墓地,这是必要的朝圣活动。300年来死去的英国人葬在这里,为后人铭记,他们存在过的痕迹留在骨灰盒、纪念柱、铭文石棺、寺庙、穹顶和金字塔上。一些纪念碑重修之后光滑优雅,但大多数只是黑绿色,蒙着一层潮湿的苔藓,只有红砖显示出模仿灰泥粉饰建筑的初衷。

不过,维多利亚纪念堂仍然崭新如初。当时的印度总督寇松下令把它建成英属印度的泰姬陵,它与世隔绝的富丽堂皇主宰了马坦公园,洁白得令人炫目。纪念馆周围分布着水缸、草坪、花坛和为疲惫参观者提供的长椅,沉思的维多利亚女王本尊,身穿讲究的羽缎华服,坐在高背王座上,手握王权宝球和权杖,向东凝视赛马场。然后是爱德华七世——承袭印度皇帝头衔的"帝王英白拉多①"——,跨坐在基德布尔入口的拱顶。寇松则站在纪念堂台阶上,向爱德华七世投以他总督的目光。这座荒谬的穹顶建筑里,存放着一系列大英帝国纪念品。"看,维

---

① 英白拉多即 imperator,拉丁语中"皇帝"的同义词。——译注

库,这是寇松侯爵的披风。""查雅,看到这封信没？这是女王去世前写给印度的最后一封信。""看这个,这是德里杜尔巴。①"

为了抹除英殖时期的残余,印度政府对每条街道重新命名,因而纪念塔保存如此完好实在有点令人难以置信。哈林顿街改名为胡志民路,这对此地居住者造成了一些不小的麻烦。英国和美国领事馆分别用不同方法解决这个问题。美国人把边门开在莎士比亚路。英国人则假装什么也没发生过,书信地址依然使用哈林顿街。这样做没有造成麻烦,也没有人批评,因为每一个加尔各答人仍然这么称呼这条街。就好比人们只会管戴尔豪斯②叫戴尔豪斯,而不是什么比奈区,巴达尔区,或者迪内什·巴格区。

"你那位孟加拉朋友是个懒家伙,"瑟罗什·梅赫拉说,这不是我第一次从出生上层家庭的孟加拉人口中听到这句话。梅赫拉外表帅气,身材健壮,有一头浓密的灰色卷发,和一双满含笑意的眼睛。

我们坐在阳台上喝威士忌苏打,俯瞰整座城市。加尔各答的名门望族修建了许多雄伟的灰泥粉饰洋楼、平房和别墅,这些房子里设有凉爽的大房间、花园和高墙,大门口有门卫值班。他们看起来已经放弃挣扎。梅赫拉跟随富人的隐居潮,从街边搬进产权公寓楼。为了盖这样的公寓,只需把一座小洋楼夷为平地:投机主义正在吞噬亚洲最美丽城市之一所残存的一切。梅赫拉曾回到加尔各答,想收拾出一块好地盘,准备迎接苏维埃领导人前来访问参观。他们给围墙除草,重修道路,重漆百叶窗,遮盖下水道,修缮排水沟,灰泥墙上剥落的颜料和缝隙被填补磨平,好像整形医生全面修复了这个城市的机理。那情景给他一种无以复加的冲击感,他回忆道;但他随后安慰自己,不出几年,加尔各答就会恢复到原来的模样。当然,确实如此。

---

① 英属印度各土邦贵族、社会名流公开对大英帝国表达效忠的宫廷社交盛会。——译注
② 印度喜马偕尔邦的一个城镇。——译注

火药花园:中印寻访茶叶之旅

瑟罗什·梅赫拉曾任詹姆斯·芬利公司董事,这家公司后来改名为塔塔－芬利,也就是现在的塔塔茶叶。他在前门挂一面芬兰纹章,因为依据传统,这里的领事都占据芬利董事会一席。他也是挪威领事,但因为某些原因没有挂起铭牌。他随便地承认并没有很多事情可做:长胡子的斯堪的纳维亚船长们已经很久没有往胡格利区去了。

"不过,这职位有它的好处。我可以时不时地去德里参加一些有趣的聚会。"

"加尔各答没有有趣的聚会吗?"

"聚会是有,但这座城市太古板。"他笑了笑,手顺着阳台墙壁往上指了指屋顶和树木。远处有几根冒烟的烟囱、鹤鸟,和单独一片办公街区,那是很久以前地铁建造者盖的,尽管最后连一英寸铁轨也没铺成。

"这番景象更像巴比伦的现代翻版,"我反驳说。

"你只看你想看到的,不是吗? 外国人只能看到极端,非黑即白。他们看见,怎么说呢,富人高居城堡,穷人替他们看门。这是一部分真相,但如果一切如此,革命早就爆发了。富人雇佣穷人,然后发展城市。否则我们都要像中国人一样在生产队工作。不过最近听说他们不这么干了。

"而这个地方充满惰性。你看,它仍在东印度公司'babu'们的控制之下。"

后来我在《霍布森·乔布森》上查找"babu"的意思:正式用法中跟在人名后,表示尊称,就像英语中的"Mr",但"在孟加拉邦等地区,英印混血使用时经常带有轻微贬义,用来描述表面高雅,但经常过于女性化的孟加拉男人。另外由于这一阶层的广泛就业,这一名词也用于表明头衔,对于英语办公场所的职员岗位,这一单词经常用来表示'一位能写英语的当地职员'。"

"没有他们什么也办不成,"梅赫拉说。"他们决定谁握有权力,而不是睡在纸箱里的穷人,也不是住在像这纸箱一样公寓里的富人,"他停顿了一下,微微一笑。"同样,有他们什么也办不成。"

"他们给共产党投票?"

"没错,"他伸出食指。"共产党保护他们。他们热爱游行,高举旗帜,大喊口号之类的。他们热爱交谈。但他们是印度最保守的一群人。毕竟,写作者的工作是世代传承的。有些家庭甚至回归到东印度公司时代的传统,父传子业,儿子翘首等待接手父业的那一天。他只要学会继承家业所需的知识就足够了,对这些人来说,野心和流动性是不存在的。只要他们不需要担忧贫穷生活,就没有冒险的欲望。"

"当然,长远看来,加尔各答的发展会停滞。20、25年前,加尔各答还有黄麻、煤矿、机械制造业和茶业,是英联邦国家中的第二大城市,"梅赫拉举出两根手指。"工会摧毁了机械制造业。煤矿被收归国有——换句话说,就是德里全权接管,再也不在这里投资。他们怎么会在意居民消费价格指数呢?你问黄麻?制造厂都是英国人的。世界上所有的邮袋,还有袋装土豆,全部来自加尔各答。由于隔离政策,黄麻地划给了孟加拉国,工厂却在加尔各答。英国人把他们那份卖给了马尔瓦人,后者一向扮演中间商和小商人的角色。他们靠朝鲜战争起家。马尔瓦人想方设法讨价还价,然后把利润投资到其他产业中。所以,当世界黄麻需求缩减,他们没有挣扎反击。一切都完了。只剩下茶叶。的确,茶叶生产需要消耗大量人力,但也只是在茶园里。这从来不是加尔各答就业人数最多的产业。"

日本昭和天皇的生命靠大量输血延续,而加尔各答就像天皇一样,了无生气。

30年前,茶业看不起黄麻和机械制造业。据说,这是印度独立后最后一个对印度人开放的大型贸易:加尔各答茶叶贸易者联盟主席名单就是证明。1888—1956年之间连续记载着英国人名:坎贝尔们、劳埃德们、泰勒们、萨里们、贾维们;还有尼科尔和布莱尔,佩珀康,邓肯和布伦特。1956年一位K.高希。接下来,天哪,又是6年的波斯尔思韦特和达克沃斯(理查德爵士)和惠特克和海尔斯和N.S.科德韦尔。接下来又是高希。然后是布鲁克和史密斯和斯科特和最后一个欧洲名字：M. S. 克里斯蒂。那时已是 1968 年，在那个时代，待在世界任何其他地方都比在加尔各答好，尤其如果你是白人，并且想找个安静的地方享受退休生活。公司命名从来不是问题：叫过邓肯、芬利、立顿、阿萨姆印度有限公司、哈里森－克罗斯菲尔德印度有限公司、麦克尼尔－梅戈有限公司……不管换成什么名字，它们总是在那儿，在戴尔豪斯周边做生意、搞代理、种茶叶。

黄昏是前往戴尔豪斯最好的时间，这里是加尔各答最重要的地区：准确地说是加尔各答 7000—01。在这里，你能找到庄严的美国药品集中采购组织老楼，里头的抄写员为你听写口信，然后用几盎司红蜡把信封上。巴万电话、写字楼和最高法庭都坐落于此。银行坐落在四周。银行将最简单的交易"babu"成一堆复杂的表格、队伍和"请稍等"，在这段时间内，你只能焦虑地跟随流程进行旅行和护照检查，从桌子移动到格栅，再到桌子，然后到柜台，被无数别针、表格、收据和一式三份的凭单弄得晕头转向。在曼戈尔路以及周边区域，大部分茶叶公司拥有自己的办公室，安置在新建的上漆混凝土大楼里。

没有人住在戴尔豪斯的大楼里，就像不会有人住在伦敦城区里一样。尽管如此，人们仍会一大早来到戴尔豪斯广场中心的水缸洗衣服，或者只是蹲坐在旁，用金属罐舀水冲洗身体，这些事情他们可以做一整天。横穿戴尔豪斯的马路时，还没走到一半，便不再有行车。卖早餐的小贩已经摆好摊子，随着天色渐明，babu 们如潮水般涌进写字楼、银行或茶叶公司。然后就成了巴比伦塔，和疯狂炙烤的地狱：劳工在大楼之间匆忙穿行，游手好闲的胖子在小吃摊旁晃悠，从豪拉车站来的卡车喷着尾气驶过横跨胡格利的大桥，汇入仿佛女王第三秘书一般的大使牌轿车的堵车车流，各种鸣笛、推搡、讨价还价，身体、车辆和摇摇晃晃的自行车争相通过。也有沉着冷静的人，挺着大肚子跨坐在巴贾杰摩托或电动车上，直接开上人行道；乞丐在每个人脚边扎根，或是缠着每个过路人，不触碰行人，但好像某种糖浆人，在高温下融化成黏糊糊一摊，慢慢流淌在街道上。

茶叶公司便设法在这般混乱中运转。实际上他们看起来非常高效。当然，并没有聪明姑娘敲击电传打字机键盘；办公室里没有电脑；升降电梯不曾成功载你上下楼，尽管它们看起来非常忙碌。这些公司一般有一间硕大的开放型办公室，桌子摆得乱七八糟，桌子上堆满文件；工作中的立扇呼呼旋转着扇页，打字机传来奇怪的"乒"声，但整间办公室里只有一台电话，因为文字工作者不允许和外界通话。电话在一边的小办公室里，经理偶尔通过电话从拍卖会上的手下口中得知当天的交易价。

在麦克劳德·罗素，十几位抗议者手持标语站在入口大厅，门上贴着一些海报。四项工人决议……极力主张控制反动分子……强烈要求……背叛……条件。

我推开玻璃门，一个手拿标语的男人挡在我面前。"滥用工人权利！管理必须回应决心！"上面如是写道。

"你找麦克劳德·罗素吗？"他问。

"没错，我来见达扬先生，"我承认。

"请跟我来。"他把标语支在墙角，领我上楼。楼梯间回荡着愤怒的抗议声。"团结就是力量！支持同志反抗机会主义管理！"

"这里发生了什么？"我问。

他茫然地看了我一会儿。我指指海报。他盯着海报看，好像对上面的内容大吃一惊。

"业内争执，先生。请这边走。"

办公室里似乎有很多人正在工作。我的向导敲了敲门，听到里面传出回应便带我进去。我对他表示感谢，他向我告辞，继续回去示威。

"外面发生了什么？"我问达扬先生。

"每年工资评审，"他轻松地说。"你这个时候来碰上这些真抱歉，希望没有给你带来不便。"

达扬先生说着摘下眼镜，揉了揉鼻梁。

"没事。就像齿轮一样。我们开出工资，他们示威个几周，要求提高工资。我们多给一点，他们便妥协一点。如此一来，大家都体面，皆大欢喜。示威下周就会结束。要来点儿茶吗？"

没过多久我就意识到，加尔各答的生活围绕着俱乐部展开。只有英国化的上层社会人士才能享受会员资格，人数不超过一万（如果真的有这么多）。加尔各答对聚合和分隔有种特殊的热情。我的旅行指南上列举出几千个组织和协会，从"孟加拉邦被驱逐少数族群协会"到"加尔各答茶箱配件生产者协会"，然而俱乐部才是加尔各答社会真正的主心骨。伦敦一共有400多家高级俱乐部，加尔各答竟也有300余家。最先完工的新加尔各答地铁路段，从戴尔豪斯区一直延伸到托利贡格区。这绝对不是巧合，因为只有这样才方便"托利"的会员打高尔夫、网球、台球、骑马和游泳，之后再去露天酒吧喝杯酒放松一下。"托利"是家庭俱乐部，老板来自英国，人们称他为"总督"。"周六俱乐部"是一个运动型俱乐部，受到年轻人喜爱。"加尔各答俱乐部"——为方便印度人和欧洲人会面而建——享有盛名，不过更出名的还要数"孟加拉"，它的会员可以在"雅典娜神庙"和"上海俱乐部"享受同等权利，并且在政府工作的会员最多。做茶叶生意的人到处都有，但他们都爱去"运动俱乐部"，这家俱乐部有点年头了，里面设有酒吧和足球场。

我有几位伦敦来的熟人要拜访；到这儿一两天后，要拜访的又多了几位。我的朋友们本身不从事茶叶行业，但很快情况就发展成，只要在晚餐时扔出一枚鹰嘴豆，不可能砸不到从事茶叶行业的人。（直到18世纪末，晚餐时扔东西仍是加尔各答的风尚，却最终中止于一枚判断失误的小球酿成的一场决斗和一条禁令。）我决定前往大吉岭的茶园；由于和孟加拉国的领土争端，阿萨姆地区难以进入，不过据说离那里很近的杜尔斯地区其实差不多光景，进入也不会受到阻碍。南部也有茶园：比如高山茶园和尼尔吉利斯茶园，可以在那里见到最后一位白人种植园主。

英国人身在印度，永远在异域和陌生中找寻熟悉的人和事物。然而这种熟悉感总是怀旧的。英国大使是一位50来岁叫莫里斯的男人。他的邮筒颜色鲜红。中上层阶级的人使你想起英国乡村英语和上公立学校的人。他们让你想起俱乐部里的名人巴肯和萨佩。他们称呼彼此为邦蒂、朱尼尔和鲍比。他们在俱乐部相会。他们努力地工作，努力地玩，豪饮烈酒，使用1942年越过英吉利海峡就销声匿迹的词汇。我明明在和同龄人讲话，却有种年轻的时候和祖父对话的感觉。

在军队、英国文官队伍（后更名为行政服务局）、法律界和茶叶行业，英国人都留下鲜明的痕迹。他们开办公立学校，比如杜恩，为单位机构提供人才资源。实际上，他们建立的是一个想象的帝国：也许真正的统一只存在于精英之间的纽带，以英国人设立的泛印度机构的分量为保证。甚至1971年巴基斯坦投降，也演变成将军之间的重聚联欢会，他们彼此以邦蒂或班卓相称，但是多年未见。

英国殖民统治时期，最快的发展方法就是培养专业人才。可如今这些专业人才说话已不再有英国口音。我在加尔各答参加过一个年轻人的派对。"我们是由英国人创造、生而为掌权的阶层，"一个人告诉我。"看看这间房子里的人，所有人都来自富裕家庭。所有人都毕业于美国大学。我就读于斯坦福大学，正在修一门叫'设计与交流'的课程。盛世长城广告公司以年薪4.7万美元的工资聘请我毕业后去工作，在美国或者英国。要是留在印度，不论做什么，最多也只有一个月两三千卢比。相当于一年1500英镑。在美国，假期赚的钱已经足够买一套高尔夫球具。

"好吧，其实并不只是钱的问题。是工作。我现在用的康柏电脑非常先进，只能出口到北大西洋公约成员国。这么说吧，就算我能把康柏电脑带出美国。我有一个朋友，受到印度政府资助去美国读书，一年2万美元。但他却没法弄到进口许可证把价值4000美元的设备带回国，所以只好放弃。他现在在纽约工作。"

在麦克尼尔·梅戈公司，我见到了迈克尔·罗姆。据我所知，除了从伦敦临时调来的一批品茶师学徒,他是最后一位在加尔各答茶叶公司任职的英国人。他高大壮硕,身高 6 英尺 2 英寸,握手有力,声如洪钟。明年他即将退休:当然,之后就要回英国了。

"人们以前经常说,如果你能撑过两场雨季,活着走出茶园,你就胜利了。白喉、疟疾、霍乱——要么增强抗体,要么成为自己的医生。如果你病情严重,他们会把你送去加尔各答,但这段路程可不是闹着玩的。"

他起身抽出一本书,示意我阅读一段早期种植园主对丛林播种的记录,我记得作者是尤克斯:

> 羊受不了这种气候。印度教教徒禁止吃牛肉。宗教偏见反对挤奶。所以,种植者们不得不靠乡下精瘦的家禽过活……种植园主每天例行公事,在通风良好的时候出去工作。早上享用一杯奎宁酒之后,他会喝一杯咖啡,吃些他吃得下去的东西。他把烟斗放在鼻子下,抵消瘴气的味道,然后出发监督林中空地和无数工作中的人,这些人为他带来早晨的食物。午后小憩片刻,或者发过一阵寒热病后,开始夜间的视察工作。如此日复一日,往复循环,直到返航回乡征召新人,或者长眠于此。

罗姆笑道:"当初我来到这儿时也没有那么糟,我是 1949 年过来的,公司派我去伦敦的海陆军商店,我告诉他们我想做种植园主,他们就问我要去非洲还是印度。他们带我去看印度陈列室——太绝了。你知道吗,他们明确知道你需要些什么,三件衬衣(法兰绒的)、两条裤子(带斜纹)等等,只需要告诉他们你的尺寸就行。全部在一小时之内打包好。他们唯一的错误就是准备了遮阳帽。要知道,1949 年的时候,因为太阳镜的出现,遮阳帽已经绝种了。当我头戴遮阳帽抵达印度时,年轻人都笑话我。颜色选得也不对,至少应该是卡其色,我却拿到一顶白色的。太危险了,大象不喜欢白帽子,因为某种原因,会攻击你的头部。

"最近很多年轻小伙子又开始流行戴帽子,甚至戴遮阳帽。那是因为'gerao'——当你在工作场地,工人们会把你团团围住。他们不得不这么做。一般是为了工资,但他们不知道,这不是种植园主可以决定的。反正他们就站在那儿,他一动也不能动。通常不会发生暴力冲突,但假如他不戴帽子站在大太阳下,很快就会变成一个彻头彻尾的呆瓜。他们改变警戒姿势。这在加尔各答时有发生。以前大学里总有这样的事情。更下流,更暴力。"

我问他,1949年正值印度独立后两年,那个时候招募英国人在茶园工作不会很不合时宜吗?

"那个时候,这些代理行基本都是英国公司。我推测他们想讨好股东。那帮恶魔,你知道的,之类的事情。另一个问题是茶叶公司没有准备好应对独立,也没有很多受到良好训练的印度人接手管理。也许当时人们觉得,茶叶就应该归英国人管。印度国内茶叶消费额不高,即使现在也如此,所以不管是卖到本国还是英国,一般都要先运到英国。"

"这种局面何时改变?"

"情况在慢慢变化。一方面,这里人口激增,生活水平也有所提高。另一方面是世界市场的竞争。最近英国大部分茶叶是从非洲进口——肯尼亚和马拉维,总体价格比印度便宜。他们生产的茶叶大部分出口,因为非洲人自己没有喝茶的习惯。他们的船抵达英国速度更快,阻碍更少。另外也有印度本身的原因,比如1984年为了调低本土价格颁布的出口禁令。政府必须严格管控茶叶价格。

"这造成了混茶商计划的混乱,英国公司不得不从非洲购买更多茶叶,结果他们很快发觉没有我们也无所谓。当然,我们还保留着许多和英国市场的传统合作关系,他们还是会回来找我们。只不过现在就公司情况来看,我们十分乐意在国内售卖茶叶赚钱。

"出口数量无法预测时,我们的确遇到了危机。主要原因是英国家庭买茶叶时看中茶汤和口感,印度人则看中茶叶外观,他们想要的茶叶颜色乌黑,呈粒状多节。他们在鉴茶方面还不够老练。于是我们只好生产不同类型的茶叶。1984年禁令带来的额外好处就是印度消费者慢慢学会品鉴茶汤。我们往国内市场转卖了一大批货,广受人们好评。"

"英国人从什么时候开始搬离这里？危机期间吗？"

"并不尽然。一部分是政治原因:政府或多或少下令要求茶叶产业自主印度化或者国有化。如此一来,印度没有一家公司允许主要股份掌握在外国股东手中。现在我们公司 26% 股份归英国所有。有的公司占比更多,但大多数更少。然后是 1962 年中印边境战事。当时阿萨姆茶园位于火线射程内。英国种植园主不想被抓,政府也不希望敏感地区归外国人管辖。货币贬值是剩下的主要原因。他们用卢比支付工资,结果 1966 年卢比贬值——他们在英国的小房子和存款全部付之东流。所以在还能有所行动之前,他们纷纷离开印度。"

"但你留下来了?"

"嗯,我们中一部分人选择留下。我不会走的,我爱这里。我在这儿有很多朋友,当然在家也是。我也很幸运:我的工资大部分用英镑支付,"他轻笑一声。"明年我就退休了。我的妻子现在在伦敦,我们有栋房子。"

几周后,我在伦敦再次遇到他。他正在休假,每年 9 月都是如此。在他的建议下,我们前往大理石门一家酒店的烤肉馆共进午餐。我们聊起加尔各答过去的赛马,他曾经拥有一两匹马的股份。那些比赛实在精彩绝伦。

"还记得'两场雨季'的说法吗?"他边吃辣根边说。"我刚和一位 86 岁的老友聊起。86 个夏天,他们会这么说。能不能熬到回家,就看'两个冬天'。第一个冬天,你的骨头里还存了些阳光的热度。第二个冬天才是真正的考验。"

我环顾餐厅,四周坐满游客,大快朵颐享用"老英格兰烤牛肉",假如还能吃得下,烤羊肉和猪肉也不能错过。

大吉岭

茶季的每个工作日,世界最大的茶叶拍卖会在加尔各答 J. 托马斯公司举行,一家曼戈路上的代理商。每一笔拍卖由参与的公司——用英语——举行;过去拍卖时间根据蜡烛燃烧而定,现在是怎么快怎么来。买家像议会党人一样大声叫嚷。哦!哦!哦!他们叫道。哈!跟你!跟你!哈!我要!哦!

喊出一声即时的"哈",一句强调的"我要",表示你已经离成功不远了。隔着买家席大吼一句"跟你",意思是想和当前出价的买家分享一件拍卖品。所有这些叫嚷交易都以惊人的速度展开,当我意识到一件拍卖品被卖出时,其实已经卖出七八件了。"哦!"也有某种含义,但我不太确定;也许是鼓励。

买家手中持有一份私下注释过的商品目录,作为竞价的依据。有兴趣的买家可以尝试拍卖样品茶:不像咖啡或糖,茶叶味道差异太多,易受各种因素影响,所以很难当成商品对待。在这个市场,没有现货价格,也不谈未来。每一天开始于人们对市场强度的估测。果戈理茶叶公司为苏联购买茶叶,他们从来不支付超过 100 卢比,总是想要外观好的茶叶,质量差一点也无所谓。果戈理买家坐在被猛砸的拍卖台前,他驼背的姿态好像隐含一层傲慢,其他买家只能在他身后就座;不管情不情愿,他们都接受他某种程度上的领导地位。印度和苏联维持着庞大的易货贸易往来:果戈理以电站为代价购买茶叶。孟加拉邦对苏联有种奇异的情怀:前几天参观托尔斯泰纪念品展览时,见到了他当年用来泡茶用的铜制茶壶。没人知道果戈理买回的茶叶最后去向何处,但劣质茶可能和格鲁吉亚茶叶混合在一起。不像在沙皇俄国时期,要在中国好茶表面"装饰"一层印度茶粉才能保证品相。泰特莱茶叶和台风茶叶的人来自伦敦,一些伦敦公司都有他们在当地的代理商。立顿和印度布鲁邦德当然也派人来。

"好茶,24 号拍卖品。"

"哈！哈！"

"哦！"

"哦！哦！"

"跟你！"

"哦！哦！哦！"

"布鲁？你怎么说,先生?"

"哦！"

"跟你！"

"哈！"

"区分不明……布鲁……14 个筹码。25 号拍卖品！"

忽然灯光全灭,空调停止工作。内部发电机运转了一阵,驱动头顶的风扇嗡嗡转动,但很快大家都汗如雨下。人们纷纷松开破旧的领带,又脱下外套。我感到自己快要熔化了,但这时候若是抛下招待我的阿比吉特,会显得十分无礼,他必须在这里和最好的茶叶商竞争叫价。

"哦！哦！"

"哈！"

"34 号拍卖品！"

一个小时后我筋疲力尽。阿比吉特体贴地建议我去参观走廊另一端的"正宗大吉岭"拍卖场,房间比这里小得多,只有几排椅子和一个拍卖台。大约有 40 人正参与竞拍。那里更像国内拍卖会场:这里伸伸手指,那里点点头,拍卖师询问还有没有人加价,先生们,然后小木槌一锤定音。唯一的缺点就是很热。大吉岭厅没有空调。

茶叶不公开展示。如果从茶园提前运输茶叶样品,大批茶叶可能还没有到达加尔各答。品茶师寻找某些特定价格、特定品种的茶叶供应,以保证混合茶叶的品质。他们紧张地谈论主妇们,他们严苛的女主人。她们的口味不容动摇,她们的嗅觉无比灵敏,她们的双眼可以穿透一切,她们的行动保守谨慎。她们是难缠的法官。20世纪70年代,茶叶品牌价格大战爆发后,茶叶质量开始下滑。突然间,她们不再从货架上购买茶叶,于是商家们匆忙停战,休整妥当,才再次赢回她们的芳心。

配茶师每年重复着西西弗斯式的劳动,试图找到合适的茶叶调配出老味道。但问题在于,没有茶叶年复一年保持同样的口味;就像红酒,气候变化和制茶技术中的变数会改变它的口感。每年推出一些"自饮茶",不用混合就可直接饮用。但大多数时候需要把不同茶叶混合在一起冲泡,问题就在于如何搭配组合保持色香味正确。组合方法可以简化为配方,本来是商业机密,然而但凡有点本事的品茶师,如果存货储备充足,都能在几分钟内复制出对家的混合茶。价格也需要注意:如果成本翻番,则没有必要调配完美的混合品。对茶叶的搜寻毫无止境,因为没有茶园能够每月生产出同样质量、同样价格的茶叶,所以人们只好不断搜寻新的茶源,品尝新货。

有一些常识性的规则:一种更简单,且从长远考虑更便宜的做法是大量购买少数种类的茶叶,而非用十几种小批货来配置混合茶,即使那样购入价格更便宜。配茶师要学会相信自己的鼻子和眼睛:尝过几百种拍卖品后,他一般能在脑海中搭配出想要的混合茶。这种技艺需要很长时间才能习得,而且还要看天赋。混合过程中,茶叶不能混合得太彻底,不然分布过于不均,就像一副过度洗牌的扑克牌。

红茶品鉴流程全球统一,不管在蒙巴萨还是曼彻斯特。这是大英帝国留下的一小笔遗产,就像靠左行车和电话铃声。几百罐样茶排列在长桌上,每个罐子前边摆放着一只带茶碟的白瓷杯和一只白陶碗。杯中盛放相当于过去6便士硬币重量的茶叶,泡制6分钟。助理沿长桌把杯中茶水倒入白碗,然后把湿茶叶挑到茶碟里,再把茶碟搁置在空杯上。于是从前到后依次是一罐干茶叶、茶碟上的湿茶叶(浸剂),以及碗里的茶汤(浸液),6分钟之后碗中茶汤成色黑红。

品茶师像医生一样穿着白大褂,沿工作台品鉴茶叶,身边跟随一群人。他们带着一只令人反胃的带脚轮的痰盂一同前进,不管品茶桌多么高级,旁边总配有一条排水通道。品茶师取出茶匙。他们把手指戳入干茶,搅拌一下。接着捧起茶碟,检查浸剂,中部压成火山状,然后把鼻子探入火山口:浸剂中的茶香最为浓郁。到这一步,他们已经了解了一切信息,可以省略品尝茶汤的步骤。他们观察茶汤颜色、"光泽"和"浮膜",鉴别质量:浮膜指好茶表面形成的油状薄膜,以及液体本身的不透明度;光泽是茶汤清透亮泽的品质,反义词是平淡。最后品茶师把茶匙上的茶叶啧啧卷进口中,和牙龈接触,品评香味,确定清新度,又称作"活"的品质。

这一番嗅闻探查的结局对旁观者来说相当令人失望。品茶师不是那种光鲜亮丽的职业;他们没有品酒师的健谈和微醺后的庄严感,只是害羞地用笔记录品鉴结果。在一旁大量记笔记的人不是混茶商而是代理商,他们评判每个茶园的表现,然后给种植园主提供建议。最初代理商给阿萨姆茶的评价是,较清新,有轻微焦煳味。混茶商不需要和别人分享他们的观察,他们主宰自己的营生,但也会被迫承认一种茶叶至少"有用"。许多人只是轻轻将茶杯从长桌边缘往里推一定距离,他们有一套秘密交流代号。

为了参观茶园,我必须寻求加尔各答公司的帮助。在伦敦牛津街尽头的东方俱乐部里,我遇到一位奇帕·阿塔尔。他患重感冒,紧挨在暖气旁,一个人埋头喝茶,手中顽固地拿一根烟。他身材硕大,穿一身灰色羊毛套装,领带朴素无华,腹部衬衫圆润地隆起,显示出多年经营英印茶叶公司的经历。他的正上方挂着一副叛乱者蒂普苏丹①像,油画笔触狂乱,画中是他临终前卧躺的模样,身上缀满珠宝,气派华贵。

"经营种植园的生活很辛苦,"奇帕说。"学徒生涯漫长、艰辛,也许要 20 年时间。太难了,当你感觉自己和那些实际经营茶园的老家伙们

---

① 蒂普苏丹(1750—1799),印度南部邦国迈索尔的军事首领,被视为印度反抗英国殖民侵略的民族英雄。——译注

懂得一样多的时候。但如果他们想继续干,就一直赖着不走。天好的时候,早上6点起,晚上2点睡,季季如此,从2月一直到11月。如今我派遣他们去那里,你知道的,年轻人,个个精干壮实。不开玩笑地说,6个月之后就认不出他们了。这就是为什么这么多人离开,受不了这种日子。现在的毕业生——总得有人雇他们,工作岗位不够。上千名应聘者竞争几个岗位。还是不愿意坚持下去。没个说话的人,没书可读,从6点到2点,他们一个月后就回来了,对我说'不了,谢谢'。现在更糟——去年没有一个人坚持完整个茶季。"

奇帕擦了擦带纹章的茶托上的污迹。外面开始落雨,酒店大堂的印度行李员在路上奔跑起来,用手把绿色制服外套顶在头顶,消失在牛津街流动的人群中。

"我开始工作的时候,一切都不一样,"奇帕道。"年轻人从公立学校毕业后直接去工作,因为受够了英国的天气,并且国内没有足够的工作岗位,他们什么活都愿意做,从来不走回头路。人不算聪明,但肌肉结实,他们能坚持工作5年,因为不用看书,只需要喝着威士忌,和当地女孩共度良宵。他们过得不错。如今这些小伙子,受教育过度,老婆精明能干——妻子们完全无法忍受这一切。她们在这儿无事可做,都想去加尔各答购物,去和朋友一起参加派对。最后大家都崩溃了。他们中大多数都是很好的人,就是受教育太多。主要是女人。如果一个人能坚持工作20年,他值得升任管理职位。"

一位来自英国周围某郡的殖民地居民曾说过这么一个玩笑话,女人遗失了我们的帝国——其实他并非开玩笑。

阿萨姆严令禁止入内:走正规程序要给印度行政局投喂十几份表格,这些材料需要审核几个月;即便如此,伦敦主管们也没能拿到准入许可。我最盼望去大吉岭,但无法通过电话和茶园取得联系。新朋友们认为，如果我能在某天某时抵达西里古里①火车站，他们就能想办法让我进去。

上一次坐印度火车，还是和从哈瓦那大使馆来的加拿大外交官同行，他邀请我一起享用价值 100 美元的"林伽"②状雪茄。这一次，我和两位安静的商人和一位叫达斯先生的会计共用一间车厢。这位达斯先生对于踩小梯子到上层床铺具有不可名状的偏见。他厉声责骂我居然被分配到他的床位。我告诉他可以在我的床铺上想坐多久坐多久，正在我鼻子贴着车窗玻璃和朋友挥手告别之际，他一边发牢骚，口中意见纷纷，一边舒舒服服地爬上我的床铺，蹬掉凉鞋，盘腿而坐，即刻歪向一边陷入半昏迷状态，就像委罗内塞③笔下的维纳斯，只不过抱着公文包。

火车开动，驶出车站，这时达斯先生像躲过债主一般兴奋异常。经过站台末端的乞丐和小贩，他们早已转身走开。达斯先生打开行李箱，取出用报纸包好的小包裹，展开包装。里面装着几团绿色的东西，他拿起一团，塞进口中。嚼槟榔是一种习得的爱好，但里面塞的馅着实精致漂亮：绿咖喱、红咖喱、豆蔻籽、银叶，和各种东方香料，包裹在闪着熠熠光泽的绿叶里。你可以要求店家根据喜好调配馅料。咀嚼过后，口腔被染成红色。印度的公共楼梯间和刷白的墙上，到处能看到飞溅的猩红色唾沫印子，好像经历过一场大屠杀。达斯先生像食尸鬼一样咧嘴笑，把剩下的叶子塞进公文包。

他即将前往茶园检查账目，但无论我多么努力把话题往茶园财产问题上引导，他认准我是英国人，只和我聊板球和天气。我们摸索着讨论起伦敦黄色浓雾的热点话题（我告诉他《空气清洁法》颁布之后就不是这样了；但是在电视上看过《夏洛克·福尔摩斯》的达斯先生笑了笑，表示比我更了解），然后行进到板球场，却发现我已经被浓雾团团困住。

---

① 印度东北边平原上的古城，属于西孟加拉邦，是印度边境的交通重地。——译注
② 印度语中指男性生殖器官。——译注
③ 保罗·委罗内塞（1528—1588），意大利画家，和提香、丁托列托一同被誉为文艺复兴晚期威尼斯画派三杰。——译注

但达斯先生本人简直是一本健谈的《威斯登》板球杂志,他从《政治家报》背面搜集了很多种击球姿势。听他说话让我想起上学时在球场边闲逛,什么也不做,就远远看着球场上白色的身影不断缩小,他们滑稽的动作越来越模糊,最终因为距离太远,只能看到他们用微缩的手臂打手势,叫喊声微弱难辨,直到听见旁边砰的一声才回过神来,一声非此间的呻吟意味着你撞上了什么人,最好拔腿就跑。

回到火车上,我捧起一本书占据有利位置,以研究调查为由逃避对话。我能感觉到达斯先生正盯着我的脸,余光看见他缓缓在床铺上伸出腿舒展开来。我把一本书放在身旁,正好挡在他脚前。前路受阻,他伸出另一条腿,一点一点挪动,借助车厢当啷作响的节奏,两条腿终于伸展开,几乎碰到那本书的书脊。

有句话说,英国人得到印度帝国时心不在焉,失去它时也同样心不在焉。我不想重蹈覆辙。达斯先生站起身,满不在乎地把行李箱拿下来放在我的床铺上。他假装摆弄箱子里的东西,然后心满意足地躺回去,睡眼惺忪地偷偷瞄我。我的活动范围被限制在窗前一小片区域,像悬在半空的烟灰缸。我继续阅读。达斯先生跌跌撞撞地去洗手间;他一离开,我就把他所有行装扔回他的床铺,然后躺平假装睡着。他回来后大声抱怨起来,用凉鞋猛砸地板,而我不动如山,香甜睡去。

第二天早上,我在火车站碰到另一位欧洲人,正和售票员争吵。他说想乘"玩具火车"去大吉岭——这是一种半开玩笑的说法,指代这里连接大吉岭镇和 7000 英尺下平原的两英尺窄轨铁路。售票员摇摇头。大吉岭站关了。没有火车。廓尔喀人罢工。不,没有公共汽车。没有出租车。罢工了。他只能返回加尔各答。他必须先在车站簿上写下名字。

这位欧洲人混搭军用补给和民族服装,看起来经常外出旅行。他绑着马尾,戴手镯和念珠项链,好像从越战电影里走出来的角色,神色紧张。大吉岭动乱和廓尔喀人封锁街道的新闻传遍了加尔各答,国际新闻中甚至也有报道。我猜测他会想方设法自行前往大吉岭。我没有立场邀请他搭便车；于是悄无声息地从他身边走过，来到一片阳光刺眼的空地，几辆路虎和大使牌停在路边，一旁设有茶摊。没有一辆车是我要找的车牌号，我正琢磨下一步该怎么办，一辆白色大使从我身边疾驰而过，停在石子路上。茶叶公司的大名印在车门上。司机下车向我行礼，我对他回礼，他咧着嘴笑了。

"古德温先生？幻店。朗格力。好？"

"幻店？"我重复道。

"早饭，先生。"他左右摇晃着脑袋。如果带刚抵达的客人去"幻店"吃早饭是这里的习俗，我可不愿意打破这种传统。于是我谢过他，爬进车里。

他抓方向盘的方式和其他印度司机不太一样，他把方向盘抱在胸前，一双罗圈腿踩住踏板，手肘僵硬地悬在两侧，好像怕我从他手里抢走方向盘似的。方向盘上端几乎磕着他下巴，他一边紧张兮兮地盯着前方看，一边用手激烈地操纵转向柱里的变速杆。到达时车窗玻璃是摇下去的，但他建议我摇上来，这样空调效果更好；我说不用了，他看起来似乎很满意。他叫本·卡兹，穿棕色背心、仑吉，脚蹬凉鞋，来自"这个地方"。

这个地方没有什么好看的。满眼黄色，建筑低矮；砖房，一些水泥房，但大多用泥砌成，一层楼；小路和铺满砂土的河岸上凌乱分布着茅草屋。斯宾塞宾馆突兀地建立在这样的环境中，里面有一片葱翠的花园，墙刷得雪白。这里往来许多旅行者，因为西里古里是前往大吉岭的必经之路，孟加拉邦政府的中转站。可能一个世纪前，斯宾塞就在提供相同的培根鸡蛋早餐，当时的旅客们沿新恒河航线而来，到岸后转乘轿子，准备进山。

西里古里位于尼泊尔和孟加拉国之间，离边境只有100英里。想象一把枪口冒烟的手枪，如果枪托是放大版的孟加拉邦，加尔各答便位于枪托底部。细瘦的枪筒往东方延伸到阿萨姆，像一只绑在后面的气球。枪筒下方是孟加拉国。保险栓是大吉岭，像一撮顽固的前额发，夹在西边的尼泊尔、东边的不丹和北边的西藏之间。

不出预料,西里占里也是驻军重镇。枝繁叶茂的林荫道通向山里,树后是营房和总部,名号写在路边标示上:第二步枪队第三师地区总部;军警;第一装甲师总部。绿色军用卡车前后奔忙;戴蓝色贝雷帽的士兵沿路小跑;随处是命令和列队,还有军队范围内标志性的直线:直路,长方形建筑,直梯和方阵。

自19世纪50年代起,茶叶种植园主开始管控这片区域。当时的锡金王把大吉岭割让给英国,作为回报,英国将保护他们不受尼泊尔威胁;英国人把这里当作军队疗养院,以及孟加拉帮省督的避暑胜地。这里只居住少数雷布查山民①(如今仍然可以凭借他们蒙古人的脸型和奔拉帽檐的飞行帽辨认)。这里的第一位警长坎贝尔博士首先开始着手吸引来自尼泊尔、不丹和锡金的移民。1852年,大吉岭镇上已经有70栋欧式建筑,还有集市、监狱和大道,运行一套"简单的司法行政系统",没有强制劳动,开发出茶叶和咖啡实验种植园,并且生产各类欧洲水果,包括葡萄在内。

最初,茶园里种植来自印度喜马拉雅地区西部的中国茶树。1852年,人们发现茶树在大吉岭的生长状况并不乐观,那里"太潮湿,日照太少",但1000英尺海拔下的茶树却"长势喜人",人们便兴奋地认为,"种植茶树能带来可观的利润,还能进一步强化和西藏地区的贸易往来"。

早期种植园主们试图复制他们印象中的中国模式,"一开始人们认为茶树应该种在山坡上。照片中的中国人身系锁链(在当地不这么做的话没法摘到茶叶),采摘生长在岩缝中的茶树叶,这些照片启发了这一想法;当人们听说如此环境下种植的茶叶品质最好、售价最高(纯属一派胡言),策定计划的印度种植园主们便开始疯狂寻找根本无法种植的峭壁!大吉岭地区尤甚",莫尼上校在他1877年的获奖短文《茶树种

---

① 中国称绒巴族,主要分布在锡金,亦分布于印度西孟加拉邦。该族原属藏族一支。——译注

植》中严肃指出。大吉岭最初的尝试始于中国茶树和想象中的中国方法。

车在山的两条支脉中间行驶。道路看上去一马平川,只有骑行者才能感受到坡度变化。我们钻出一片小森林,和源头在西藏的恒河支流提斯塔河汇合。孟加拉平原上的河流始终在变更河道,一座港口淤塞了,就开辟另一座,一时泛滥成灾,一时又杳无踪迹。干涸的河床上,淤泥和灰石留下水流回路和螺旋的轻微痕迹。我们在巨人的手指间沿河前行,终于捕捉到孟加拉平原的样貌:那巨人便是喜马拉雅山脉。

本·卡兹保持高速驶入一条山路。"争取每天零事故",一块告示牌上写道,此时他把车速提到三档,车身甩过一个 U 型弯道,一旁树木正下方 200 英尺就是湍流不息的河水。本·卡兹不太懂英语。大队卡车往山下行驶,它们关闭引擎,高声鸣笛:一条"桥梁有坍塌危险,请慢速行车"的标语一闪而过,车速快到几乎无法看清告示上的字。有危险的桥在我们轮胎下发出阵阵巨响,随时等待坍塌的时刻到来。我们来到一处岔路,其中一条路跨越河流,在对岸分成两股:那是去阿萨姆的路;桥旁矗立着一座为约翰·安德森爵士树立的方尖纪念碑。一个小女孩的身影在林中小屋里一晃而过,好像身穿伦敦高等神学院制服。

我们不知行驶到多少海拔高度,本·卡兹开始踩刹车减速,然后向左猛打方向盘。也许是两三千英尺海拔。新路向山下延伸,我们一路往低海拔行驶,以近乎滑稽的姿态,经历了一系列重复的高低起伏和 U 型转弯,一侧的悬崖即便对于树木来说也过于陡峭。接着我们又爬了一段山路,来到"朗格力·朗格略特"茶园,意思是"到此为止,再无前路"。

山顶皱起一些小山头和山谷,远远看去好像覆盖了一层绿色的雪,或是一层厚被子悬在凹陷处的车道上。我几乎不敢相信看到的是茶树。它们排列紧凑,大小均一,修剪整齐,平整得好像可以在上面滑平底雪橇,或者穿球拍型茶靴跳踢踏舞。这里的茶树完全不是我在中国看到的样子。在中国,茶树像荒原上的金雀花,这里一棵,那里一株。

这里的采茶女行走在及腰的茶树间,下面有一条看不见的小路,就像兔子穿梭在枝杈底下。她们头上绑着又黑又粗的辫子,前额扎头带,为了支撑后背的锥形篮,里面装满采摘下的茶叶(也可以摘花,不过一般都是摘叶)。离开西里古里 4 个多小时后,我们在一棵硕大的蓝花楹前转弯,终于抵达茶园管理人居住的平房。

房子是方形的,低矮的波状铁皮屋顶漆成锈红色。茶叶惊险地堆在屋前,叠置在一起,几乎碰到墙——就像一块巨石悬在瀑布口,形成排山倒海的茶浪。房子边有一小块草坪,一旁走廊上缠绕着忍冬和旋花。茶园管理者——经理大人——在那里接待了我。

从美学角度说,再也找不到比他更适合在高山小屋里工作的人了。纳威姆大约 45 岁,表情半是智慧半是惊奇。不管长相还是行为,他都像一只鸟,躁动不安,紧张又害羞;他说话的时候总是站起身,上下点头;走路时两臂上下甩动,停下后则抱臂站立。小屋里的一部分陈设仿佛是从伊斯特本偷偷带回来的。客厅壁炉使用大胆的拼色铺面,拼接式半圆形吧台旁放了几只高脚凳,一组"壁柜"包含各种不同的壁龛和盒子,这样设计是为了放置音响,几本《读者文摘》,以及诸如瓷狗和青铜湿婆像之类的旅游纪念品。一些笨重大只的 20 世纪 50 年代家具上,盖着暗淡实用的红色软垫。卫生间墙上挂着花里胡哨的海报,上面半裸的金发孩子在撒尿,或者偷穿妈妈的鞋,再配上过于恰当的文字。另一边有一张英国 G 计划牌咖啡桌,带图案的金属烟灰缸摆在纸垫上。纳威姆似乎还不熟悉自己的住所,他总是不小心从椅子上弹起来,打开吧台柜的方式好像第一次这么做,或者手过于精准地撑在壁炉台上。他工作的勤奋程度和奇帕·阿塔尔预期中的一样——过于勤奋,一天几乎没有多少时间待在家里。

他的妻子被传染了同样的害羞,声音小得几不可闻,一直在把拿玩具手枪的孩子尽可能地赶出我们视线之外。孩子从来不用枪对准任何东西,只是毫无感觉地扣动扳机,口中发出呼呼的声音。

朗格力占地 200 英亩,是大吉岭最大的茶园之一,平均产量比这片山脉中其他茶园都要高。过去15年,纳威姆的产量几乎翻番:栽种更紧密,采摘周期更短,优惠更多。质量呢? 要知道,每公斤茶叶价格逐年增长。

第二天早晨,我陪同纳威姆一起巡查茶园。尽管有瘴气环绕,他并未把烟斗放在鼻子下抵消瘴气的味道(他没有任何恶习)——其实那充其量不过是晨雾,还有一部分是云,一缕一缕飘在茶树梢头。我们乘坐吉普车,前往参观工厂——一座波状铁皮材质的、墓碑一样的建筑,除了屋顶公司标志性的红色外,其余一律灰色。屋顶上醒目地立着茶园和公司名称:在多山国家,屋顶就是免费的广告位。纳威姆说这是一种传统——至少是从汤米·立顿①开始的传统,这位茶商兼食品杂货商,单枪匹马、一心一意将大规模商标广告宣传模式引进英国(他对广告极度狂热,当时他乘坐的轮船即将沉没,人们发现他仍奋力把自己的商标印在任何可以漂浮起来的物体上)。

纳威姆在工厂的一间小办公室里召见了工头。他是一位本地人——至少是个山里人,100多年前祖上受到坎贝尔博士诱惑,从尼泊尔和锡金来到此地。他天生斜眼,脸上因饱经日晒满是皱纹,身高约5英尺3英寸,看起来一点不像他的经理大人,反而更像之前遇到的中国人。他身穿焦黄色羊毛外套,把指背举在前额以示敬礼。他不说英语,但是说印度语,纳威姆只好不情不愿地翻译给我听,劳工线——工人居住村庄的代称——上出了点事情。一位在茶园工作的女性晚上遭到了侵犯,纳威姆说:"问题在于罪犯并不在这里工作,而是一位工人的兄弟。那么这就是警察的工作了,否则我得自己想办法解决。"

"什么样的办法呢?"我问。

"一般来说,碰到这种事件,最好的办法是让他们两人结婚。你看,事情闹这么大,不会再有人愿意娶她。你得明白,他们都是农民。想法跟你可不一样。"听起来像策划一出维多利亚时代的悲剧。纳威姆表现

---

① 汤米·立顿(1848—1931),苏格兰人,立顿品牌创始人。——译注

出更加怀疑的态度："实际上，不这么做，最后说不定他们也会在一起。但是如果他是我手下的工人，我一定会说服双方私下解决。"

"不找警察？"

"这也是解决方法的一部分，"纳威姆无所谓地答道。

这个事件让我明白了纳威姆的角色。被纳威姆称作"他的人"的人们，看起来和他完全不同。他们说不同的语言。他们是佛教徒或者泛灵论者；而他是印度教徒。纳威姆以加尔各答为原点思考，可能想去英国旅行，住在南部海岸边的别墅。然而"他的人"却想着邻村和节日，住在小木屋或者工棚里。现在看来，他也不仅仅是一个拥有某种毕业文凭的公职人员。独立之前，种植园主经常兼任地区长官，即使官方上不这么说，但他的身份仍然介于中世纪贵族和大学院长之间。加尔各答离这里有 10—12 小时车程：忽然之间距离显得无关紧要。就算相隔几千英里或者几十年车程都无所谓。茶园就是他的封地。

我们爬上紧贴侧墙的木梯顶部，梯子陡峭地悬在空中，通向萎凋阁楼。最早的种植园主在露天环境下进行茶叶萎凋工序，就像我在武夷山所见的那样。但是由于天气变幻莫测，他们发明了萎凋机，利用风扇和热空气人工萎凋。阁楼上布满宽水槽，上面覆盖金属网，茶叶摊放在上面一整晚；热气通过水槽尽头的巨大风扇吹过茶叶，每过一小时左右需要人工给茶叶翻面。当叶边几乎可以发出噼啪声时，茶叶就通过倾斜槽被排入下方的滚筒中。

茶叶落入一片松软涌动的绿色瀑布，从伯明翰一路流到不列颠尼亚。滚筒铁质的支撑腿稳稳蹲伏在地面，通身厚厚漆了一层米黄色，两片圆形铜盘呈弯曲状。下方托盘固定，表面有辐射状棱纹，而上方托盘与之平行，快速摆动，发出沉重的声响，不断重复同样的圆形轨道。它们就像狄更斯笔下抑郁发狂的大象：乏味的疯癫，像狂人在抽搐。萎凋后，茶叶像磨坊中的小麦一样，从阁楼上落下，堆积在两片托盘之间，撞击、翻滚、碾压、撕扯，比任何人手工操作更加充分和无情地破坏叶片中的细胞、酶和多酚。当茶叶紧实地蜷曲，上方铜盘逐渐加压，直到监管者认为是时候铲出里面的茶叶后，重新注入新鲜茶叶。

这时叶片看上去像菠菜一样，经过可调节缝隙的筛子，大致区分出不同大小。

茶叶分级在中国无规则可循，这里却遵从一套印度式茶叶体系。这类似于官僚体系——一种王室官僚主义，有官职区分，就像虚构的鲁里坦尼亚王国头衔。完整的叶片叫作白毫，不完整的叫作碎白毫，更小更碎的叶子叫片茶，其余是茶粉。

大小分级只有几种。每种大小分类也有相应的方式描述质量。一般采摘时，只取顶梢两片叶子和收拢的小叶芽。新芽泡茶口感更好。如果采摘时间较晚，叶芽几乎舒展开来；用这对叶芽和一片半叶制成的茶叶叫作橙黄白毫。如果芽仍然紧实，茶叶幼嫩，则叫作花橙黄白毫。总的来说，特别嫩的茶叶，毫尖不像其他茶叶，在发酵过程中颜色发黑，而是干燥完毕后呈现麦秸色或金黄色。如果花橙黄白毫包含相当一部分"金色毫尖"，便称作金色花橙黄白毫；如果每片茶叶毫尖都是金色，则称为显毫花橙黄白毫，首字母缩写为 TGFOP，是顶级茶叶。

毫尖本身不会改变茶叶口感，但能证明茶叶是由纤细小叶制成，味道更为上乘。在莫尼的时代，人们倾向于采摘枝头三四片甚至五片叶，这样制成的茶叶很少有毫尖，但味道更香醇浓郁。然而经销商给毫尖茶开价更高，现在依然如此。莫尼对此感到绝望："这种困难会持续下去，除非经销商不再一味追求白毫毛尖（这个不太可能），或者发明一种机器，能够快速又低成本地把两片小芽从一起采摘的其他茶叶中挑拣出来。"这些愿景现在依然不太可能实现，但由于采茶人减少粗茶采摘量，这门生意也变得好做了。

茶叶分级到这里还不算结束。茶叶翻滚中，受到压力而被撕扯成碎片。这些叫作碎茶。橙黄白毫和花橙黄白毫扯碎后变成碎橙黄白毫。带毫尖的是碎金橙黄白毫。全毫尖的就是显毫碎金橙黄白毫，简称 TGBOP。

如果茶叶碎裂之后只有大头针针帽一般大小，则分级为"片茶"，可以从一大摊干茶中筛选出来。最小的等级叫"茶粉"，英文为"dust"，跟地板上清扫的灰尘没有一点关系，而是根据现代传说用于装填茶包。

滚筒处理和粗略分拣后，茶叶摊放在大理石或石块上，在凉爽的房间里发酵——发酵使茶叶具有苦涩感、口味和香气。然后是干燥步骤，将茶叶放在烤架上，放入火炉内缓缓下降，从温度最高的顶部到温度最低的底部移动。你可以隔着玻璃板在旁边观察茶叶干燥过程：叶片像跳蚤一样在架子上弹跳。一堆堆茶叶逐渐变得松脆干燥，颜色变成棕色，像成匹高级粗花呢一样骄傲地显露出毫尖。味道闻上去很温暖，像饼干一样。在分拣包装室，空气中飘散着茶粉，在阳光映照下金光闪闪。女人们在地板上围坐成一个个小圈，气氛融洽，每人面前摆一只圆形篮子，从中挑出粗枝和茎干。她们时不时伸手搅动茶叶，向上颠两下篮子，然后重新开始挑拣。纳威姆有一只固定的滚筒，茶叶由它下方经过传送带，工人们在这里挑出细小的杂质，比如纤维和白毫的绒毛。接着，茶叶通过不同网眼大小的传送带再次分筛，落入盛放不同尺寸茶叶的盒子里，这些盒子被送到房间另一边包装师傅制作茶箱的地方。

纳威姆刚购进一台新的装箱机器，用来震动茶箱，为的是减小叶片之间的空隙，装运更多茶叶。一张纸对折铺在茶叶表面，内盖放下后，再把外层的盖子盖好密封。然后，一位油漆工用模板在茶箱外部漆出各种细节信息：茶叶重量、茶园名、茶叶种类（TGFOP）和产品批号。接着将茶箱运到仓库中存放，等待运送到铁路转运点，最后接受拍卖。

我们转移到室外。前院秤上的指针随当天第二批采摘的茶叶起起落落，采茶女们三两成群，满载茶叶慢慢走回工厂。她们聚集在秤边，唱起印度电影中的流行歌曲，解开扎在头上的细带，再取出称重时用作缓冲的布料。茶篮称重后，她们重返茶园继续工作，或者坐在路旁的草坪上吃中饭，用印花裙子作餐布。

纳威姆想介绍我认识他的副经理——小老板，属于奇帕·阿塔尔在伦敦时提到的博士一代。维马尔看起来极其严肃：他和茶叶恋爱了。

他在茶园里欢快地穿梭，拥抱茶树，感受它们的神秘。

"大吉岭是独一无二的，"他说。"这是全世界唯一一个中国茶树和阿萨姆茶树一起种植的地区。阿萨姆茶树叶子更大，更有光泽；中国茶树叶子比较小——这儿。"他摘下一片茶叶，轻咬一口。"不同茶园中中国茶树和阿萨姆茶树的比例不同，这里大概85％是中国茶树。新茶园里阿萨姆茶树更多。这里很多茶树已经100多岁高龄了。"

"你的意思是，它们是直接从中国运来的？"

"也许是的。"

我前后踱步，激动地想到也许自己正站在福琼当年从武夷山里挖来的茶树中间。也许我曾见过它们的母树。

"但没有人知道大吉岭茶叶独特的口味来源为何，"维马尔的话应和了福州庄教授的困惑。"是因为中国树种和阿萨姆树种杂交所得？还是因为海拔高度？任何其他地方都无法复制这种味道。研究室里分析出茶树所有化学成分，但就是弄不明白。"

"这里很多茶树树龄真的太大了，一株茶树超过70岁之后产量就会下降。看看周围这些茶树的梗多粗，"他低头埋入一团茶叶之雪。"当心有蛇，"我跟随他走的时候他补充道。

"如果重新栽种，你选择中国茶树还是阿萨姆茶树呢？"

"都不选。我们用培育的克隆品种，有病毒抗体、高产之类的。它们是中国茶树或者阿萨姆茶树的杂交品种，两种优点都占。午饭后带你参观育苗室。要先喝点茶吗？"

往山上走一点，就到了他自己居住的简朴平房。屋内墙上随意贴着有轻微拜物倾向的海报，和一张苏格兰"卡蒂萨克号"帆船的图片。两张扶手椅和一张沙发，以防御姿势正对矮桌摆放，桌上空空如也，除了摆在桌面几何中心的烟灰缸。整间屋子显得空空荡荡的，不过干净整洁，像牙医等待室。但维马尔已经结婚，他的妻子回德里的娘家去了。他向我展示了一张她在多伦多拍的快照，非常美丽。纳威姆的妻子小声抱怨这里的生活太无聊，她只想去加尔各答，但是他们很少有机会离开茶园,她也不愿意一个人去,不然无事可做。

"你夫人喜欢这里吗?"

维马尔笑了:"我想是。一些女人天生痛恨茶园,我是这么认为的。一些男人也痛恨,但至少他们无时无刻不在忙碌。女人们都想去加尔各答,她们总是抱怨休假太少。尚蒂近来时常回去见家人,不管茶园有多忙。下周末她就回来。我们每隔一年休一个愉快的长假。"

一位用人端来茶水;一套完整的茶具,包括茶杯、茶碟、滤网、茶壶、夹子和糖。维马尔喝茶不加糖,纳威姆则相反。

"你们现在忙吗?"

"如今到了次摘茶的时候。这是大吉岭的特色。现在你喝的是初摘茶,也叫春摘。你能喝出这茶叶有多绿吗? 非常嫩,冬天休眠期一结束就摘下来了。我们叫它班吉,叶子不长出来,我们就不能摘。初摘茶有细小的边缘,还未完全成熟,有人爱喝。大多数人觉得它口味淡,但市场需求大,所以卖得挺好。实际上,春天的初摘可以在拍卖行拍出额外高价——就像快船茶。"他指了指照片。"5月和6月是次摘茶。叶片更饱满,口味更均衡,产量相当高。我们在大吉岭最主要的问题就是产量。这片地方小,举个例子说,我们每英亩产量比阿萨姆少太多。气温低,海拔高,生长速度缓慢。但香味浓缩得极佳。它不是大茶,只是非常精致,非常——嗯,高。像钢琴上的高音阶。次摘对我们来说是忙季,因为这段时间我们卖出的茶叶价格最高,所以必须合理高效地安排采摘轮次。像这样的茶季,茶树每隔8—10天采摘一次。

"到了雨季,茶叶生长速度非常快。那个时候我们也忙,但是雨茶其实没什么用。卖是能卖,就是大路货的质量,不管口感还是气味都不值一提。但我们还是得摘,为了给秋摘茶让出位置。秋摘才是我的最爱。那时已经到后半年,9月或者10月,雨季后天气再次变得晴朗。秋摘口味比次摘更为甘醇柔和。就像桃子之如石榴,男士香水之如女士香水。秋摘茶是女士香水。德国人很爱秋摘。"

我发现,德国人不怎么喝茶,要喝只喝最好的。秋摘茶会否激起德国男人心底某种对瓦格纳歌剧中"森林精神"或是女性精神的渴望？维马尔笑了。

"我想，我们在这里能了解世界各国的习惯——大部分大吉岭茶叶出口海外。英国买很多，但不是质量最好的。很多茶叶从伦敦再次出口到别的地方。德国人和日本人争夺最好的品种。某种程度上说，俄国人是最挑剔的买家，也是我们最大的顾客之一。他们看重外观。"

"毫尖茶？"

"带毫尖，还要大小均一。有一点参差不齐都不行。"

"但是俄罗斯茶客们——或者其他地方的茶客——喝茶时真的会注意茶叶外观吗？代理商总是求购毫尖茶，但顾客买回袋装茶叶，如何能判断毫尖究竟是什么？"

"这你就想不到了，即使他们不懂，也期望茶叶看上去品相好，叶片有光泽，大小均匀，颜色乌黑而多毫尖。如果混杂很多茶粉，或者碎得乱七八糟，他们肯定会注意到。"

和纳威姆共进午餐时，我无法从脑海中驱散维马尔太太将秋摘茶轻轻涂抹在耳后的样子，与此同时维马尔将一片次摘茶啪地拍在胸口。之后我随他参观育苗室。我们的车行驶在一条长满草的车道上，穿过平房后山侧的岩石，又绕过一片松林。道路逐渐转为下坡，行路脉络曲折蜿蜒，几千英尺海拔下小屋聚落成群，稀薄的空气中什么声音都听得一清二楚。收音机声微弱地传来。松林中斧柄脱落，砸在地面上。一个孩子笑声清脆，把两抹黑色斑污射在路旁的白色丝带上，然后跑向桥边。行过山谷，其他种植茶树的山丘连绵起伏，与更远方的山脉相连，山色从青黛葱绿逐渐模糊成一片紫色。向北的支脉像一条弯曲的龙尾，鼓胀出一片山脊，被森林染上墨色。南边的山岭则分隔开去，让出一片提斯塔平原，河水流向恒河。

维马尔轻笑一声，靠在一棵松树上。

"你看，我们在这儿还是挺幸福的。月光下看更美。"

我们来到地势较缓的育苗室。潮湿的洼地和溪水边生长出缠结的毛地黄和豆蔻芽,高大粗壮的松树和坚果树足有10英尺高,杜鹃花娇艳盛开,一切植物都在阜地沙沙和鸟鸣嘤嘤中焕发生命活力。这样便一目了然,为什么种植茶叶的地方叫作茶园,茶的花园。秃鼻乌鸦在枝梢呱呱啼叫,八哥、乌鸫和蓝鹊时而栖息不动,时而在颤动的枝丫间雀跃,然后振翅高飞,越过山谷,在苍蓝的天穹下盘旋,留下老鹰般的英姿。

"我猜这里和苏格兰挺像的吧?"维马尔说。"建立这座茶园的是一位苏格兰人。他给自己挖了一座湖,在里面投入鲑鱼,还带来一艘划艇。过去,他常常划船到湖心,不是很远,坐在那儿钓鱼,不允许任何人打扰。"

"他一定能看到无比美妙的景致——山顶的湖。"

"他也一定有无比便利的交通系统,"维马尔实事求是地补充道。"驮骡、大象、苦力。因为交通不便,很多年来这里的平房连玻璃也没法装。"

"想象一下当时如何把蒸汽机运到山上来驱动新型机器。"

"或者运个抽水马桶上来。"

"或者订购灯泡。"

"圣诞布丁,"维马尔说。

"衬衫纽扣。"

"说得没错,衬衫纽扣。"

"你觉得他晚餐时换衣服吗?"我好奇地发问。

"穿苏格兰短褶裙? 当然了,老兄。谁知道会有什么人来拜访呢。他不想看起来好像已经融入当地生活的样子。"

我们相视而笑,这时我才注意到维马尔胸前系着一条领带。

返回后,纳威姆时刻处在高度紧张的状态。他站在走廊上,拳头紧攥,点头速度比平时更快。

"我们,"他阴沉着脸说,"即将迎来一位参观者。"

我心虚地点点头:"谁?"

"阿马吉特·辛格,经销商。他正在各大茶园品尝茶叶。只做咨询参考用。"

"挺好的,他能帮你抬高定价,"我安慰道。

纳威姆搓搓手,不住地点头。

"希望如此,希望如此。"

我悄悄溜走,不知还能再说些什么。

一小时后,我听见一辆车停在外面。往窗外看去,一位高个子男人含笑从车上走下来。他很瘦,大约60岁,灰白短发,发际线倒退,头型像一只海龟,胡子的痕迹依稀可见。他向纳威姆伸出手:他的手臂足有一码长。本来我还以为来人是一位胖乎乎的锡克人,成天耽于酒色,醉生梦死。两人消失在走廊上,司机从后备厢搬出一只塑料手提箱。我听见盛装茶点的陶碗碰撞的声音,便起身走进客厅。

阿马吉特·辛格坐在扶手椅上,把自己折叠成N型,惬意地享用一旁茶桌上的茶。纳威姆站在壁炉前,一只手肘支撑在壁炉台上,另一只手端着茶杯。他不合时宜地突然开口介绍我们互相认识,然而用力过猛,不小心把热茶泼进茶碟里,还溅在袖口上。我好奇他接下来要怎么喝茶。他放下茶杯,眉头紧锁。阿马吉特从椅子中伸出修长纤细的胳膊。我们谈论起雨季的推迟。胡丽娅太太突然现身,阿马吉特站起身时我才意识到她进来了。她的孩子跟在她身后,他在门边玩枪,并不瞄准任何人。

"大兵!"阿马吉特热情地喊道,总有这样尴尬的时候,孩子的所作所为辜负了所有人的期待。在他父母的循循善诱下,他瞄准自己的脚,展开一番不走心的射击,最后终于离开房间,出门时被门框重重绊了一跤。胡丽娅太太很快也悄然离开。纳威姆再次严肃地皱起脸。

阿马吉特有皇室、军队和亲英派背景。"我们是不是应该去品一品茶,"他建议道。"我相信纳威姆已经将一切准备就绪了。"

起初我以为纳威姆只是害羞,后来才发现其实那是贵族在国王面前表现出的敬畏之心。阿马吉特的任务是结识大吉岭种植园主,让他们在高利润的次摘茶季结束前，了解加尔各答拍卖会的需求规律。不出所料，他此番前来止是为提供可行建议。他是高山茶之王，是茶叶君主，"鼻子爵士"。纳威姆极力渴望证明自己的忠诚。

大吉岭每英亩产量低，拍卖价格能够体现出这一点：但对于种植园主来说，还远远不够。有很多政府所有的"衰落的茶园"，因为回报不足，惨遭封禁或遗弃。这片区域要想生存，只能靠提高固定产出质量，在账目上投机取巧，努力在生产效率上有所突破，不断祈祷风调雨顺、生产顺利，还要抢在银行前面行动。20 世纪 60 年代，生产突破频频发生，这才使得大吉岭茶园顺利运转下去。这些突破背后的推手，往往就是阿马吉特·辛格。

他在加尔各答兼任拍卖商，时常用手中的小木槌，为他指导下生产出的卖品谋得好价钱。

维马尔加入我们一同品茶。我们走在品茶室里，在他的劝说下，阿马吉特诉说起他的故事。

"卡斯尔顿原来是一座顶好的茶园，"阿马吉特开始讲述，"不管按照谁的标准都很好。70 年代时它陷入窘境。经营不善。他们喊我去的时候，那里的茶叶在市场上以极低的价格出售，卡斯尔顿离'衰落'只有一步之遥。它确实衰落了，你们亲眼见到就会明白。衰落从管理者的平房里蔓延出去，那位经理大人已经失去信心。他们的应对措施永远是一样的：质量不够，数量来凑。其结果总是收益下滑，但对大吉岭来说，却是不折不扣的灾难。劣质大吉岭茶同垃圾一样，既没有色泽，也不清新，甚至没法用来做混合茶。

"采茶工带着摘下的小种茶——三片或四片叶子带一芽——潜逃，管理者却不再具有阻止这一切的威信。我告诉自己，这座茶园如果熬不过这一季，只能彻底关闭。我们从生产的第一步开始，对方方面面下手整改——采摘、萎凋、揉捻、发酵、干燥、分筛。我要求他们充分萎凋，那时还不流行这么做，尽管现在这种做法十分普遍。他们的茶叶分级也是一团糟。那一年价格触底；季末稍有回升。质量大为提升，但是买家依然很警惕。到了下一季,我清楚地告诉他们,会尽我所能帮助茶园提高名声地位——邪魔都已驱除了。我在卡斯尔顿待了相当长一段时间,茶叶质量稳步提升,突然有一天,我想我尝到了特殊的味道,嗯,完美的迹象。我们逐渐研发出麝香葡萄酒口味,在这些令人惊喜的成果背后,是这座茶园的复兴。那是一段令人振奋的时光,在萎凋和发酵过程中不断实验,推进新成果。花了两年时间。1984 年的拍卖会上,我们一公斤卖出 157 片筹码,几乎是最高价。真是惊人的成果。

"回到加尔各答时我非常兴奋,说我觉得我们能卖出 300 筹码。当然,所有人都觉得我异想天开,市场上连 200 都极少达到。'老阿马吉特这次计划要落空了,'他们一定会说。我们给茶叶最最尊贵的待遇,一有最新茶样,就给能想到的所有人送去品尝,而不是等他们来要。我私下听到一些令人欢欣鼓舞的讨论。在拍卖会上,我极力渲染一番,告诉他们我的意见,准备赌一把。当时拍出的最高价是 217 卢比,而我设定的起始价格就是 200。人群沉默了很长一段时间。我心想,完了。然后房间里像炸了锅一样。竞拍已经达到 300 筹码,气氛依然火热。我保持冷静,终于达到 500 卢比高价。竞拍者们有点退缩的意思。有些人看起来已经决定放弃。我说,这批茶叶是破纪录的产品,先生们。这句话又点燃了他们。

"价格达到 1000 筹码时,房间里挤满了人——消息传开后,隔壁拍卖室的人全挤了进来。所有其他生意都停止了。那时真热。布鲁邦德一直没有参与竞价,但当立顿即将拿下时,布鲁加入混战,与他针锋相对。此时已达到天价,不知该如何收手。最后我不得不打断这场竞价:以 1460 卢比每公斤的价格归布鲁邦德所有。我猜他们应该把这批茶叶卖给日本客户了。场内喧声震天。我们离开后,开了几瓶香槟庆贺。"

纳威姆又是眨眼,又是抿嘴唇。真是一种甜蜜的折磨。

朗格力茶园绝无可能拍出如此天价,即使卡斯尔顿也难以再创巅峰。每个茶园都有自己的极限——"到此为止,再无前路"。阿马吉特工作时没有绝对标准,他像钢琴调音师,意在发掘潜能,在不断地微调中逼近目标,直到弹出完美悦耳的和弦。

他鉴茶时派头十足而又晦涩神秘。他庄严地弯腰凑向品茶台——纳威姆也无意识地随他弯腰,撅起嘴唇。茶汤的味道和香气在湿茶叶上显露得更明显,尤其当热度散去之后。阿马吉特把鼻子探进火山口。这是一只具有历史意义的鼻子,一只波斯人的鼻子,从拜火教祭祀传承到叫卖的沙漠王公;从小贩到战士,从战士到策马扬鞭攻入拉贾斯坦邦沙漠的侵略者。这是一只硕大的鼻子,但又直又细;皮肤好,纤长的鼻梁十分白皙,一对鼻孔在克雷莫纳可能会被告发。它在火山上方张开鼻孔,向下挖掘,探出时几片湿茶叶粘在鼻尖,发表结论时微微颤动。一撮小胡子成了保护他鼻子周全的防护垫。

阿马吉特直起身。纳威姆微微驼背,焦虑不安。

"很有用,"鼻子爵士说。一瞬间我觉得自己看见纳威姆笑了。

每天晚上7点左右,纳威姆从茶桌边移动到吧台。有时用一瓶名字十分性感的"曼妙女神",或是"杜松子塔",挤一点柠檬汁,调一杯吉姆雷特鸡尾酒。我喝吉姆雷特,因为它的味道比"曼妙女神"好一些,前提是在其中兑一些苏打水缓和味道——除非苏打水本身更难喝——,也因为我祖父以前总是这么喝。楼上传来一阵单调的哭声,孩子的手枪被拿走了。

夜幕降临,茶园更添一份与世隔绝感。村民们点起几盏灯;天空比山岭明亮许多。这片地区没有电视广播。最近的种植园主住在车程一小时外的山里。我躺在床上,静听蟋蟀打鸣。

我准备回加尔各答去。我顺路搭上阿马吉特的车,卡斯尔顿茶园正在等他过去。我们到来前的冬天,工厂被大火烧毁。新的楼房已经建好,波型外墙,混凝土构架,但还没准备好加工这一季的收成。卡斯尔顿的茶叶目前在附近一间废弃工厂加工,墙体是东倒西歪的空砖,没有人负责拆除。也许它们曾经按照伦敦东区风格建设计划而建造:阴郁森严,灰绿砖头,匆忙重搭了屋顶;抢救出来的设备被拖到这座临时工厂里重新组装。阿马吉特和管理人在办公室里商讨对策,我只好在楼里闲逛。萎凋阁楼凉爽又敞亮:尽头的窗户很低,正方形,像明亮的牌匾立在墙边。地板由光滑的木板铺成;墙面糊了一层已经开裂的石灰,重新粉刷过,木门安静地敞开,绳环滴了润滑油,十分平滑。

　　阿马吉特探出鼻子,在门边嗅来嗅去。

　　"好东西,"他喃喃自语,"真是好东西。"

茶园和庄园——杜尔斯及南部地区

大而温软的手掌，圆鼓鼓的小腿肚，乌黑旺盛的头发和胡须，从外形上看，鲍比几乎可以冒充年轻的西西里人。像很多种植园主一样，他是锡克人——当然，不带断刀，也剃了体毛，但社会地位上永远是锡克人；他的妻子来自印度旁遮普省。

他送儿子去念大吉岭的圣保罗学校，印度最好的公立学校之一，坐落在山中。从马特利·梅蒂茶园的房子里望去，正好可以看见他们家的缓坡，一片矗立在茶之湖上的山丘。放眼望去，马特利隐匿在莲花塘中，克吕尼的茶树光彩熠熠，同等高度，硕大的房子建在造型奇特的小丘上。

这里像极了朗格力，就好比霍华德城堡像极了家庭旅馆。巨大而低矮的屋顶，两侧玻璃挡板遮住走廊。走廊上种满植物，铺方格图案的大理石地砖上摆着早餐桌、藤条家具和舒服的躺椅，椅子把手上还有放杯子或烟灰缸的凹洞。房屋内部的墙上粉刷灰泥，安装护墙板，用模具塑形；此外，有一间豪华餐厅，一间客厅，厨房在屋后，楼上有几间带空调的卧室。鲍比穿着短裤和运动衣正在慢跑，他的妻子拉什身穿长袍。他们家规定用茶时不准说话，但并不严格遵守。我们一边喝苏格兰威士忌和印度啤酒，一边聊天。

鲍比对发展的信心无可撼动。《爱丁堡评论》曾经将茶叶的传播和真理的进步做比较；而鲍比是辉格党的坚定支持者。他为工人建造石头建筑。他鼓励运动，尤其是足球，可以培养茶园里孩子们的团队合作精神，提高身体素质。他办公室的墙上挂满奖牌和战利品，都是茶园参加足球和拔河比赛赢得的，此外还有每年马特利童子军的合照，和颁发给受教育村民的工程执照和医药执照。他提供奖学金和抚恤金；免费教育、诊所、牙医、避孕。每隔两年，工人们会得到一把全新的黑伞，在落雨的清晨,他们撑伞前往茶园,就像一群背井离乡的城市人,身穿长袍,赤着双脚。

根据民间传说,马特利·梅蒂位于一条地下通道的入口处——"马特利"意为地下通道,"梅蒂"意为入口。远在印度种植茶叶之前(也许甚至早于中国茶叶),不丹王侯就在此挖掘地道,直通他们的王宫地窖,这样当危机降临时,他们便能及时将皇室成员和金银财宝转移到平原上。掘出的土堆成平原上的小丘,英国茶叶公司在坡上建起管理人的屋舍。

赤脚管家带我来到茶园的山脚,指给我看岩石上能容一个孩子通过的裂缝,以证明传说的真实性。他从未亲自钻进去一探究竟,因为洞中有蛇盘踞。但他不断喃喃讲述关于埋葬在地下的枯骨宝藏的神话,还有和神秘的喜马拉雅王国之间千丝万缕的联系。

鲍比说如果故事是真的,挖掘者一定签订了挖掘地道的契约。不丹远在 70 英里外。

马特利横跨杜尔斯地区。这是一条狭长的印度走廊,从孟加拉一直到阿萨姆,夹在尼泊尔王国的崇山峻岭之间,北临不丹和锡金,南抵受涝灾的孟加拉国。这条走廊叫作"杜尔斯(Dooars)",来源于梵语,传入英文后演化为"门(door)"——这扇门曾为缅甸、阿萨姆和孟加拉邦的军队敞开抑或紧闭,军队绕开高山和沼泽,行经这片区域。

杜尔斯土层较浅,土壤肥沃,无数大小河道自高山流下,纵横交错,渗透在土壤中,茶叶自然生长迅速。行话叫"干净",因为杜尔斯的茶叶总是很好看——外形干净,生性抗菌,保有茶叶原初的深褐色。

不管在地理方面,还是茶叶生产商方面,杜尔斯都是通往阿萨姆的门户。杜尔斯茶好比阿萨姆茶中的贾特人;最好的杜尔斯茶质量完胜中下等阿萨姆茶,但是完全比不上最好的阿萨姆茶:棕黑色泽,叶大而整齐,多带金色毫尖。过去经销商们判断茶叶质量的方法,就是看能否轻易从茶叶堆中找出一枚混入的金币。

杜尔斯茶园的待遇和大吉岭或广大阿萨姆地区不同。"传统"制茶工艺旨在突显茶叶个体质量,而杜尔斯茶采用一种叫作"压碎、撕扯、揉捻(Cut Tear Curl,简称 CTC)"的生产过程,保证风味稳定。CTC 生产方法时下正流行:它能生产出泡制印度茶所需的茶叶,也能用于茶包填料,占领相当大比重的英国茶叶市场。萎凋后将茶叶投入压碎设备,碾成糊状的茶叶经过一段传送带,缓慢向温床移动,获得充分的发酵时间。传送带上茶叶的颜色逐渐变成棕色,看起来似乎有毒。发酵后茶叶落入烘干机中,干燥后的成品宛如细沙,形成无数颜色均一的茶叶颗粒。

人人都喜爱 CTC 红茶。种植园主爱它,因为生产过程更精简;一旦掌握变通的方法,根据雨天、高温或嫩叶调整生产进程,CTC 基本不会出错。你也许不会成为卡斯尔顿管理者那样的英雄;但你也不会失败。买家和混茶商爱它,因为它的质量可以预测,并且适合量产。茶客爱它,因为它冲泡时间短,色泽浓烈,颗粒细小;塞进纸包,便可以直接浸入马克杯中。

马特利的茶叶收益可观,雇用了一座小镇的人口。这里能够容纳足够的人,不管是手艺人、修路人、司机还是收发员;茶园外就是村庄,那里不论商店店主、抄写员、邮局员工、警察、修补匠、铁匠、裁缝还是乞丐,所有生计都靠茶叶工人支撑。大吉岭茶园像世外桃源,远在天外,人口稀少,遗世独立。这里的风气却像封建王国,安稳富足,仿佛多年和平安定的生活产生了一种开明的生存状态。

但是在 1961 年,中国因边境纠纷派兵进驻阿萨姆。边境线麦克马洪线①由英国人开辟、印度人延续,中国军队几乎畅通无阻地推进到马

---

① 根据英国外交官亨利·麦克马洪爵士名字命名,他主持了 1914 年讨论此边界的西姆拉会议,但当时中方未授权签署《西姆拉条约》。印度、缅甸都认为麦克马洪线是既定的历史疆界,但中华民国和中华人民共和国两个政权都不承认其国际法效力。也有学者质疑此边境线的提出为英方后来捏造。——译注

特利内几英里处。鲍比向我展示了当时印度空军匆忙搭建的临时机场,直到最近茶园工人仍用压路机维护。如今这里种满育苗所培育的植株。当时,代表唯一有效公民权威的种植园主们,已经做好吃败仗的准备,于是拆除机器,回归俱乐部生活,天天以饮威士忌为乐。令他们失望的是,中国军队不再向前推进,中印双方协商后达成和解,军队全数撤离,只留下酒吧账单上的天文数字。

星空下矗立着现代化的住所,神秘的地道大门徐徐打开;赤脚的人们撑着雨伞;平静之下战争的危机。

一天晚上,警察局长过来喝酒,庞大的身躯压得藤椅吱呀作响。他身穿灰色游猎装,腰系山姆布朗皮带。今天他状态不错,抓住三个杀人犯。这三人向放贷人借了一笔钱,他们家中只有一位103岁的老人,根本无力偿还欠款。他们一直拖欠债务,直到发现放贷人准备结婚,惊慌之下杀死了他。

但在所有案件中,有一件最让我感兴趣,也使我了解到鲍比有多么与世隔绝。茶园里有一种蛇,喜爱躺在茶树顶上晒太阳,享受地面蒸腾起来的凉爽空气。过去,粗心的采茶人一旦被蛇咬,便无法挽救,这种毒液曾被认为是致命的,后来鲍比听说有一种免疫血清,于是引进当地诊所。一天早晨,一群采茶女在茶树丛中发现了一条蛇,便招呼他过去。我钻进吉普车后座,鲍比猛地一脚踩下离合器。

那条蛇像被人遗弃的领带,横穿采茶台。女人们默默站在一旁的小路上。其实鲍比没什么能帮上忙的,除了建议她们换另一片茶树重新开始工作。鲍比正要如此下命令,一位老者匆忙从路尽头赶来,将人群拨开。鲍比皱起眉头。老者身穿仑吉,肩上披一条脏兮兮的披肩。他高举双臂,人群僵硬地不敢动弹。

他在茶树中分开一条路,面向蛇站立。他的行动非常缓慢。所有人鸦雀无声。他缓缓逼近,突然折返回来,手中攥着那条不停挣扎的蛇。他以安全姿势抓住蛇的脑后;它身体的其余部分大约有两英尺长,在空中无用地扭动,这时他突然转过身,将它举在空中,人们连连称奇。他缓缓将蛇头靠近自己的左臂;他举着蛇,一动不动,突然间倒吸一口气,猛地扭断它的脖子,然后把它的抽搐痉挛的尸体扔在人群脚下,人们吓得纷纷倒退。他伸出左臂,向人们展示两只冒血的棕色小圆点。村民们穿过茶树围上来帮助他。女人们兴奋地说个不停。一些年轻男人找来棍子,将蛇挑起来移走。鲍比看起来十分受挫。老者经过他身旁时,他严肃地对他说了几句话,但老人摇摇头。他不要血清。

"这个傻瓜会死的,"鲍比说。我第一次见他这么生气。

后来,老人在手臂上涂抹草药,用布扎紧。三天后,他的胳膊变得乌青肿胀。他躺在床上,散落的叶片在火上烤。鲍比坚持要给他血清;老人仍旧拒绝。

工人们每周排队领工资时,鲍比总是在场。工资根据他们采摘茶叶的称重而定。他为工人们准备好鼓励和恭喜的话;他对自己的定位就是发工资的老板。

一天早晨,来自附近茶园的送信人打断了我们的早餐,他们的管理人急需帮助。他的公司已经两周发不出工资了,工人们焦躁不安,表现出不信任的情绪。他极尽威逼利诱之能,拖了一个礼拜。但现在不知道该怎么办才好。加尔各答总公司的老板们不接电话,也不回信。鲍比耸了耸肩。他无能为力。这也不是他的钱。他表现出不符合性格的冷漠。但我猜测,他此番颇为震惊。拖欠工资不仅造成信用危机,也中止了进步的约定。这件事的后果无法设想。

鲍比对茶园的发电系统十分骄傲,它为每户人家的照明设施提供电力,并且驱动茶园所有机器。他说,这个系统非常可靠,并且经济高效。一天晚上,厨房传来一声尖叫,我们忙丢下食物,从餐厅冲过去,发现管家一边颤抖一边大叫,一只手紧抓冰箱把手。我们拉过一张餐桌,鲍比站上去,把管家从冰箱底下撬出来。几天后,我注意到冰箱前的地板上铺了一张橡皮垫。

他对自己的茶园也十分骄傲,还有他生产的茶叶。"它不是顶级茶叶，"他承认。"但在杜尔斯是最好的，比很多质量一般的阿萨姆茶叶都要好。"

我想到繁茂的丛林扼住荒地进犯；永远在侵蚀，永远在推进。鲍比有他自己的一套规范，他周围的人也有。鲍比拥有自己的办公室，可以坐在里面欣赏相框里整齐排列的童子军、闪闪发光的奖牌，还有教育证书。

毫无疑问，种植园主需要保持乐观。后来我遇到一些种植园主，阴沉沮丧，使我想起英国农夫；但目前为止，我遇见的所有人都坚信，他们的事业正确并且有益。其中一些人比另一些更努力。我想，鲍比是位好心的帝国主义者。

几周后回到伦敦，我收到一封来自马特利的信。抓蛇的老人没有去世。到了第六天，他当着众村民的面揭开包扎布，人们发现他的手臂完好如初，好像什么也没有发生过。如今，要从抛弃免费诊所的病人那儿收费，似乎成了徒劳。

19世纪50年代，当阿萨姆公司盈利艰难，其他人开始思考茶叶是否有潜力成为摇钱树。很快，没人甘落人后，争相抓住自购买铁路股份以来最大的发财机会。每一位投资人说服至少两位新投资人加入这个行业。阿萨姆原始丛林里地价便宜。所有人都爱喝茶。他们推断，既然中国茶叶能在贸易中获利如此丰厚，那么，不允许在中国经营茶园的外国人假如从零起步发展这一产业，又能谋得多少利润呢？

于是，人们创建公司，投入资金，购买阿萨姆丛林里无人问津的土地。垦荒，播种，然后等待。那段时期被称作"茶热"。莫尼中尉/上校日后回忆道："那时候，茶叶完全是一种全新事物，几乎找不到懂茶的人……任何人——真的是任何人——只要懂一点点，就能受重用。那些日子的种植园主也是鱼龙混杂，退休的人，被开除军职的人，海军军官，医生，工程师，兽医，汽船船长，药剂师，各种店铺的店主，马厩管理员，身心俱疲的警察，出纳员，还有天知道什么乱七八糟的职业！"

但投资者没有足够的耐心。从茶树播种到开始产出，需要几年时间。股东们发现，与其等待，可以靠售卖低成本开发的土地赚钱——他们甚至能够卖出根本没有开发过的土地，只要管它叫茶园就行——，这些土地未经勘探，难以接近，位于原始丛林的中心。于是律师介入，买进卖出，聘用一些"无法分辨茶树和卷心菜"的人做管理者。种植园主们表示，"很怀疑能否靠生产茶叶赚钱，但可以肯定的是，开发茶园一定能赚钱"。

一段时间过后，人们才真正开始思考自己究竟在做什么。这种事情在维多利亚时代的小说中时有发生（委内瑞拉采矿权，泛美洲铁路股份，澳大利亚牧羊场股份，和所有富人一夕之间倾家荡产的恐惧），令人不禁怀疑，为什么维多利亚时代的人这么容易上当受骗。所有者发觉，以他们投入的成本，绝无可能盈利。顿时掀起一股抛售热潮，市场上却没有买家。"用十万卢比买到手的茶园，仅仅几百卢比就出手了，一时间'茶叶'这个词在商业市场臭名昭著。"

诚信的公司和务实的从业者，在印度茶叶产业彻底没落之前拯救了它。即使茶热时期，产量也有所增长。真正从事茶叶行业的种植园主慢慢积累经验，学会如何改进制茶方法，将"中国"生产模式繁复的十几个步骤精简到五步：省略热锅炒青和炒青间隙三到四次揉捻工序，以及二次烘青。同样多的茶叶，生产时长减半，人力需求也缩减。此外，由于英国人爱好修修补补和发明创造，他们收获了许多机器的生产专利，有自动揉捻、烘干、加速萎凋的机器，还有分筛茶叶和包装的机器，可以将茶叶压进茶箱内。如此一来，便能将更多人力投入采摘、垦地和除草的工作中。

国内的英国人早已学会欣赏大英帝国产品。当时生产出的茶叶比中国茶更粗糙，颜色更深，味道更浓，现在依然如此。一开始泡茶味道很淡：塞缪尔·约翰逊用容积约一夸脱的杯子喝茶，每次只放少量茶叶。后来茶叶开始向各个阶层传播（约翰逊对此十分不赞成），尤其是劳动阶层，因为茶叶提神，滚热，并且便宜。19世纪70年代，印度茶仍被用于混合中国茶，以提升数量和厚度。当有一两个公司试图把纯印度茶卖给约翰牛①，他"只是摇摇头，这种口味和他熟知的相差甚远，他一点也不想要"。茶叶激发出晚期维多利亚时代的保守谨慎，就像当代主妇们一样。但是混合茶中，印度茶所占的比重越来越高。等到19世纪80年代初，人们的味觉被重塑，逐渐愿意接受纯印度茶；1884年，伦敦的英印茶叶进口数量超过中国茶叶。人们不再需求绿茶，美国除外——但美国人没过多久便热衷于冰红茶和汤米·立顿。

1882年，立顿前往澳大利亚的半途，停留在锡兰首都科伦坡，当时他已是一位资产过百万的食品杂货商——每周开一家新的分店。锡兰和南印度最早的种植园或庄园种植咖啡——也许这就是为什么"茶园"这个说法在南方不多见。就在立顿到来的前一年，一场枯萎病摧毁了整个咖啡产业。逃过一劫的人转而投向种植茶叶、橡胶和金鸡纳树（树皮用于提取奎宁成分），地价却有所降低。立顿离开锡兰时，留下几座茶庄，内心怀揣再次成为百万富翁的梦想。"立顿茶叶——从茶园直接进入茶壶的好茶"。他发觉，英国卖茶叶的方式使家庭主妇们处于不利地位：她没法确定从食品店容器里舀的茶叶，包装前是不是不新鲜，掺了杂质，或者缺斤少两。立顿不但保证茶叶纯粹新鲜，以市场定价出售茶叶，而且按四分之一磅、半磅或一磅重量预先包装，印上他的名字和商标，并不断向外推广品牌，不仅限于在他自己的店铺里。他几乎发明了全国性广告宣传策略，只手缔造传奇。他所有的举动都指向一个概念，那就是所有立顿红茶都产自锡兰的立顿庄园。

赚得第二桶金之后，他匿名认购了威尔士公主亚历姗卓无奈的促销方案，为一万伦敦东区孩子提供周年庆茶叶。一开始，对捐赠者身份的猜测锁定在阿斯特子爵身上，他的祖父J. J. 在茶叶贸易中赚过一大笔钱。当讨论热度达到顶点时，立顿故意放出风声，很快收获了皇室的

---

① 即英国人自嘲的说法。——译注

感激和友谊。

不像在锡兰,立顿从没有在南印度购买过庄园。那里的劳动力以泰米尔人为主;天气和锡兰相仿。那边每年经历两次雨季,由于临近大海,不像北印度一样温差大。因此,南部不出产班吉,没有冬眠期,茶树一年中各个时期长势平均。尽管锡兰土地更肥沃,总体茶叶更优质,南印度的优势依然明显。斯里兰卡人喝茶远不如他们生产的多:这座岛国不存在它庞大邻国的人口膨胀危机,于是大部分茶叶转向出口。

为了抵达南印度茶叶种植区,我不得不从金奈坐飞机到科钦。科钦是坐落在西印度马拉巴尔海岸的一座港口城市,位于过去葡萄牙度假胜地果阿南边几百英里的地方。加尔各答不算是一座繁忙的工业城市,但相比之下,科钦几乎处在半睡眠状态。飞机越过港口在空中盘旋,等待降落在温汉姆岛机场。棕榈树带,白色沙滩,手指大小的码头,锈迹斑斑的货船就像阳光下发酵后的茶叶,这一切构成的图景尽数嵌进小小的舷窗里。此刻已到午睡时间——种植园主们称之为“打盹儿”——,出租车司机们坐在前座打瞌睡,脚高高翘在窗外,手肘弯曲遮住眼睛,随时准备直起身子,发动引擎,仍然打着哈欠,身后黑色塑料靠背上留下一摊汗水的痕迹。

在科钦住进一家为外国海员专设的高端酒店之后,我享受到从普通出租车到塔塔汽车的待遇升级。我来到一间冷如冰窖的木结构酒吧,坐在被烟熏黑的窗框边,躲避刺探的目光。我与一位挪威船长一起喝外国啤酒,他在等待自己的船完成卸货。他既是船的所有者,也是船长。这是一艘小船,他维持生计主要依靠沿海贸易权、海岸贸易,或者跑货轮,从巴基斯坦的卡拉奇或孟买到金奈和加尔各答(他说如果能避免的话,一定不会去加尔各答:不管工会还是变幻莫测的航道都危险重重)。他告诉我,过去拥有这样一艘船,只需要从特拉凡哥尔运茶叶到科伦坡拍卖就能谋生,但那是在印度人在科钦办起自己的南印度拍卖会之前。他时而运一船茶叶到科伦坡,看看能不能顺带捎一批锡兰茶叶运到伦敦,但这样的机会不常有,因为斯里兰卡人不乐意帮印度茶商的忙。多数情况是，南印度出口的茶叶（没有品牌，像质量较差的莫宁茶）存放在科钦仓库里，等待前往伦敦或者阿姆斯特丹的轮船。

"那种的不太多。你们的帝国已经结束了，对吧？"他无意表示讽刺，"尽管有时候……"他身体前倾，胡子几乎碰到吧台另一边的边沿，"一二三……"他扬起下巴，清点镜子墙前排成一排的苏格兰威士忌酒瓶，"八种不同种类。对于小港口来说已经不错了。"

船运是印度出口茶叶贸易的一条短板。从印度到伦敦，一路上经过无数道繁文缛节，导致伦敦表达某种需求之后，需要很长一段时间的延迟才能满足他们的需求。非洲茶叶运到混茶商手中只需要花费一半时间。腐败也是大患。俄罗斯人最近常常抱怨，在包装和装货过程之间，每50千克茶箱会神秘失踪2千克重量。除了短斤少两，还有"茶箱危机"。印度木材价格昂贵———一部分解释了为什么即使在富裕家庭家具依然稀缺———，林业资源的开发使用极其短视，乱砍滥伐现象严重。我在加尔各答遇见的出身不错的女士们，几乎每一位都参与"树木保护行动"；如果不加行动，孟加拉国将失去一切林木，除非喜马拉雅地区的防洪林得到有效保护。与此同时，送到买家手中的茶箱只有薄薄一层木板，运输过程中非常容易断裂。

马拉巴尔海岸西临阿拉伯海，向非洲和中东方向延伸，背抵印度南部的西高止山脉。东北印度一直和位于东方的中国及中亚地区交往密切，直到17世纪，它和西方才开始相互影响。但是一千年来，马拉巴尔作为贸易和文化交流要道，其影响一直延伸到地中海地区，并且十分仰赖中东地区。胡椒、珊瑚、珍珠、香料，这些都来自马拉巴尔。公元52年，圣多马①来到马拉巴尔。公元431年，聂斯脱里派在以弗所②被谴责为异端，于是辗转来到印度，令许多高种姓印度教徒皈依基督教。当时，基督徒被称作拿撒勒人，他们的教会名称甚众。后来，葡萄牙人带

---

① 耶稣十二使徒之一。——译注
② 希腊重要城邦。——译注

来天主教（达·伽马在科钦去世入土），荷兰人带来宗教改革，而英国人带来圣公宗①。一部分聂斯脱里派教众忠于安提阿牧首②，一部分支持教会分立；有追随英王詹姆斯二世的叙利亚人，也有浪漫现代主义叙利亚人；一部分人举行拉丁仪式，一部分人遵循民间仪式；一些人效忠尼尼微③牧首，也有教条主义罗马人不承认教皇。马拉巴尔海岸的城市里有犹太人聚居区，开发充分，设有黑色人种犹太人单独的教堂，他们于公元前 587 年来到此地，比白色人种犹太人早得多。当然，还有更多印度教徒，和不同种姓。此外，在最新西方思想的影响下，喀拉拉邦本身实行社会主义制度。

倘若再往前追溯，人们用马拉巴尔柚木建造起美索不达米亚平原上的乌尔城之前，海岸边居住着一个深色皮肤的民族，也许是一支离散的非洲部落，他们在一场史前大迁徙中被困印度。后来，大约在凯尔特人从英国低地撤退的时代，一支来自平原的农耕民族，为了逃避潘地亚④王侯之间的战争，背着孩子躲进崇山峻岭中：进入西高止山脉，定居在卡南德文山中，这座山坐落在喜马拉雅山脉下最高的山峰四周。他们自称马胡万人，"背上的民族"，根据他们的习俗，血统传承给长姊的长子。有人认为他们和个头矮小的剩余黑人部族通婚。此后，他们隐居山中，与世隔绝，直到近两千年后，遭到苏格兰人的侵犯和殖民统治。

1787 年，威灵顿公爵和后来的韦尔斯利上校，为了追捕蒂普苏丹叛军，在卡南德文山中安营扎寨。1856 年，两位穆雷勘查过这片区域；一位马丁紧随其后。1891 年，格拉斯哥人詹姆斯·芬利从当地统治者——特拉凡哥尔王公——手中购得特许权。自此，这里便成为苏格兰的领地。

没有人提醒前往高山地带的苏格兰人，当地人对宗教有多大热情。

---

① 英国国教，过去属于天主教中的一个教派。——译注
② 基督教安提阿教区主教头衔。——译注
③ 位于现在伊拉克北部尼尼微省的西亚古城。——译注
④ 古代印度南部一个泰米尔人国家（公元前 6 世纪至 1345 年）。——译注

一位代表英格兰参加比赛的板球运动员在此地任职助理牧师，这时人们的热忱达到顶点，尽管他只待了一年。他们最欢迎的是共济会成员，这些人务实而善于交际，天生是苏格兰宗族男性成员，对帝国的纽带十分关切。于是，滑稽的握手习惯传遍大山各处。1962年，印度共济会地方总会成立，而经过高山地区全体教士大会投票，他们决定留在苏格兰总会。

马胡万人在森林里学会了依靠砍伐和烧火的农业系统生存。他们没有兴趣定居，更不要说采茶：他们不在乎能不能挣钱。但是他们被禁止继续劫掠森林里茶叶种植者们留下的植物。族中长者拒绝接受外来学校里的教师；政府则拒绝接受他人建议，将他们归为"动物学样本"。最后，政府把森林划给马胡万人，教他们开发森林而不是破坏森林。对早期茶叶种植者来说，他们是不可多得的向导和运输工人，很多还被雇佣做猎人。后来打猎遭禁，他们便改当狩猎监督官。

拉德布鲁克之家是林间一幢长长的屋子，带槌球比赛草坪和游泳池（空的）。身穿白衣的用人帮我拿包，为我沏茶，打开浴缸水龙头……要来点苏打威士忌吗？几点吃饭，先生？热情周到得让人不知所措。这里似乎无人居住。我敲敲紧闭的房门，希望能遇到什么人，但最终只好接受事实——这个豪华公馆是为我一人准备的。1854年前来拜访锡兰种植园主的爱德华·沙利文满不在意地表示："每一位种植园主的屋舍都能让人体会到真正的热情好客——你骑马到平房，把马牵进马厩，进入房子内，如果主人不在家，就告诉他的管家——即用人——你是谁，点一支方头雪茄，要一杯啤酒云云，舒舒服服得仿佛在自己家里一样，直到主人回来。"

他说得十分贴切，但我不知道自己在等谁。拜访的邀请函在加尔各答的朋友之间几经转手，消息到我耳中时只剩下时间和地点。我没法向管家询问任何关于这位隐形家主的问题，他看上去一丝不苟，极有威慑力，假如发现我什么也不知道，我很担心会受到他讥笑。我穿上皇帝的新衣,告诉他8点非常合适——"如果可以的话"。5点过后,他们请我去餐厅。8点,喝汤。10分钟后,我塞进一块顶级威灵顿牛肉。8点半,吃布丁皇后加鲜奶油。8点45分,休息室奉上咖啡。来点波尔图葡萄酒吗,先生?好的,谢谢。9点,我不再忧虑。

电话铃响了。

我看了眼管家。他面无表情地回看我。

取下沉甸甸的电话听筒,电木壳发出咔的一声。

"杰森·古德温?我是玛格丽特·索普伍德。一切都还顺利吧?旅途愉快吗?好极了。他们服侍您还满意吧?有什么需要和车来说一声就行。热水管够。那么,就定下明晚来我家吃晚餐如何?太棒了,明天见。再见。"

听筒里传来对方挂断的声音,手中的电话叮当一声响。

索普伍德。玛格丽特·索普伍德。喝罢波尔图,便回房睡去,脚冲科摩林角,头朝喜马拉雅山脉。

第二天早晨,用人为我送来早茶,和几个月来尝到的第一片好吃的面包。茶闻上去很香;颜色如麦秆,味道清淡,标准的高山茶。有人为我拉开窗帘,阳光透过威尼斯窗帘照进房里。我看见香烟冒出的烟将光影切开,然后升腾而上,最终被电风扇扰得消散殆尽。昨晚的波尔图让我感到轻微头疼,而这杯茶叶渐渐充填胸腔,将疼痛赶出大脑。我不由自主地全身颤抖了一下。

我差不多穿好衣服时,管家带进来一位花白头发的老人,身穿卡其色棉布制服,是一位户外用人。

"我叫克里斯蒂,先生。我带您去慕纳尔①车站。"

我以为会被带出城。后来发现慕纳尔并不是火车站。世纪初,这里使用一种阉牛拉的单轨列车——车厢一边用轮子牵引——但这种交

---

① 印度南部喀拉拉邦德的一座山城,为产茶重镇。——译注

火药花园:中印寻访茶叶之旅

通工具被 1926 年的洪水冲毁，后来改用缆车（从山顶站到山脚站）和机动车道替代。单轨列车自带专门设计的车厢，政府官员抱怨上坡路缺少"一流装饰"，于是更换了内设窗帘。种植园主可以得到骑马补贴，有时候也骑摩托车（不可思议的是，已婚夫妇仍能得到"爱侣补贴"）。

我坐在大使牌轿车前排，克里斯蒂——大名克里斯蒂安——用主日学校的布道款待我，使我想起福州约翰——这些格言的传续足以显示他的影响力。

"我在慕纳尔工作了一辈子，先生，"他得意地说。"这里没有人不认识我。我从来不与人为敌，丢掉好名声可比丢掉坏名声容易得多。您来自苏格兰吗，先生？"

"不，英国伦敦。"

"哦，"克里斯蒂说，"伦敦。"他至少也该说句"知道了"。我们沉默着上路。如果在高山地带人们坏名声建立得如此容易，克里斯蒂一定活得非常小心。过了一会儿，他又回到这一话题，给我第二次机会。"苏格兰是个非常美丽的国家，就像卡南德文山。上帝的国家，"他挑衅似的强调。

"很美，"我同意。

"强大，"克里斯蒂反击道。

我推敲了一下。

"人民强大？"

"国力强大！"克里斯蒂犀利地争辩。

"上帝的国家，"我无力地嘟囔。克里斯蒂对我的措辞表示肯定，这让我松了一口气，结果我们又回到最初的话题。

"上帝的国家，"他重复道，"强大的国家。"

我想赶快跳过这一话题。"没错，"我说。克里斯蒂小声嘟哝了句什么。

慕纳尔站——或者说镇区——坐落在一片山中盆地中。按照《霍布森·乔布森》的说法，"这里是区域内英国官员的聚居地，也是上流社会的聚集所"。办公场所在一栋素白的建筑里,大楼像磨坊立在溪流边,靠近一座木板桥。站在桥上能尽览慕纳尔四座教堂,包括破落的巴洛克式天主教堂正面,和圣公宗的方塔。另外两座教堂相比之下小得多;这样一来,就不会有人怀疑教众捐款的去向。此外,还有一座清真寺和一座印度教寺庙,彼此之间毫无关联,独善其身。相较之下,基督教内部的各种争论简直无地自容。

在办公室与一些人会面后,我乘坐吉普车前往山顶站。所有茶叶都属于塔塔集团,这是我见过最大的庄园——为了节约成本,收购合并了六七家单独的茶园。山路起伏,我们逐渐开始爬坡;道路两旁排列着澳大利亚桉树,许多树上缠绕着20世纪20年代为遮挡网球场而引进的牵牛花,后来种子到处播撒,时有威胁茶树丛的可能。克里斯蒂说得不错。这片地区本身确实有些像苏格兰某些地方。草地从安纳马莱山顶高地一路延伸到慕纳尔,其间夹杂岩崖和溪流。山上有尼尔吉利山羊,一点也不怕人。我们参观了培育幼苗的育苗室,竹棚下种着一排又一排嫩绿的幼苗,公司科学家在这里开发合适的克隆种。每一个像模像样的茶园都有这样的育苗室,用新培育的好苗替代掘出的高龄茶树,等两到三年后便可以收获茶叶。克隆品种能够抵御病毒,植株更强健,味道也更好。

同样的努力也投入在采茶工和种植园主孩子的教育上。接近中午,我们把车停在一所学校旁,这里的学生只需象征性地支付一笔注册费。老师用泰米尔语教英文;种植园主的孩子们一般不是泰米尔人,因此还要学习当地语言,假如他们将来想成为种植园主,这门语言大有用途。(过去,苏格兰助理辞职的条件是,要么在茶园待满4年,要么通过泰米尔语水平测试。)

管家为我打包一只饭盒,当看见领我四处参观的助理波皮也有一份饭盒时,才放宽了心,因为在暖风吹拂下,腹中感到一阵饥饿。暗示之下,我们左拐沿铁轨而行。铁轨逐渐消失在一座带走廊的黄色小屋后。屋子用护墙板搭成,铁皮屋顶。

"这是原来的山顶站俱乐部，"波皮解释说。"新路修好之前，慕纳尔太遥远，无法当晚来回，于是当地种植园主都来这里。不是很正式。"他指向橄榄球场，一直倾斜到茶园边缘，茶树黑压压的，漫山遍野都是。

俱乐部会所墙上挂着一张装框海报，内容关于1901年慕纳尔博览会：

10月13日星期六：开幕仪式	下午2点
缝纽扣大赛	下午2点
书名设计大赛	下午4点
茶——网球——茶	

博览会将暂时于下午6点结束，届时参观者可以享用晚餐，但请于晚8点半回到博览会现场，观赏戏剧综艺舞台表演。启幕前务必请观众预先落座。

10月14日星期日：帽子装饰大赛	上午11点
午餐	下午12点半
安娜拍卖会　拍卖主持人M. A.马丁	下午3点半
颁奖仪式	下午4点
《天佑女王》	

会所里有几只藤条椅，吧台上摆着一些啤酒瓶。"我想不是冰的。"我们坐在门口的台阶上，大口咀嚼三明治，我问他山区的生活是怎样的。

"生活变简单了，但也变艰难了。简单，是因为过去有更多条条框框，干我这份工作的人，注定要受经理大人奴役。实际上，早年有一位种植园主，要求助手下班后到他家里，手拿木棍，身穿晚礼服，表演他讲给女儿的故事。他们没法拒绝。有时表演结束后，他赏给他们一杯酒喝，有时只能骑马回家，风雨无阻。现在辞职的人少了，结婚变容易了。有更多自由支配的时间，去俱乐部也比原来容易许多，那时候助理和管理人必须严格区分。现在还挺自在的。

"但生活也变艰难了。我们担心的事情太多,尤其是这片地区的财产。原先芬利还能保障出口额,但过去的资源已经枯竭,现在我们不得不从头开始扩展市场。知道吗,如今我们每公斤茶叶损失 5 个卢比。我们总是在思考如何省钱,甚至开始用剪刀采茶。"

上山路上我看到过这一幕。采茶者的棉布袋边挂着一把大剪刀,状如鹈鹕的巨喙。

"这些剪刀来自日本。它们意味着,我们正在以损失质量为代价,采摘更多茶叶。用剪刀更容易采摘大批量茶叶或者一株茶树上的几片茶叶,但过不了多久,采茶台上的茶叶形状大小不一,事情就更难办了。"他用水瓶撞击手掌心。"现在有太多人讨论采茶机器人,什么未来茶园,但机器就是干不了这活儿。也许他们会发明出一种机器人,眼睛、胳膊、机械手、轮子,样样都有。但我们要做的第一件事,就是拓宽茶树之间的小道,好让机器通行,这样一来又得牺牲产量。万一电脑芯片受潮损坏,还得花钱维修。我们雇用的人数确实能减少,但他们都得是拿计算机科学专业学位的毕业生。"

"我们很可能收获更高产的茶树,甚至赚更多的钱,前提是雇用额外人力,养活他们,并为他们提供住房。这是件好事,我也希望它成真。同时,我们应该教会人们品鉴购买优质茶叶。我们必须在公众面前建立品牌效应。现在,我们只是单纯地卖茶叶给混茶商,这样很容易被杀价,因为他们会威胁换别家合作。"

"所以你们想像卖红酒一样卖茶叶?茶园之间相互独立,有自己的风格?"

"我不认为我们能负担得起那样做。混合茶总归重要,如果你不管它,万一哪年收成不好可怎么办?你什么都卖不出去。但你可以在我们这样的地方生产混合茶——高山茶口味清新,味道独特。如果包装得体,一小部分也许能用于混合顶级高山茶。"

波皮越说越起劲。

"剩下的茶叶正常卖就好,或者用来做南印度混合茶,或者其他的。

但事实却并非如此!"他近乎绝望地喊道,晃了晃手中的啤酒瓶。"不,我们走了另外一条路——大剪刀,还有现在的CTC,任何成本低又能有点盈利的方法。但我不认为CTC是解决办法,它将我们排斥在国际市场之外,因为高山茶无法做出人们想要的浓烈口感的CTC茶。英国人想要重口味的茶包,这才是CTC的用途。那么我们精致的CTC卖到哪里去呢?国内市场。印度茶叶需求大,不论什么茶最终都能卖掉——只不过价格不高。因此我们只能继续每公斤损失5个卢比。以后情况可能会更糟。"

"所以你才担心。"

波皮微微一笑。

"是,我们都担心。担心未来。"

波皮把吉普车倒出铁轨,开上大路。行驶半英里后停车,我们走过一片茶园,来到山坡外沿。数千英尺脚下的平原看起来色浅而渺小。平原位于泰米尔纳德邦:茶园里每隔20码立一根竿子,一直延续到山脚——准确地说是山脚站。缆绳不见踪影。西高止山脉通路之前,所有货物和人从东边上山;甚至1932年以后,茶叶也往东边运送。但在约15年前,喀拉拉邦政府决定不再运送茶叶到泰米尔纳德邦,于是从西坡呼啸而下的卡车车队顺势取代了带来许多经济效益的缆车。平原铁轨被弃置不用。整个特区装饰成过时百货商店的样子,茶箱往各处运输,像施了魔法一样往来交通,但随着主缆道的拆除,新道路铺成,附属系统最终也被遗弃。

平原逐渐褪去颜色,变得迷蒙起来;太阳落山,突然下起暴雨。我们拉起吉普车的折叠车篷,赶忙开车去最近的避雨场所——一间在近期合理化改革中被封存的工厂。但它很快会重新投入使用,因为山中水库地势低,塔塔时常停电。这间工厂有自己的发电机。一群满身机油的工人正在给茶叶机器除尘、上油、旋紧、调试;一块柏油帆布从笨重顺从的布里塔尼亚上滑下来,另一块从西洛可上滑下来,场面着实令人振奋。我想起在加尔各答碰见的推销员,就职于一家英格兰中部地区的公司：一个蓄连鬓胡的高大约克郡人，一辈子在外奔波，无人不识，无人不晓，热爱印度、山谷和他的机器。

"那些真是令人惊奇的玩意儿，"他叫嚷着。"铸铁底座！纯铜托板！二十马力引擎，刻度精准，绝无差池。对你来说这就是机械制造业。你知道一个滚筒有多重吗？知道吗？一吨半。"他捋了捋自己的胡须。"有人告诉我，那是我们的问题所在。我们造的机器太耐久。你必须要自尊。都是好家伙，年复一年不停地工作。现在我还能看见小伙子安装我们的机器，也许他的师傅当年也是如此。潮流会回归的。"

"我们是一条龙服务，有自己的一套标准。我们把机器卖给爱刮胡子的日本人，直到他们开始生产自己的机器。他们有国内市场，不是吗——他们政府希望他们供应本国市场。没错。现在他们继承了我们的工艺。对他们来说不是什么大事，因为有保障。他们售价比我们低，把我们整倒闭了，就能占据全部市场。你问他们的机器耐久度高吗？不怎么高，但是便宜，这个我作证。"

一条传送带从轮盘上滑下来；托盘卡进槽里；倾泻槽向后弯曲，支在萎凋阁楼下。我在大吉岭见过同样的机器，它们从很久以前开始就一直隆隆工作，那时候的机器只是机器，工程师被叫作"马克"。

不管怎样，1901 年出版的《英国人报》上刊登的短篇集《经理大人烟斗上的环》中也如是说。作者笔下的马克脾气不好，有一双双层厚底、"鞋底钉平头钉"的英式靴。每天早晨出现时，他都打扮得"干净整洁……但只消在茶馆里待 5 分钟，他就会变回真实的自己"。他把外套挂在扳手上，"满足地吁一口气，然后卷起衬衫袖管，露出因多年'在家中工作坊劳作'而变得紧实有力的小臂。他的手在引擎各个部位指指戳戳，熟练地指认：'今早感觉咋样，你是禁酒会的吧？'"

他毫无畏惧；他一会轻抚她的下巴，一会挠她痒痒，和巨大的活塞摔跤，然后爬上飞轮，拉动和放下她身上的每一杆手柄；他在她身下潜游，在她身旁滑行，拍打她，手脚并用之后，从冲突中归来，身上沾满灰尘油污，但满脸洋溢着胜利的红晕……

"没错!"短文总结道,"谁也不要错过和马克一起去茶馆的机会。"

在拉德布鲁克之家喝完茶后,我坐下来阅读回忆录《百年种植》,这是前几年公司为客人印刷的书。1892年,《马德拉斯①邮报》刊登过一篇茶园先驱者的文章:

> 在这样的海拔高度,愉悦和利益一直伴随殖民者。这里气候宜人,水源纯净,生活健康,日子过得无比惬意;在这里,男人能够养活一家人,供养自己和孩子的生活;在这里,他种植金鸡纳树和茶树,盈利达到50%,他教儿子揪住野山羊的胡须,用獠牙和羊角装饰房屋外墙;女儿们有玫瑰陪伴,他的妻子也不会在热病和思乡中日渐憔悴——正如我们惯常所说,如果一个男人得到全世界,却失去健康的身体,那么这样的生活毫无用处,有什么比健康更重要呢?

加尔各答的墓碑,和珠江上肃穆的葬礼仪式——运送茶叶到欧洲需要付出代价,而健康就是衡量它的尺度。在广告宣传中,高山地区的定位一直是某种帝国疗养院。

这时克里斯蒂驱车抵达,接我去索普伍德家。他不喜欢夜里开车。

"太多大象,"他抱怨道。"有时候很危险。先是看见大象,然后开过来一辆车,离开时只剩下大象了。"

一路上,我激动地向外张望,最后毫发无伤抵达索普伍德家。他们认为克里斯蒂夸大了危险,尽管以前他们也曾有半夜被一群大象围困在茶园的经历。它们掀翻车库,撞碎窗户,把名贵的兰花吐在前门台阶上。

如果没有大象的存在,索普伍德一家仿佛舒适地居住在英国科兹沃尔德的乡村。家具新换上印着醒目萝兰爱思标志的软垫;白色威尔顿地毯和波斯盖毯随意摆放,壁炉是装饰派艺术风格。印度元素清晰可见,就像在祖母的小屋里:几个狩猎战利品挂在餐具柜上,包括一只

---

① 现称金奈,南印度东岸泰米尔纳德邦首府。——译注

怒吼的黑豹。索普伍德一家每隔两年回英国一次。他们成年的孩子在那里,还有一个正在念书的儿子,放假时会来印度。

"你在印度四处拜访,一定吃够了英国肉和蔬菜,"玛格丽特·索普伍德一针见血地指出。

我仍然想知道这里发生了什么样的改变,于是向索普伍德先生提起《马德拉斯邮报》中的信。

"你是说茶叶种植中的变化?我想,氛围发生了很大变化。以前,种植茶叶是一种生活方式,而现在只是一种职业而已。40或者50年前,从苏格兰招一个男孩来,他通常热爱打猎和钓鱼。这些年轻人愿意东奔西忙,宁愿身上脏兮兮,也不愿意读书。做过军校学员或者童子军,甚至也许在军队待过一段时间,懂得纪律和管理。在我这番描述下,听起来大概不是个很有魅力的人,是吗?

"反正,他一辈子的愿望很简单,恋爱,结婚,钓鱼,解决问题。其实就是他会在苏格兰做的事情,只不过那里没有足够的工作岗位。他正符合你所说的《马德拉斯邮报》文章中的感觉,19岁左右和芬利签了合同,来到这里。他不相信自己交好运。

"他不得不努力工作——非常努力。他被排斥在印度社会之外——在加尔各答或孟买没有一个认识的人。他还得烧毁自己的船——学会泰米尔语之前绝不能离开——这就是他相比于现代人的优势所在。他知道自己没有退路——于是熟悉之后真正融入了这里的生活。如人们所说,他工作时尽心尽力,玩时也如此。他们夜夜笙歌,醉生梦死,吃喝玩乐,你知道的,时不时开派对,办演出,都在本地。如果寂寞了,就在这里找个女朋友,鸳鸯帐暖。要是他知道自己怎么做才是最好的,就会好好照顾她。只要他照顾好她,人们就不会介意。

"现在一切都不一样了。印度人当家做主了。他回家的次数比以前更频繁,因为有飞机了嘛,回去不远。从各方面来说,他都变得比人们印象中的英国种植园主更精于世故,也更有修养。他受过体面的教育,拿到不错的文凭,和家乡许多亲朋好友保持联系。他很少在此真正扎下根，结交朋友也比起在家乡更半心半意。即使他想和当地姑娘谈恋爱也不能这么做，因为本地人不喜欢这样。

"我知道这听起来有点奇怪，但从某些方面来说，本应该表现得高傲冷淡的苏格兰人，却比印度人更融入这片地区和人民。穿上狩猎装，他和当地人看起来就像亲兄弟。他认识大多数为他工作的人，如果他们掌握英语，他就表示赞许。他和当地人之间存在距离，但这也让事情变得好办。"

"现在的种植园主们似乎要忧虑很多事情，"出于好奇我概括了之前的谈话。

"嗯，没错，确实如今面对产业的危机比以往更多。但是要知道，现在的种植园主比以前薪酬更高——这是应该的，因为他更具备资格。但他能赚更多钱，也是因为他认为自己牺牲了更多。高薪意味着减少岗位。印度的经理大人比英国人更将茶园管理者视作一种职业，因此他们会加倍地在意升职加薪。"

晚饭后，我们享用南印度咖啡，又抽南印度雪茄，直到克里斯蒂开车来接我。

"当心大象！"汽车发动后，索普伍德太太冲我们喊道。克里斯蒂警觉地环顾四周。

"她说什么，先生？"他发愁地问。

"当心大象。"

"哈。索普伍德太太可真会开玩笑，先生。她总是开玩笑。"话虽这么说，他仍然身体前倾，专心注视前灯光束照亮的区域，口中喃喃念叨"大象"。

离开南方之前，我还有一个地方想去。我父亲10岁时，将要回英国读书，祖母就带他来到乌塔卡蒙德，提前了解一下英国的风貌。大多数南方种植园主都爱往乌塔跑：生病的时候，或者放短假的时候。这里是马德拉斯政府的夏日办公场所，因为它像大吉岭一样，是有名的山中避暑胜地。

徒步参观茶园后，我们一同品尝尼尔吉利高山茶。我们谈论不同海拔高度茶叶的区别，以及海拔、气候或者土壤对茶叶的影响；提到大吉岭，种植园主们纷纷抱怨，说那里关注度太高，而没有人关心怎么提高尼尔吉利茶的知名度。我们来到办公室，侍者已经摆好一排白茶碗，准备泡茶。出于好奇，我建议大家品一品大吉岭茶。鉴于我的包裹正放在附近的平房，便派一个男孩去取一包卡尔斯顿茶来。

我们手拿汤匙，沿长桌喝茶，不时咂嘴讨论。这些茶叶看上去干净舒服，浸剂亮泽，浸液通透。它们使我想起维多利亚时代小说中童年的女主人公，亚麻色的头发，蓝莹莹的眼眸：迷人，但柔弱。我对茶叶盛赞不绝，他看上去非常高兴。

他一口喝尽最后一杯茶，停下脚步。

"这是大吉岭茶？"他问。尽管他已经知道答案了。

我咽下口中的茶汤，意识到自己行为欠妥，之后一直为此感到后悔。这杯茶味道绝赞，充分散发出麝香葡萄酒的馥郁，回甘圆润充分。它的优越不言自证。这是有态度的茶叶。

"这，真是，太美味了，"种植园主说。

更糟的是，我根本没来得及给他品尝普通质量的大吉岭茶。尴尬之余，竟忘记告诉他这是顶级的大吉岭茶。

几周后，我收到鼻子爵士阿马吉特·辛格来信。随信附上一张剪报：卡尔斯顿再次打破自己创下的纪录：拍出 1716 卢比每公斤的高价。而尼尔吉利茶达到 40 已属万幸了。

对疯帽子来说,时间停留在下午 6 点,永恒的下午茶时间(6 点是爱丽丝·李道尔①一家的下午茶时间;5 点更为常见)。没有时间洗洗涮涮,所以疯帽子只能在茶桌上不停摆弄,直到——唔,没人回答爱丽丝的问题,而随着手表落进茶杯,大家即刻展开一段关于时间的争论。在伦敦,你会感觉和爱丽丝一样被排斥在茶会之外:这座城市在砖头和砂浆——而非茶杯和茶碟——中不断消费发展,历史遗留的断瓦残垣将它围住。伦敦城讲述的故事散布在某条街上,在某幢恢宏的建筑里,在公司的标牌后,在泰晤士河两岸平凡的楼里,支离破碎得令人着迷,像《爱丽丝梦游仙境》中老鼠的故事一样。

伦敦从来不用声明文书表达自己。不管罗马还是巴黎,华盛顿还是圣彼得堡,都以伟人的杰作装扮自己,概括建立国家的宏大设计。它们是啦啦队,给帝国或自由、民主或独裁摇旗助威,使人们一目了然。伦敦不要求你了然。伦敦几乎任性地自我封闭,有一种无法逾越的私人感。它吝惜效用的计算和对外界的干涉,这样便能与这座为贸易而生的城市相配,总是忙碌着,实事求是。郊区、合股公司和通勤铁路都是这座城市的产物。

4A 公路连通伦敦和茶包自治市:无名的维多利亚早期联排别墅,墙上刷灰泥粉饰,被分割再分割,比郝薇香小姐②的结婚蛋糕更悲伤。房子里的马克杯边缘鼓起灰色气泡,一旁摆放黏糊糊的汤匙和起皱的糖包。你继续向博物馆进发,途经尘土飞扬、路边树木成排的大道,又

---

① 刘易斯·卡罗尔创作的《爱丽丝梦游仙境》中爱丽丝的人物原型。——译注
② 英国作家查尔斯·狄更斯长篇小说《远大前程》中的人物。——译注

经过肯辛顿花园下的"大门",那里一到下午 5 点,曾和里顿·斯特拉奇①共进宴席的老妇人们便坐在一起喝茶,她们住在弥漫着猫和旧报纸味道的公寓里,靠近爱沙尼亚之类失落的国家的领事馆和在斯丹利·吉本斯公司汇款事件中幸存的国家的大使馆。

如果你往伦敦北部走,会经过帕丁顿街,约翰·拉斯金②曾在那里开过一家小店,售卖劣质纯茶,装在不同规格的小袋中,方便装进各种尺寸的手提包里。这段经历令他恼怒。"穷人,"他说,一边关上店门,"只想在光线明亮、标签做作的地方买茶叶。"接着,你经过大理石拱门,来到牛津街,南面是 19 世纪初在东方贸易中发财的人的聚居地;哈利街甚至被戏称为"茶叶罐",因为太多东印度公司主管和在印度发财的富豪居住在此——直到今天,他们在英国社会中模棱两可的地位似乎一直保存在这条街上,像是挥之不去的无名财富,模糊的狐狸毛皮和美洲豹,还有医生和他们短暂焦虑的病人们。

再往南走,你会来到海德公园角和阿普斯利邸宅——伦敦第一号,茶叶爱好者惠灵顿公爵的住所,离白金汉宫只差扔一块石头的距离,这里的花园派对总是提供茶和三明治。接着走过圣詹姆士俱乐部,就到了皮卡迪利街,其中有些店铺曾经是咖啡馆,比如布德尔家和怀特家。

在福南梅森③能见到一个奇怪的景象,那就是日本人排队买茶叶——甚至包括他们能在东京买到的中国茶——,此外还有美国人和欧洲人,买下印度茶或中国茶,当作英国旅游纪念品。茶叶在运往英国的途中发生了异变:它们以英国茶叶的姿态重生,下榻喷泉饭店、里兹饭店、克拉里奇饭店和本迪克饭店的游客们无不享用这些茶叶。也有英国本土生产的茶叶,施工路边条纹遮阳篷里的工人泡这种茶喝;这类茶叶广告刊登在巴士两侧(红色双层巴士:伦敦的图腾),称为台福或

---

① 里顿·斯特拉奇(1880—1932),英国著名传记作家。——译注
② 约翰·拉斯金(1819—1900),英国维多利亚时代艺术评论家、作家、艺术家、哲学家、教师和业余地质学家。——译注
③ 诞生于 1707 年的英国百货公司。——译注

"D"。

查令十字街早已不同于过去的时代：装着整套茶具和蛋糕的柳条编织篮，不再从一个站台递进火车窗户，再从另一个站台递出；如今你会得到一包塞得满满的小袋，放在看上去像外科手术器械一样的金属条上，整个浸没在脆弱的塑料杯中的热水里（这比起20世纪70年代头脑发昏的尝试已经大为改观，那时BR公司推出了速溶茶）。

走过奥德维奇街，来到河岸街，便能看见川宁茶铺狭窄的正门，一首诗由此得到创作灵感：

> 有时，仁慈的自然似乎早已计划
>
> 那些名字响应对它们的召唤：
>
> 比如茶商川宁，住在河岸街，
>
> 失去首字母"T"，便获得胜利①。

走在维多利亚堤岸，你会经过约翰·里昂爵士大楼，20年来那里一直是茶叶贸易中心，经销商们从工作室俯瞰泰晤士河，伦敦拍卖会每周一在那里举行。搬迁到这里之前，茶叶公司都在碎路办公，那里成为贸易的代名词。接着你走入金域，被遍布旧咖啡店的世界包围。

你望着泰晤士河，这里曾经被茶叶填满，满载茶叶的船只驶向管家码头。很多建造码头的木材是从东印度公司倒闭后的"东印度人号"上抢救下来的：船上每块木板高达7000英镑，因为它们浸泡在海水中变得格外结实。它们在这座疯帽子之城被卸下，清洗干净，铺在码头，以迂回的逻辑看来，它们不管在海上还是在陆上，都兢兢业业地保护着茶叶。茶叶不再经过伦敦码头，船坞里商旅的嘈杂喧嚣已消绝，只有河岸边地名的标牌使人回想起和东方的贸易：契丹街，厦门广场，肉桂街，满大人梯，南京街，北京巷，柚木巷，浦那②街，东方路，白楚路。这些地名混杂在数百种诞生于海上的遥远国度和城市的名字中，在有名的水手

---

① Twining 去掉 T 变成 Wining，音同"胜利"的英文 winning。——译注

② 印度西部城市，西高止山脉第一大城。——译注

姓名和地理发现中，在沿河流兴盛又随商业衰退而搁浅的贸易中。

茶叶码头也不复存在；很多已经拆除，还有一些改建成住宅。到了20世纪60年代，管家码头的捕鼠人找驳船夫下单，买几箱茶叶，准确地要求阿萨姆碎橙黄白毫或显毫花橙黄白毫，然后自己调配混合。在押韵的俚语中，"茶叶（tea leaf）"的意思是"小偷（thief）"。

很难解释为什么茶叶风靡不列颠群岛。一开始，茶叶是酒的替代品；好喝（尽管现在我们觉得18世纪的茶叶淡而无味，还有一股霉味），又有温和的刺激作用。

最早关于英格兰茶叶的记述，对它没有统一的称谓，更不要说区分不同种类了。佩皮叫它"tee"和"tea"；加勒韦叫它"Chia"；蒲柏叫它"tea"，和"obey（服从）"押韵。1701年，消费者已经变得老道。"Bohea"押"tea"或"tay"的韵，指武夷红茶。"Singlo"同样是中国山名松萝，指绿茶；"皇茶"则是一种格外顶级的绿茶。之后半个世纪，茶叶命名越发精巧。工夫茶和白毫茶属于上等武夷红茶，屯溪茶和松萝茶共同指代较便宜的绿茶，而上等绿茶被称作熙春和雨前茶。

那时，茶叶在加勒韦一类的咖啡店出售，像酒馆一样是男性专属。咖啡比茶叶早约10年来到英国，并迅速流行起来；这些店里也卖矿物质水和烈酒。那时有为各类人士开设的店铺，有辉格党和托利党的店铺，文学爱好者的店铺，还有各种商业从业者的店铺。比如，爱德华·劳埃德是一家托运公司、轮船公司和保险公司职员相约会面的店；证券交易在乔纳森家进行；布德尔家和怀特家是咖啡店；而坦普尔巴附近的川宁则是寻找律师的好去处。1683年，伦敦大约有超过2000家咖啡馆，只需要一便士，就能泡一壶茶，一天都有好精神：因而有"便士大学"的昵称。人们有时在写有"保证服务迅速（To Insure Prompt［Services］）"的碗里多给一些钱，这就是小费（TIP）的由来。

塞缪尔·约翰逊在苏丹王妃咖啡馆里喝茶。"他，"一位传记作家写道，"爱茶到了难以置信的地步，只要一看到茶，他就兴奋得几乎发狂,咆哮着唤人取来用于泡茶的配料,亲自加入,泡出可口的茶来。这个男人健壮的肉体可以与波吕斐摩斯相媲美。"对于雨伞发明者约瑟夫·汉威的一篇短文,约翰逊坚决地回应:

> 能单挑三个法国人的男人,或者养育出这样男人的女人,一定都喝茶!
>
> 是否是这种圣饮,
>
> 震慑了骄傲的赫斯帕里得斯①。
>
> 是否是饮茶者的后裔,赢得了克雷西会战和阿金库尔战役②,又是否是他们,用高卢之血染红了多瑙河?

约翰逊宣称自己是一位"积习难改的无耻茶徒,20 年来,每日以茶拌饭,茶壶没有冷却下来的时候,黄昏时以茶为乐,午夜时以茶为慰藉,清晨又以茶迎接新一天的到来"。约翰逊认为"茶叶不是下层阶级人民享用的饮品"。喝茶是一种特权,但还不算英国性中必要的一部分。

当茶叶在仅供男士消遣的咖啡馆里流行起来时,实际的准备和仪式——"茶艺"——却由女性完成。如果哈里斯先生为东印度公司主管操持家务,哈里斯太太则负责收货和泡茶。1662 年,佩皮在工作的地方请人送来一盘茶叶,但是 7 年后,他却发现妻子在药剂师贝凌的建议下喝起了茶,因为据说喝茶有助于治疗感冒和脱发。1694 年,剧作家威廉·康格里夫的作品《两面派》中,一个角色观察表示,女士们"根据古老传统,最终还是会回到喝茶八卦的活动中"。查尔斯二世的妻子凯瑟琳皇后,将喝茶习俗引进英国皇家宫廷。她是葡萄牙人,把这种习惯连同孟买一起当作嫁妆带到英国。茶叶变成女人的特权,如果男人想加入,就必须要保持清醒和风度。

安妮女王,迟钝,肥胖,幼稚得可悲,却和蒲柏一样是位殷切的饮茶

---

① 古希腊神话人物,看守极西方赫拉金苹果圣园的仙女三姐妹。——译注
② 二者皆为英法百年战争中的战役。——译注

者,她写道:

> 你,伟大的安娜,统领三域,
>
> 时而听政,时而御茶。

蒲柏似乎是第一位将茶叶和孤独联系在一起的人,他在诗中描写了一位来到英国的女士,"她把时间平分在阅读和红茶之间,/沉思,溅起独处的茶。"(一位当代人研究发现,这个暴躁的诗人"不用点手段是没办法喝茶的"。)圣诞童话剧《阿拉丁》中的屯西寡妇,得名于次等中国绿茶;在 19 世纪,俚语中"茶壶"的意思是年老女佣。

到那时,单纯的咖啡馆逐渐淡出人们视线。伦敦生活从没有比此时更充满公共空间。三教九流的顾客变得越来越难伺候,这让有涵养又志趣相投的人们难以接受。一些咖啡馆故意开始实行会员制,比如布德尔家和怀特家;一些不再提供茶点,转而成为保险公司或经纪事务所;另一些改为商店,比如川宁,或者小饭店,或者直接倒闭。喝茶变成从未有过的私人体验,由家中女性支配;凡是零售价超过一磅36 先令的茶叶,都避开仆役储藏在茶叶罐中,只有女主人的钥匙才能打开。伦敦开始分区划界,向东西两边延伸。中世纪以来城市居民的传统习惯慢慢消失,人们不再做一栋楼里上下楼的邻居,也不再群聚在大街上,城市规模扩张,人们也随之躲向落锁的门后。

对富人和日子过得还算惬意的人来说,品茶园这一新潮流满足了他们对公共区域社交活动的需求。18 世纪末,最时髦的品茶园大概是沃克斯豪尔;1812 年,萨克雷派蓓基·夏泼①等人前去一探究竟。到1859 年,茶园关闭,变得破旧不堪,渐渐被人遗忘。其他品茶园试图复制沃克斯豪尔的成功;不止豪华的拉内拉赫,还有朴素一些的伯蒙德赛和汉普斯特德,也能满足体面的需求。这些地方收取入园费,为你提供茶、面包和黄油;与咖啡馆不同,女性可以在品茶园公开约见男性。它

---

① 英国作家威廉·梅克比斯·萨克雷长篇小说《名利场》中的人物。——译注

们的没落吸引了许多投机商,就像电影院一样;伦敦没有一片绿地还保留原米庄园的血脉。

不是所有人都爱喝茶。有些人十分忧惧,比如在汉威家,家境不错的茶客嚷嚷着人们如何挥霍自己和国家的资源批发外国药草。每一位医生都认定,这种饮品就是罪魁祸首,它使人们接触水蒸气,摧毁人强健的体魄,令体力劳动者消极怠工。医生和茶客提出各种各样的理由,嘲笑"印度人卑劣的习惯,他们在晚饭后不抽烟喝酒,却要喝茶";经济学家不得不警惕,"男人几乎和女人一样把茶叶当作饮食的重要组成部分,劳工浪费工作时间往返于茶桌前,农场主的用人甚至要求早饭时喝茶!"18 世纪 40 年代,咖啡品牌伙同爱丁堡经济学家和官员,鼓励人们举行反对"茶叶威胁"的活动,倡导选择更具男子气概的国产啤酒。

约翰·卫斯理①极力反对茶叶泛滥,挥霍的钱财不如用于做慈善。他回忆起学生时代戒茶时手抖得多么厉害。他一连头疼了三天,然而祈祷之后,头疼症状竟完全消失,手也不再颤抖。他在伦敦教区的教众全部戒掉茶叶,将买茶的钱收集起来,两周内筹集善款 30 英镑,用于布施穷人。不过,后来乔赛亚·韦奇伍德②赠给卫斯理一只容积为五加仑的大茶壶,于是卫斯理每逢礼拜日,都在教堂前的早餐会上用这只茶壶喝茶。

18 世纪,茶叶税高达 200%,近乎半数茶叶由欧洲大陆走私到英国。走私犯在沿海各地贩卖茶叶,给不愿购买昂贵英国茶叶的人们提供货物(咖啡几乎不出现在走私交易中,消费也没那么普遍)。穷人也喝"斯莫奇"——有时人们这么称呼英国茶——,也就是经过修复处理的茶叶。掺假茶生意空前庞大。咖啡也有掺假的做法(混入蒲公英根、橡子、菊苣根和干豆);但冲泡三到四次之后就很难再循环使用。因此,正品茶叶价

---

① 约翰·卫斯理(1703—1791),英国国教神职人员和基督教神学家。——译注
② 乔赛亚·韦奇伍德(1730—1795),英国陶艺家。——译注

格大幅降低后,平时喝"斯莫奇"的茶客成了它们天然的消费后备军。

1784年,英国国会通过皮特《折抵法案》,税额降低到12.5%。走私活动一夕倾覆,合法茶叶大举满足了人们的胃口。皮特法案极大促进了整个贸易行业规模的扩大。1784年卖出500万镑合法茶叶;第二年1300万(尽管走私犯在首场拍卖会场故意抬高价格)。便宜茶叶带来的负面影响是补偿性的窗户税,此种税项直到1851年才被废除,也就是举办万国工业博览会同年。

如今喝茶的阶层,过去是麦芽酒和水的忠实爱好者。诗人罗伯特·骚塞在1811年《寻常书》中谈及一家人,他们坐在一起喝茶,就着盐和黄油咀嚼煮过的叶子,不知道其他人怎么看待这种行为。记者威廉·科贝特对茶叶抱有近乎偏执的厌恶,不断撰文抨击它的日渐盛行。他在《村舍经济》中分析乡村主妇为全家泡一壶茶所需的时间,从4点开始烧炉子,到最后清洗茶具;他估算每天需要花费两小时,但如果有人质疑,就勉强算一小时;进一步换算,就是一年365小时,或者30天,将整整一个月时间耗费在无聊、过誉而无益的泡茶上。

但科贝特面对的是历史潮流的演进。推动大众喝茶习俗的最终导火索是禁酒游说运动。

酗酒并非乡村主要人口的重大问题,但随着城市和制造业向外扩张,城市贫困人口和社会混乱问题日渐恶化。早先反对杜松子酒巷的呼声转移到攻击茶叶上——杜松子酒瓶和茶壶(slop kettle)。"Slop"是乔治王时代和维多利亚时代茶叶的俚语——茶匙即"slop-feeder",茶具为"slop-tubs"。令人猝不及防的是,禁酒运动中,茶叶被封为酒的明智的替代品。情绪高昂的改革者们高歌《为我沏一杯茶》:

> 让别人去歌颂美酒,
> 让别人去评价它神圣的快乐,
> 但这短暂的享乐永非我愿,
> 请为我沏一杯茶!

《牛津英语词典》中记录"滴酒不沾（teetotal）"这个词源于"T－Total"，用重复表示强调。此说已无可考证。但可以确定的是，创造这个词的时候，正逢盛大的茶叶禁酒会议召开。

在喝茶相当普及之后很长一段时间内，茶叶依然被看作是价格不菲的奢侈品。1830年，一支特别委员会收到报告，称国内茶叶贸易中，人们坚定地认为便宜的茶叶一定质量不好，所以倾向于购买"一磅6先令或8先令的红茶，而很多情况下，其实能以比这个价格低1到2先令的价钱买到"。

到19世纪70年代，英国每人喝三磅茶叶——根据亨利·梅休的调查，穷人喝得更多（六到七磅）。也许是因为日益繁荣的贸易规模和累积的财富，19世纪50年代，五千英镑获得"茶匙"这一昵称。起初印度茶叶充当中国茶叶的陪衬，但二者混合比例逐渐改变，到19世纪80年代时，印度茶叶进口已经超越中国茶叶，开始单独贩售。而18世纪最为流行的绿茶，最终随着英国人对浓郁味道和清新度的追求销声匿迹。

19世纪50年代，贝德福德公爵夫人安娜发明了下午茶这一概念，从此确立茶叶大众饮料的地位。她不满于午餐到晚餐之间欢乐"气氛逐渐低迷"，于是安排下午茶配甜点作为娱乐的借口。你可以晚一些到，6点喝完一杯茶后离开。我们的"英国性"可以归结于许多事物，从花格呢图案到皇家礼仪，再到维多利亚时代，很显然茶叶也不例外。对于一个钟爱仪式的民族来说，喝茶之道实在令人难以抗拒。日本人有茶道，英国人喝茶的仪式没有固定命名，但过程依然精致。用来泡茶的器皿数目繁多，令人难以置信，每一只容器在仪式中都有明确的用途。其中很多在茶桌之外毫无用处。维多利亚时代之前，喝茶就遵循一套仪式，但确是在维多利亚时代比顿夫人等人的努力下，确立了程序规范，呈现出观赏性和绝对不容改变的范式。

荷兰人是最先学会欣赏茶叶的欧洲人，早在17世纪，他们便引入茶室的概念：将房子的一块区域用作喝茶用，而非如英国一样，在"精心布置"的起居室里使用上好的瓷器。17世纪荷兰绘画作品中出现"锡拉克"（theeraak），一组放置茶具的吊橱。荷兰茶具还包括用滚水浸泡藏红花的杯子，荷兰人依照传统在绿茶中加入藏红花。

直到18世纪早期，荷兰和英国的人用茶碟喝茶，通常伴随适当的嗅闻和啧啧声，以表示享受；人们给中国茶杯添上把手，这就解决了茶水太烫的问题，使用茶碟的做法便被时代淘汰。关于茶碟的记忆已然成为维多利亚时代的禁忌。甚至祖母也认为有必要警告我不要用茶碟喝茶，尽管我从未有过这种想法。她说，这种做法以前很普遍——发出啧啧声亦然。

一开始茶杯卖得很便宜，这得归功于茶叶的高价，但随着茶叶价格降低——一磅武夷红茶的价格从1709年35先令跌到1775年14先令——茶杯价格相应提高。约翰逊引以为豪的一夸脱杯十分怪异。早餐茶杯是改造过的早餐咖啡杯，比下午茶用茶杯大一些。茶匙一开始是咖啡匙大小，后来也越做越大。德·昆西曾在文中写道，他年轻时茶匙和甜点勺一般大小（带有严厉指责的意味：因为这样难以控制他服用鸦片酊的剂量）。

19世纪早期，家境不错的英国人家中，会客厅里通常有一只覆盖桌布的小桌，上面摆放各种茶具，这就是我们所知的三脚几（teapoy），也叫茶几（teapoise）。（这个英文单词缘于印度语中的三脚桌；这个词最初来到伦敦时产生过一些误会，人们误以为"teapoy"指带腿的茶箱。印度语中四脚桌为"charpoy"——跟茶叶也没有任何关系。）除了茶几之外，就是茶壶和茶叶罐——为了锁住香味通常有两层密封层，可以装一斤左右茶叶，附带小茶叶铲和茶匙。人们习惯购买散装茶叶之后，这种罐头逐渐绝迹；如今大多数人购买预先包装在金属罐中的茶叶，也管它叫茶叶罐。

在荷兰和新阿姆斯特丹（即纽约），名为"咬一咬，搅一搅"的盒中提供糖块和糖霜（糖块需要小口咬着吃）。现代方糖则是压缩后的精糖。原始的习惯在俄罗斯保留下来，人们先在口中含一块方糖，然后再喝茶。人们用方糖夹钳夹取糖块。奶盅瓶,滤勺配有小支架,避免沾湿茶巾;然后是保暖罩,也许还有一只酒精灯和茶架——当然还有茶盘、茶桌和茶具推车,如此繁复的器具足以说明喝茶是一种仪式性活动。

很显然,到了维多利亚时代中期,人们已普遍认同确立的喝茶仪式。沏茶的正确方式以及必需的器皿,不可避免地为规范服务制定了标准。柏应理神父①早在 1667 年曾说过,茶叶"泡的时间越久越好,这样才能慢慢吟唱《希伯来圣经·诗篇》第 51 篇"。英国人喝茶仪式的演变并非孤立:除了汲取荷兰人的灵感,在茶中加奶的主意来自法国的塞维涅夫人。

全套礼拜仪式和程式化活动围绕着侍奉喝茶成熟起来。以下是教理问答内容:

> 盯着烧水壶看,水永远不会沸腾。
>
> 要预热茶壶。
>
> 给每人倒一杯茶,最后一杯留给茶壶。
>
> 要将茶壶拿去烧水壶旁,而不是将烧水壶拿到茶壶旁。
>
> 先倒牛奶。
>
> 要一块糖还是两块?(需要回应)

仪式过程故意以对话方式展开——"茶桌上的八卦是妓院最好的预科学校,"科贝特情绪激昂地表示。茶叶仪式,就像其他仪式一样,自己催生出神秘感。部分连祷文和器具甚至是原始的,只有在神秘的传统中才出现。国内没有任何其他行为如此程式化,如此累于古早传统的繁文缛节;仿佛是列斐伏尔主教主持的天特会议弥撒——或者英国君主的授勋仪式。实用性最小的方糖标志着程式化的巅峰。"先放牛奶"这一说法根源来自一个错误假设,即滚烫的茶水会损坏薄胎瓷器。

---

① 柏应理(1623—1693),比利时汉学家。——译注

人们初次使用新奇的薄胎瓷盛茶已是陈年旧事,但这种说法却留存了下来,成为仪式中争辩不休的一环。正确做法是先倒茶:如果将热茶倒在牛奶上,茶汤就会腻出油脂。但后来皇家规定"先放奶(MIF,Milk In First)",也就为争论画上了句号。这个辩题成为《泰晤士报》上讨论的那种,相当于"是否应该将装饰物从草坪上挪走"之类的问题。

等到19世纪末,英国人越发依赖茶叶:但还不是完全离不开。1878年,法国人最先提出"英国茶(thé anglais)"的说法。茶叶还没有完全融入英国的"形象",直到世纪之交,这一形象慢慢演变,最终完美契合。

19世纪末,在积极的宣传普及之下,普通民众逐渐形成对大英帝国和印度在帝国中所处地位的意识。1868年扩大选民人数的保守党人本杰明·迪斯雷利,促使维多利亚女王于1882年称呼自己为印度女皇:这纯粹是表演性质的做法,直指固化的保守党原则和工人阶级的沙文主义自尊,使得托利党掌权长达一代人。茶叶是大英帝国的产品。在19世纪90年代的一则广告上,维多利亚女王身穿熟悉的黑色邦巴辛毛葛,蕾丝从发上垂落到肩膀,身旁站着一位夹紧身体的矮个子男人。配字如下:总统先生,我请你喝一杯印度茶或者锡兰茶如何?

这套约定俗成的"英国观念",像被删减的伯克一样,可以归纳入"常识"范畴。它们出现在英国人的大公无私"感"、幽默"感"和分寸"感"中。理智将英国人拯救于外国人荒诞的极端主义,和他们对抽象和随性、公斤和革命的热爱。

尽管如此,这种对优越的节制观念的过度信仰,几乎濒临荒唐可笑的境地。自我否定的幽默也许是英国人用来维持平衡的方式。诺埃尔·科沃德①将它搬上帝国舞台;P. G. 伍德豪斯②将它呈现在中上层阶级的故事里;希德·詹姆斯③则通过演绎普通人表现它。这种古怪——

---

① 诺埃尔·科沃德(1899—1973),英国剧作家、作曲家、导演、演员和歌手。——译注
② P. G. 伍德豪斯(1881—1975),英国幽默小说家。——译注
③ 希德·詹姆斯(1913—1976),英国演员。——译注

对正常行为根深蒂固的反抗——赢得了大众青睐。"我们一定是全世界最不好争辩的民族,"一位历史学家1956年写道,"而茶桌无疑在其中起到极大的作用。"英国人与众不同。

茶叶是人们辨认英国人的图腾之一,除此之外就是雨伞、常礼帽和黄色浓雾。埃姆斯沃思勋爵[①]从美国回到英国之后,只注意到人们将茶叶装进小纸包的古怪行为。世界其他地方的人似乎很乐意接受这样的英国人形象:身材肥硕的贵族模样,或是手拿规范手册的贸易工会会员要求茶歇。

科沃德曾为经典爱情悲剧《相见恨晚》撰写剧本。电影是关于一个发生在乡村的出轨故事,绝没有为道德规范所接纳的可能性。很难想象这样的故事发生在法国,甚至美国。女主演西莉亚·约翰逊最后做出了理智的选择。电影开篇和落幕的场景都是火车站茶屋:第一个镜头令人意乱情迷。这是失败的升华,是英国,是压抑。这是茶杯中的暴风雨。

《贵妇画像》开篇便是"名为下午茶的仪式"。钟爱英国的美国作家亨利·詹姆斯将下午茶时间称为"永恒的享乐"。这个仪式在一代又一代人经久不息的重复中攫取力量,申明了自己的稳定性和延续性。一位中国诗人将茶形容为一座通向老年的桥梁:在永恒的瞬间,在熟稔的沏茶、倒茶中,这座桥梁被不断重建、加固和传承。也因为如此,无数杯热腾腾的甜茶中培养起来的"闪电战精神",越过无数喧嚣、不安定和圆滑地紧守"文明开化价值",宣布"照常营业"。

"一杯好茶"(19世纪中期出现的短语)说法的出现,是为了给兴奋过度的人们泄泄气。人们做出自作多情的尝试,为了吸引年轻人,而把茶叶包装成一种酷炫、时髦的饮品,但是用处不大。普通茶叶销量降低,不过所谓的特色茶——"传统"名茶,比如大吉岭茶和格雷伯爵茶

---

① P. G. 伍德豪斯笔下人物。——译注

（都发源于维多利亚时代）——却前所未有地畅销。

人们对咖啡和巧克力依然兴趣寥寥，然而茶叶仪式却在重复中延续过去，与此同时亦学会了预知未来。应该在茶叶传入英国后不久，就产生了用茶叶占卜的行为，因为查尔斯·丘吉尔[①]在 1725 年创作的诗歌《鬼魂》中这样写：

> 夫人，将茶杯抛起，从
>
> 茶叶的沉淀中窥见命运的脉络。

其他迷信说法随沏茶仪式产生。搅动茶壶中的水，会招致麻烦；杯中浮起气泡，说明你将得到一个亲吻；漂浮的茶叶提醒你戒备即将出现的陌生人，如果取出这片茶叶放置于手背，记下拍打手背直到叶片掉落的次数，就能判断离这个人出现还有多少天。如果没有烧开水就沏茶，你将遇到很多陌生人。另外，如果一个女孩让男人为她倒第二杯茶，她便注定会屈服于他的图谋。

这是含蓄的魔咒，可望的激情。参与茶的仪式，就是进入控制的时间。茶桌上绝无可能发生谋杀案。毕竟，《毒药与老妇》是一部喜剧电影。

[①] 查尔斯·丘吉尔(1732—1764)，英国诗人、讽刺作家。——译注

后　记

在格林尼治（查理二世在此地迎接喝茶的、赠予他孟买的凯瑟琳皇后），现存最后一艘运茶帆船"卡蒂萨克号"，停在水边的干船坞上。从河上能看见她的桅杆，像教堂一样在四周的联排别墅和领航员低矮的平房间傲然兀立。主桅杆高达145英尺，悬挂着飘扬的三角旗和花纹船帆。不难想象，当夜幕降临，顶端翼梁黑色的轮廓轻拂漫天繁星，月光洒落在中国南海上，帆船满载香气四溢的茶叶驶过中印海峡。同样，像教堂一样，"卡蒂萨克号"也是供人朝圣和顶礼膜拜的地方，一群粗俗又呆板的信徒聚集在船舱，面对南海岸庄园和拆船业者院子里挽救回来的船艏饰像，在此表达对幸存者的敬意：一位"曼德林号"上穿长袖的中国男人，一位养鹦鹉、戴眼罩的大英帝国皇家海员，一些卖弄风情的风骚少妇，和一位翻着白眼表达永恒感激的大块头黑人。

"卡蒂萨克号"上的船艏饰像是罗伯特·彭斯民谣中的女巫。她闪闪发光，龇牙咧嘴；挥舞的拳头握着母驴尾巴。这是一尊邪恶的雕刻：在女巫悬吊的地方，帆船干燥的黑色船体遭到威胁；她将冻结的手臂伸向河水，盲眼在水中搜寻着什么。

《吉姆爷》全篇遍布茶叶贸易的蛛丝马迹。在一幕表现白人腐败的场景中，甚至那艘时运不济的朝圣船也得名"公班土"，就是茶商在中国海岸边私运的鸦片的名字。"公班土号"船上的布赖尔利船长带领组织调查——戴薄面纱的翻版华莱士船长。华莱士任"卡蒂萨克号"船长，19世纪70年代，他可能在闽江河口装载茶叶，一边远眺佛塔，一边乘小艇前往福州。康拉德从未见过华莱士，但他在论文中读到过关于他的事迹，并密切关注调查的最终结果。他将他刻画成《吉姆爷》中的布赖尔利船长，也让他出现在短篇小说《秘密分享者》中。

不论华莱士还是"卡蒂萨克号"，船长还是船，最终都以悲剧收场。

女巫竭力伸向她永远无法到达的水域：自 1869 年首航和她不详的命名以来，讽刺就紧紧追随着这艘船。她是为和当时最快的"塞莫皮莱号"竞争而建，曾参与过两次海上竞速。第一年，她的舵就损坏了；第二年，当她和"塞莫皮莱号"在印度洋上齐头并进时，主桅杆竟然折断了。还没等她参加第三次竞速，蒸汽动力的发明便使她的存在失去了意义。她被卖给做澳大利亚羊毛和茶叶生意的商人，数次突破航速记录，却无人知晓。她离胜利只有一步之遥，就像她的名字一样，一切荣光的愿景最终被历史尘封。她来得太迟了。

1880 年，华莱士船长接管"卡蒂萨克号"时，她正在运输煤炭。他的第一位大副——"一个以欺凌弱小而臭名远扬的美国佬"——殴打并杀害了一位装病的水手。大副戴上镣铐，等待回到英国后上法庭；但华莱士船长纵容他在东港跳船逃走。这个大副究竟是不是由于自卫杀人再也不得而知，因为就连华莱士船长也没有在审讯中出现。

他究竟是因为自己的行为蒙羞，还是因为意识到自己侮辱了正义而惊慌失措，我们永远无从得知。一天晚上，他设好一段长距离航线，完成整艘船的巡视工作，拴好自己的狗，然后在敲四次钟的时候，从船侧跃入了大海。

致　谢

我想感谢卡洛琳·库图尔德、卡洛琳·道尼、理查德·古德温、查尔斯·鲍威尔、弗兰克·斯巴福德、斯图尔特·沃尔顿和肖恩·沃森;《旁观者》杂志和英国航空;我在中国接受了很多人的帮助,但无法提供真名,此外还有弗朗索瓦兹、汤姆、马克和安妮,福州大学历史系教授,和彼得·萨奇;在印度帮助过我的人太多了,无法一一赘述,但我想特别感谢埃莉诺和阿君·乔杜里,丹妮和浦西·马塔布,阿马吉特·辛格,米奇·奇诺依和邓肯斯有限公司,鲍比和拉什·格雷瓦尔,纳威姆·胡利亚。

　　我将中文以最容易辨认的方式写在文中,不一定都是汉语拼音。